后浪

发现宇宙

The Book of Universes

从爱因斯坦方程
解出宇宙的一万种可能

[英] 约翰·D. 巴罗 著
John D. Barrow

丁家琦 译

北京联合出版公司
Beijing United Publishing Co.,Ltd.

目 录

前　言

此刻的宇宙广袤无垠。

本书向我们讲了一则宇宙的故事。这个故事将围绕一个不同寻常却鲜有人知的事实展开：阿尔伯特·爱因斯坦已经向我们展示了应当如何描述所有可能存在的宇宙，即整个"大宇宙"。几千年前就已经有人开始讨论宇宙的结构，古代的哲学家和思想家曾经提出过各种各样奇怪的图像来描述或解释这个结构。这些描述或解释往往出于宗教思想、民族主义或者艺术幻想，抑或是仅仅出于个人偏见。当然，这些都算不上理论，只能被当成故事来看待。直到20世纪初，这一切才突然有了变化：爱因斯坦提出了找到所有可能存在并且符合物理学定律与引力性质的宇宙的新方法，这种方法还能回溯宇宙的过去并预测它们的未来。虽然方法已经有了，但想按照他的方法找出这些宇宙绝非易事。自那以来，天文学家、数学家以及物理学家们就一直在尝试解出爱因斯坦的复杂方程，得到代表着相应宇宙的解。而本书要讲述的就是他们努力探索的过程，以及在此过程中逐渐揭开的新篇章。

所有可能存在的宇宙数目极多，这些宇宙的纷繁复杂和千奇百怪超乎我们的想象，其中很多宇宙都以20世纪最出名的科学家的名字来命名。随着时间的推移，这些宇宙有的随时间推移而膨胀，有的逐渐收缩，有的像陀螺一样旋转，有的则处于完全的混沌；有的宇宙完全平滑，有的凹凸不平，有的则随着宇宙潮汐沿各个方向不断颤动；有的宇宙处于永恒的振荡之中，有的则会变得天寒地冻、死气沉沉，还有的会永远不停地加速膨胀下去；有的宇宙允许时间回到过去，有的可以在有限的时间内发生无限多的事情。仅有少数宇宙可以容许生命的存在，其他的宇宙我们永远都无法经历。有的宇宙会以一场壮丽的爆炸终结，有的宇宙终结时却只能发出“一声闷响”，还有些宇宙根本就不会终结。

本书将提到各种各样的宇宙，有物理定律随时随地发生变化的宇宙，有隐藏着额外时空维度的宇宙，有永恒不变的宇宙，有住在黑洞里的宇宙，有毫无征兆地消失的宇宙，有相互碰撞的宇宙，有发生暴胀的宇宙，还有从别的东西演化而来甚至从无到有地产生的宇宙。

我们会逐渐地了解迄今为止最新、最先进的宇宙理论，以及现代物理学引入的“多元宇宙”（Multiverse）概念，即所有可能存在的宇宙一同组成了一个“大宇宙”。这是整个科学界最令人匪夷所思又意义深远的思想，它促使我们思考：到底是只存在一个特定状态的宇宙呢，还是这一系列所有可能存在的宇宙都同时存在呢？

宇宙学和天文学方面的很多科普书籍往往都只集中讲述某一个话题，如暗物质、暗能量、宇宙开端、宇宙暴胀、支持生命出现的巧合条件，以及宇宙的终结，等等，但我在这本书里会连贯统一地向大家介绍所有已发现的宇宙，以及它们被发现的历史和发现它们的科学家的性格特征。

我要特别感谢凯瑟琳·艾尔斯（Katherine Ailes）、艾伦·阿塔德（Allen Attard）、多纳托·比尼（Donato Bini）、阿瑟·彻宁（Arthur Chernin）、储勇（Hyong Choi）、帕米拉·肯崔特（Pamela Contractor）、塞西尔·德·威特（Cecile De Witt）、查尔斯·戴尔（Charles Dyer）、肯·福特（Ken Ford）、卡尔·弗莱塔格（Carl Freytag）、盖瑞·吉本斯（Gary Gibbons）、欧文·金格利希（Owen Gingerich）、约尔格·亨斯根（Jörg Hensgen）、鲍勃·詹森（Bob Jantzen）、安德烈·林德（Andre Linde）、凯·佩德尔（Kay Peddle）、阿诺·彭齐亚斯（Arno Penzias）、雷莫·鲁菲尼（Remo Ruffini）、道格·肖（Doug Shaw）、威尔·苏尔金（Will Sulkin）、基普·索恩（Kip Thorne）和唐·约克（Don York），他们在本书的编辑以及收集图片方面向我提供了很多帮助，还为我提供了很多重要的历史细节。我还要感谢我的妻子伊丽莎白（Elizabeth）的悉心照顾，以及两个已经长大的孩子提出的各种问题，最后我要感谢我的孙女，本书就是献给她的。

约翰·D. 巴罗
于剑桥

第1章

在正确的时间，正确的地点

我知道这一切都只是我们大脑的产物，但大脑可是很厉害的。

——科林·科特里尔（Colin Cotterill）[1]

二人行

每当有年轻人告诉我他想要研究宇宙学，我都感到很吃惊。在我看来，应该是宇宙学选择人，而不是人选择宇宙学。

——威廉·H. 麦克雷（William H. Mc Crea）[2]

一位年老的绅士沿着街道走过。他的样子一如往常——神色高贵，但头发有点蓬乱，看上去放浪不羁。这个缓慢走着的欧洲人在美国的大街上面容凝重，看样子并非漫无目的，却对周围的事情漠不关心，当他有礼貌地在购物者和迎面而来赶着上课的学生们身边走过时，路人都注意到了他。似乎每一个人都认识他，但他试图避开所有人的目光。今天他有了一个新的同伴：一个高大结实的年轻人，衣着破旧，有点儿邋遢，但和老人的邋遢不一样，是属于另一种邋遢。两人一边走，一边聚精会神地谈话，完全无视他们经过的商店橱窗。老人若有所思地倾听，有时微微皱眉，年轻人则侃侃而谈，激情洋溢地表述着自己的观点，偶尔还会夸张地打手势。两人的母语都不是英语，口音也不相同，因此，他们的对话听起来就像来自不同地区的声音交汇在了一起。过马路时，他们停止了对话。两人在马路边徘徊了一阵子，等着面前的车辆开过去。红灯变成绿灯后，他们又继续安静地穿过马路。两人专注地看着红绿灯，留意着车辆的声音和运动。突然间，年轻人说了些什么，同时用手做出了一个投掷的动作，这让老人停下了脚步。此时绿灯又变成了红灯，路上的车辆恢复穿行，而老人就立在马路中央一动不动，完全无视周围的车辆和匆忙穿过的行人。年轻人说的话完全占据了老人的大脑。马路两边的车呼啸而过，他们站在马路中间就像一座小小的岛屿。老人深深地陷入思索，年轻人则正在重申自己的观点。最后，他们终于重新与周围的世界建立起联系，但已经忘了原本想去哪里。老人只好沉默地带着年轻人穿过马路，回到他们几分钟前走过的人行道上，沿着来时的方向走回去，再次沉浸在新的思索中。

这两人一直在谈论关于宇宙的话题。[3]他们的对话发生在美国新泽西州的普林斯顿，彼时正值“二战”期间。年轻人名叫乔治·伽莫夫（George Gamow），他的朋友们管他叫“吉吉（Gee-Gee）”，他是从苏联来到美国的移民，而老人就是大名鼎鼎的阿尔伯特·爱因斯坦。在此前的 30 年间，爱因斯坦已经向我们展示了用简单的数学公式理解整个宇宙。伽莫夫则发现，这些宇宙的过去必定与现在大为不同，二者的差异可能远远超过我们的想象。而让他们两人停在马路中间的，是伽莫夫提出的一个想法：物理定律可以用来描述一些从无到有的东西。这种东西可能是一颗恒星，也可能是一整个宇宙！

宇宙，有趣的东西

历史就是一切本可避免的事情的总和。

——康拉德·阿登纳（Konrad Adenauer）

宇宙是什么？它来自何处？它去向何方？这些问题听起来简单，却是人类遇到的所有问题中意义最深远的。随着我们对世界了解的程度不同，我们对“宇宙是什么”这一问题也会有不同的答案。[4] 它是我们以优良的测量手段能观察到的所有东西的总和（或许还包括它们所在的空间），抑或是一切物理上存在的实体？一旦你开始列出这样的“一切”所具体包含的事物，你就不得不开始考虑物理学家口中的“大自然的法则”（laws of Nature），以及空间与时间这样不可触及的东西——尽管看不见摸不着，但我们每时每刻都能感受到它们的影响，它们不仅实实在在地存在，而且相当重要（就像足球比赛的规则一样），所以我们必须把它们考虑在内。那么，那些未来将存在和过去已经存在的事物呢？只考虑宇宙中现存的东西似乎太狭隘了，我们总得考虑所有存在过的事物吧？而一旦我们把过去存在过的事物都纳入宇宙的范畴，我们又有什么理由不把未来考虑在内呢？因此，宇宙的定义似乎就成了曾经存在过、如今正存在以及未来将会存在的一切事物。

若是再吹毛求疵一点，我们还能以更为宏大的视角来看待宇宙，将其范围从所有存在的事物扩大到所有可能存在的事物，甚至还能包含不可能存在的事物。一些中世纪的哲学家[5]就曾痴迷于这种无与伦比的完备性，将一切曾经存在、如今存在和永远不会存在的事物都列入了这一清单。这种想法看上去只是给一个已经到处都是问题的领域又增加了新的麻烦。最近这种思潮又在现代宇宙学研究领域中冒了出来——虽然披着略微不同的外衣。现代宇宙学家关心的不仅仅是我们这个宇宙的结构和历史，还对有可能存在的其他种类的宇宙感兴趣。我们的宇宙有着太多独特又惊人（至少对我们而言）的性质，这让我们不禁好奇它是否本有可能以别的方式呈现出来。而为了方便比较，我们首先应该知道其他种类的宇宙是什么样子。

这就是现代宇宙学研究的全部课题了。现代宇宙学不仅试图用更完备、更精确的理论来描述我们的宇宙，也试图用这种理论来解释较之现在的宇宙有更多可能性的其他宇宙。现代宇宙学想知道为什么我们的宇宙会表现出现有的这些性质，而非其他性质。当然，也许我们最终也不会发现有着不同结构、内容、法则、年龄等性质的其他宇宙，我们所见的宇宙即是唯一——这也是长久以来宇宙学家们一直期待甚至希望的结果。不过，最近的宇宙学研究大潮却指向了相反的方向：按照自然定律，世界上可能存在着多种多样的宇宙，甚至不仅仅是可能，它们或许就实实在在地存在着——在所有意义上实实在在地存在，就如同你和我、此时和此地一样坚实。

位置的重要性

> 他（雅各）梦见一个梯子立在地上，梯子的头顶着天，有神的使者在梯子上，上去下来。
>
> ——《创世记》[6]

人类谈论宇宙已经几千年了，不过，古人谈论的宇宙与我们现在所处的宇宙是两回事。对很多人来说，宇宙不过是他们能到达的最远范围，或是由肉眼就能观察到的行星和恒星所组成的夜空。大多数古代文化都曾尝试过为他们所看到的周围世界描绘一幅图像或讲一个故事，无论这个世界在陆地、高空还是海底。[7]这种行为并不是出于对宇宙学的兴趣，只是人们为了证明包括他们自己在内的一切存在都是有意义的——这非常重要，毕竟，要承认现实中存在着一些他们没有概念或者无法控制的事物，必然意味着一种危险的不确定性。出于这个原因，所有关于宇宙本质的古代神话看起来都极其完备：每个事物都有存在的位置，每个位置也都存在着事物，没有“或许”，没有矛盾，没有不确定性，当然也没有可供进一步研究的可能性。这些理论是货真价实的“万物理论”，但绝不能将它们与科学混淆。

我们在地球上所处的时间和地点影响了我们对周围宇宙的感知。如果你住在赤道附近，那么对你来说每个夜晚星星的移动都是清晰而简单的：它们从地平线的一边升起，越过你的头顶并整晚悬挂在你头顶的夜空，最后在地平线的另一边落下。同样的情景每晚都会出现，让你感觉自己处在一切天体运动的中心位置。然而，如果你住在远离赤道的地方，那天空的景观就大不相同了：有些星星刚升起就落下，它们会在夜晚径直升起，越过你的头顶然后落回地平线。而另一些星星则既不升起也不落下，它们一直盘旋在地平线上方，在夜空中围着一个巨大的中心绕圈圈，仿佛它们被固定在一个沿轴旋转的巨大轮子上转动。见到这种情景你必然想知道圆圈的中心到底有什么特别之处，以至于星星们都围着它转。北纬地区的居民编造出来很多关于天空中巨大磨石的神话传说，以此来解释星星们在夜晚的旋转现象。

为什么从地球不同区域观察到的夜空有如此大的差别呢？这都是因为地球的自转轴有一定的倾角（图 1.1）。围绕太阳公转时，地球的自转轴（也就是连接北极点与南极点的直线）[8] 与公转的平面并不垂直，倾斜角度大约为 23.5°。这带来了很多显著的影响，其中就包括季节的变换。如果不存在这个倾角，地球上也就不存在四季变换了，而如果倾角比现在的大很多，那么季节变换也会比现在剧烈得多。然而，如果你对地球围绕太阳的运动或者地球的自转轴倾角一无所知，只是每晚观

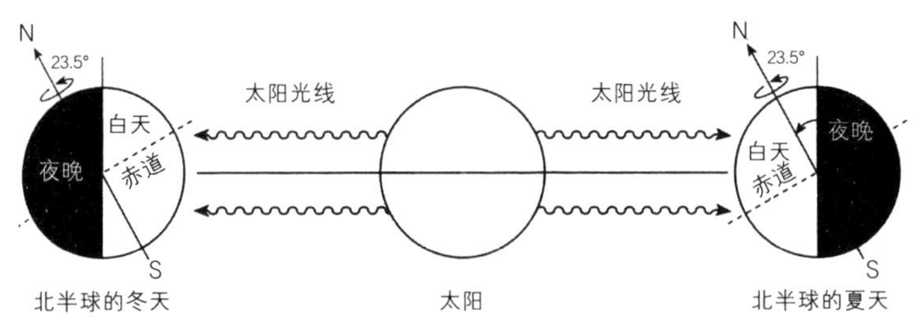

图 1.1 地球的自转轴，也就是连接北极点与南极点的直线，并不与地球绕太阳公转的轨道平面垂直，而是倾斜了 23.5°。

看星星的话，倾角带来的效果就只是我们从地球不同的纬度看到的夜空有显著的不同而已。

如果我们将连接地球北极与南极的线延长到太空中，这两个方向就被称为北天极和南天极。随着地球自转，在夜晚时我们就会看到所有的星星都在空中以相反的方向旋转。如果这些星星是一直可见的，当地球完成自转时，它们的运动轨迹将在空中形成一个巨大的圆。不过，并不是所有这些轨迹都能被我们完整地看到，因为有些轨迹的一部分是处在地平线之下的。图 1.2 就展示了位于北纬 $L°$ 的观察者在晴朗的夜空中会看到怎样的情景。[9]

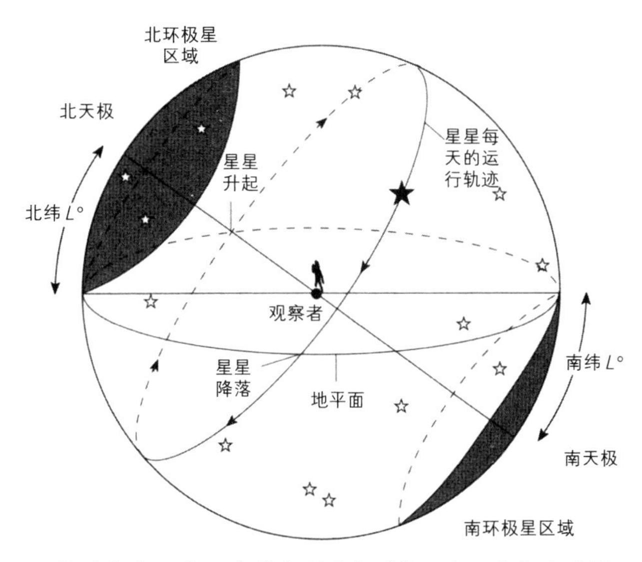

图 1.2　位于北纬 $L°$ 的天文学家所观察到的天空。在任意时刻，他们都只能看到半个天空，一些北环极星距离北天极足够近，以至于永远不会落下地平线，而南极附近对应的星星则被称为南环极星，对北半球的观察者而言，它们一直位于地平线以下，因此永远不能被观察到。

观察者周围的地平线将夜空分为两半。而在任何时候，只有位于地平线以上的那一半才能被观察到。在北纬 $L°$的位置观察，就意味着北天极位于高于地平线 $L°$的方向，而南天极则位于低于地平线 $L°$的方向。地球的自转使得观察者眼中的天空以北天极为轴自东向西旋转，星星从东方地平线升起，在夜空中向上移动，到达最高点（又称“天顶”），随后逐渐下落，最后从西方地平线落下。[10]

然而，有两类星星不满足这一东升西落的规则。北天极周围 $L°$圆形区域以内的星星在夜空中就能够形成完整的圆形轨迹，因而不会东升西落。如果夜空足够黑暗，能见度够高，你可以一直在天空中看见它们。[11]如今，欧洲的观察者把这群星星分别归为北斗七星组和仙后座组。与此相对，南天极周围 $L°$圆形区域中的星星，在北半球就是永远都观察不到的，它们永远不会从地平线上升起，[12]这就是为什么欧洲北部的人们永远都看不到南十字星。有一点很关键：观察者永远都能看到或者永远都看不到的星星所属区域的大小，取决于观察者所在的纬度。纬度越高，也即离赤道越远，这样的区域就会增大。图 1.3 给我们展示了三种不同纬度下星星在夜空中不同的运行轨迹。

在纬度为零的赤道处，不存在永远能看到的和永远看不到的星星。赤道的观察者理论上每天都能看到所有明亮的星星，尽管两个天极会隐没在地平线的薄雾中。这些星星每天都会从东方升起，并到达它们各自的最高点。每一颗星星升起时，其相对方向是不变的，因此它们也成了陆地或者海上绝佳的夜间航标。星星绝不会在天空中发生横向运动，整个星空看起来是那么对称而简洁。因此，赤道上的观察者就会产生这样的印

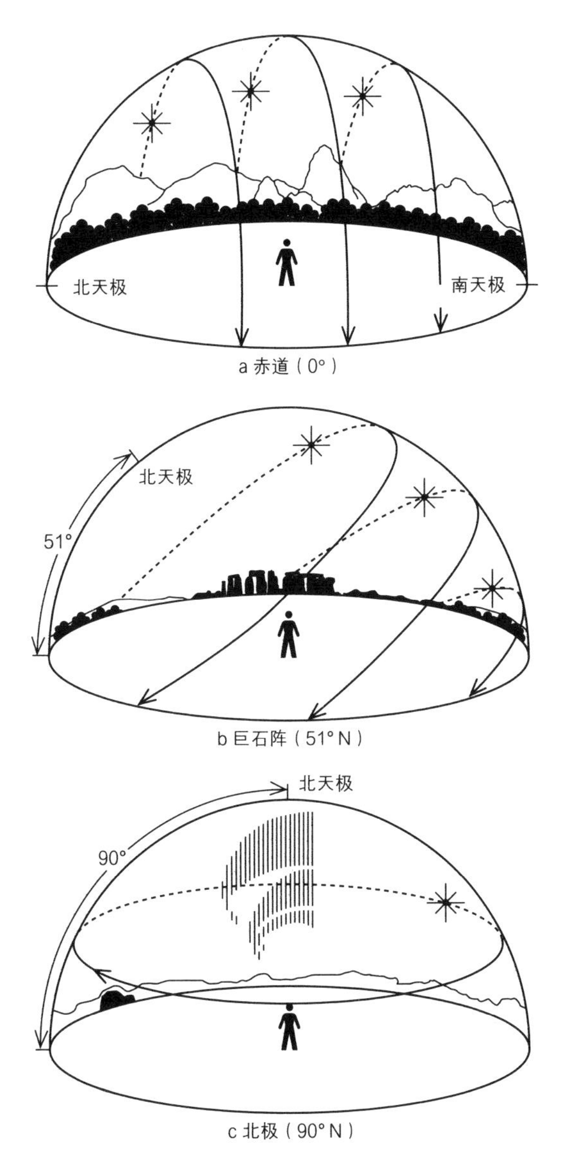

图 1.3　图为从地球上不同纬度看到的夜空的表观。这些外观之所以不同，是因为天极的位置发生了变化，而恒星看起来像是围绕着天极旋转：（a）在赤道；（b）在英国巨石阵的纬度；（c）在北极。

象：他们处于一切事物的中心，天空像是一顶包罗万象的华盖，其有规律可循的运动也是为他们服务的——看起来整个宇宙都以他们为中心。

但如果观察者处在北纬90°的北极极点，那么所有可见的星星都不会升起和下落，它们只会在头顶的夜空中做圆周运动。北天极就在头顶上，所有星星都会绕着它转。它就好像是整个宇宙的焦点，而我们就处在它的正下方。

而在北半球中等纬度地区，如北纬51°的英国古代巨石阵，夜空中星星的运行轨迹就处于以上两种极端情况的中间态：在以北天极为中心51°范围内的星星会围绕着北天极做圆周运动，而其他的星星则会遵循各自的轨迹，从地平线上升起，到达各自的最高点后再下落，整个天空看起来好像向一方倾斜了一样。当然，最引人注意的还是众多星星围绕着北天极旋转的现象，就像一只巨大的宇宙之轮（见图1.4）。在不懂任何天文知识或者地球运动的观星者眼里，天空中似乎存在着一个特殊的位置。

基于以上，也无怪乎古代文明中有关天空和宇宙本质的神话传说都与各个文明的地理位置有关了。在远离赤道的斯堪的纳维亚和西伯利亚都流传着关于天空大圆的传说：他们认为天空中有个大磨盘，神就居住在中央。最接近空中旋涡中心的那颗星也被赋予了特别的地位，传说它上面陈列着“宇宙之王”的宝座，所有的星星都围绕着它排列。[13]

我就不在这里详细追溯其他类似的神话了。我所想要强调的只是一点：仅从地面某一处的视角出发，很难完整描绘出宇宙的全貌。当你对星体、地球自转与取向一无所知时，你的观察会不由自主地产生一些严重的偏差。

图 1.4　对北天极方向的天空长时间延时摄影，就可以记录围绕极点的圆形星迹——这个极点正位于图中间的树顶的上方。

哪怕是比较高级的早期文明，在刚开始进行天文观测的时候也会受到自身所处位置的影响。我们都住在一颗小小的行星上，它与其他行星一样围绕着一颗恒星运转。如今，我们已经很了解我们所在的太阳系及其行星，还知道在遥远的宇宙中，其他很多像太阳一样的恒星也有行星围绕着它们运转（根据最新的数据，已经超过 3 500 颗）。了解了这些知识以后，我们很容易忘记古代的人们要想跳出地球视角的束缚来理解其他行星的运动是多么困难。举个简单的例子，让我们站在地球的角度考虑火星的运动：我们需要假设地球和火星都沿着圆轨道绕着太阳运动，而火星的轨道半径大概相当于地球的 1.5 倍。地球绕太阳运行一圈需要一年，而火星大概需要两倍的时间。有了以上所有这些条件，我们就能依据地球与火星的轨道运动差异算出火星相对于地球的表观运动，如图 1.5b 所示。

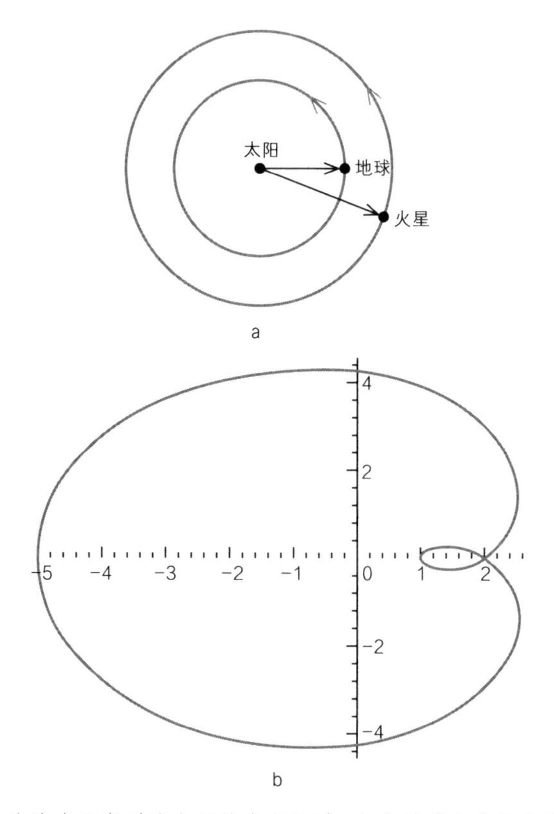

图 1.5 从地球观察到的火星的表观运动。(a) 地球与火星的轨道，为简便起见假设它们都是圆形，火星的轨道半径约为地球的 1.5 倍，在轨道上走一圈需要大约两年（687 天）的时间。(b) 从地球上看，火星在这两年内的运动轨迹大概就是这样一个带有一个小圈的心形图案，被称为帕斯卡蜗线。火星首先会远离地球到达最远点（即图中横轴上“−5”的点），此时地球与火星位于太阳的两侧，相距最远。随后，火星逐渐接近地球，在离地球最近的地方突然转向，远离地球，随后又改变方向，继续远离地球。

这个奇怪的带有一个交叉的心形曲线（帕斯卡蜗线，又称“利马松线”）非常有趣。原点代表地球，图线则代表火星相对地球的运动轨迹。从图线的右上端沿轨迹移动到左端的过程中，火星正在渐渐远离地球。而移动到与横轴的交点−5 处时，这两颗行星正处于太阳的两侧，此时它们相距最远。随后，火星又开始逐渐接近地球，二者越来越近，似乎就快要撞上了——就在这个时候，它却忽然改变了方向，又开始远离地球，这种逆行现象在火星离地球最近的几天用肉眼就能观测到。如果把观察对象换成遥远的外行星，结果又会不尽相同。比如土星，土星的轨道周期约为 29.5 个地球年，在一个周期中，土星相对于地球的最近点就有好几个，这意味着它相对于地球的表观轨迹相应地也有好几个小圈。[14]

我们从中得到的教训就是，假如你不了解所有天体运动的整体图像或理论，那么天体在天空中运动的轨迹看起来就是难以理解的。如果一位早期的天文学家连续观察火星两年，他就会看到火星先远离我们，然后再接近我们，之后开始逆行，逐渐远离我们。这样的运动是什么样的作用力所推动的呢？为什么它的运动会改变方向？这对当时地球上的人们来说，是个很难回答的问题，因为他们并不知道，所有行星，包括我们自身所在的地球，都按照不同的轨道以不同的速率围绕太阳运转。

亚里士多德的球形宇宙

所谓专家，就是小心翼翼地避免了小错误，却大步流星地迈向大错误的那类人。

——本杰明·施托尔贝格（Benjamin Stolberg）

公元前 350 年左右，亚里士多德提出了一个宇宙哲学观点来简化天体的这套表观运动轨迹，于是一套天体运动的复杂图像诞生了。亚里士多德相信，世界并不是在过去的某个时间点诞生的，它一直都存在，并将永远存在，恒久不变。他高度重视对称性，又因为最完美的图形是球形，因此他自然而然地相信宇宙一定是球形的。为了容纳天空中的所有天体及其运动，亚里士多德提出了一套复杂的“洋葱皮”宇宙结构，包含不少于 55 个互相嵌套的透明水晶球，它们以地球为球心，而整套宇宙结构同样也是球形的，但这一假设却很难与观察结果相符。每个当时能被观察到的天体都处在一个水晶球层上，不同的球层以不同的角速度运动。在表示行星运动的球层中间，还存在着很多其他的壳层。这样，亚里士多德不仅能够解释现有的观察结果，也能预测天空中可能产生的新现象。亚里士多德的理论具备现代科学理论的很多特征，同时也具备一些无法辨认的特征。在亚里士多德的宇宙图像中，星星所在球壳的外层是物质无法企及的精神领域，而我们观察到的一切运动，都来自作用于这一王国边界处的“原动力”（Prime Mover），它让最外层球壳开始转动，这转动一层一层地向内传输，直到整个宇宙都进入完美的旋转运动。只要根据实际情况修正不同球层的旋转速度，夜空中的许多现象都可以用这一理论解释。

后来，中世纪基督教思想家吸收了亚里士多德的哲学思想，将其理论中的“原动力”归为《旧约》中的上帝，最外层的天球就是基督教中的天堂。这种地球处在中心位置的世界观，与中世纪人们认为人类社会为中心的思想也相一致。

地球与其他外部空间都为球形，这也带来了一个重要特点：球形在旋转的时候，不会有哪一部分“戳”进其余没有物质的“空”间里，这就意味着整个空间可以由这种球层完全充满，不留下空的地方，见图 1.6a——这是 16 世纪英国都铎王朝杰出数学家、医生罗伯特·雷科德（Robert Recorde，1510—1558）描绘的宇宙图像。真正的“真空”是不可能存在的——比无穷大的物理量还不可能。[15] 地球是球形的，所以它在旋转时所占据的空间才能保持不变，如果它是方形，它就做不到这点了。[16] 但实际上，根据亚里士多德的理论，能在自转的同时保持形状不变的并不只有球形——一支高脚杯也能达到同样的效果。[17]

亚里士多德并不认为运动是由物体之间的相互作用力产生的（像牛顿提出的万有引力那样），他认为力是每个物体自身所固有的性质，它们只是沿着对它们而言“自然”的方式运动，而最完美、最自然的运动，莫过于圆周运动。

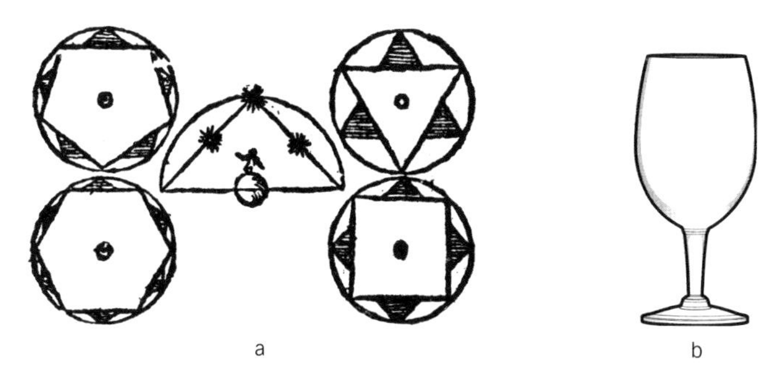

图 1.6　（a）球体在转动的时候所占据的空间是保持不变的，而其他多面体在转动时会产生一些空隙。罗伯特·雷科德在其 1556 年的著作《知识城堡》（*Castle of Knowledge*）中记录下了亚里士多德学派关于地球是球形的证明。然而，即使宇宙是图（b）所示的高脚杯形状，它在绕着自己的垂直对称轴旋转时，也可以满足亚里士多德提出的宇宙在旋转时不会产生空隙的条件。

托勒密的“希思·鲁滨孙”宇宙

我曾经也是一名天文学家，只不过我总是轮到白班。

——布赖恩·马洛（Brian Malow）[18]

我们已经知道，在太阳系中，太阳处在中心的位置，所有的行星以不同的速度围绕着它运动，因此我们会看到其他行星有一些奇怪的运动，比如短暂的逆行，这是我们地球与那些行星之间的相对运动所带来的假象。包括地球在内的行星以不同的角速度围绕太阳公转，因此我们有时候会看到其他行星不同寻常的反向运动。而解释这些现象，就成了亚里士多德与他的追随者们必须要完成的任务。

大约在公元130年，克劳迪乌斯·托勒密（Claudius Ptolemy）首先找到了这个复杂问题的解决方案，这个古代最接近“万物理论”（Theory of Everything）的理论，持续存在了超过1 000年。托勒密的任务是将包括逆行在内的复杂的行星运动整合到亚里士多德严密的、以地球为中心的宇宙模型中，如图1.7所示。这就需要宇宙中所有其他天体均以不同的、稳定的角速度围绕地球做圆周运动，且宇宙中所有天体的亮度或其他固有性质都保持不变——这可是项大工程。

托勒密在他的著作《天文学集大成》（*The Almagest*）中解决了这一问题。他假设行星或太阳按如下方式运动：有一个点绕着地球做圆周运动（称为“均轮”），而行星则绕着这个点以小得多的半径再做圆周运动（称为“本轮”），[19] 因此，行星的运动轨迹看起来就像一个不断进行螺旋扭动的大圆，如图1.8所示。

而像火星这样的行星相对于地球的整体运动也可以被看作围绕着一个点做圆周运动，只不过这个点同时也在围绕着太阳做圆周运动。为了让他的理论更加精确，他可能还在火星绕着太阳的“本轮”上又加了新的本轮。中世纪的人们为了保持托勒密模型的准确度，给轨道加入了越来越多的本轮。[20]

为了保证理论符合观测到的行星和太阳的运动轨迹，科学家不得不对理论不断地修改。行星的逆行现象通过增加本轮就可以很好地解决：在行星运动轨道的前半程中，它围绕本轮运动的方向与本轮沿均轮运动的方向相同。而到后半程，行星围绕本轮运动的方向与本轮沿均轮运动的方向相反，这个时候，行星运动就会出现放缓、停顿、逆行，随后又放缓、停顿，最后向原本的方向前进。这是真正意义上的逆行，可不是由两个以不同轨道半径同时绕太阳运转的行星带来的表观“逆行”。

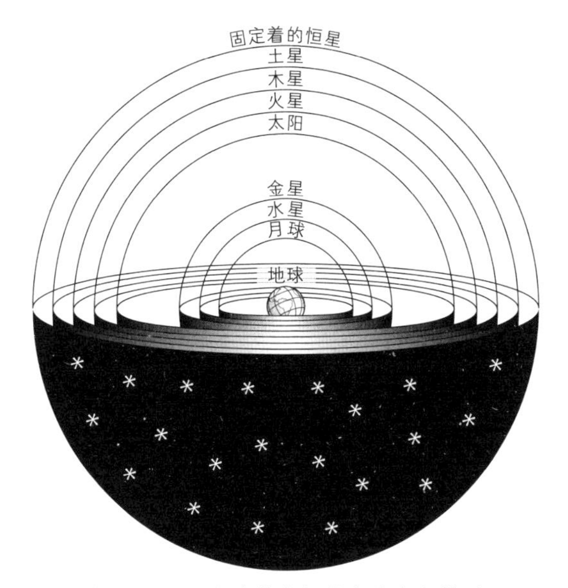

图 1.7　亚里士多德和托勒密的宇宙模型。

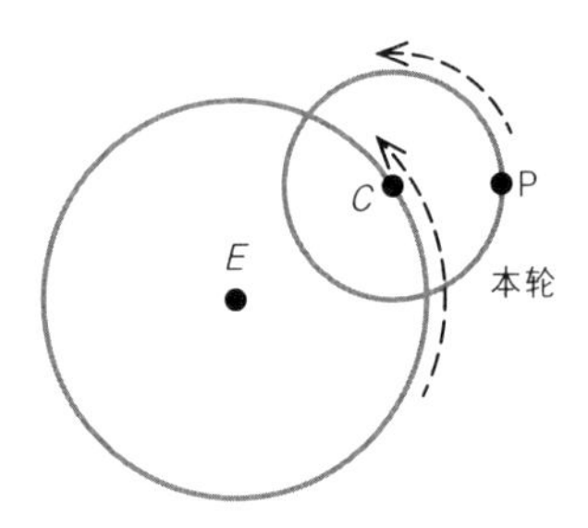

图 1.8 本轮：一颗行星（P），绕着一个小圆（本轮）运动，本轮的圆心（*C*）沿着一个更大的圆形轨道运动。

托勒密对行星与太阳复杂运动的早期描述，更加印证了仅从观测结果，或是从一个概括性的哲学原理得到对宇宙的正确描述有多么困难。如果亚里士多德学派的人能更具备批判精神的话，他们还会发现其他的尴尬问题，比如为什么地球不是个完美的球体？为什么地球的中心地位如此重要，其他行星的圆形轨道却能绕着不以地球为中心的本轮运动？为什么有时候均轮的中心可以偏离地球的位置？这样的偏离可能很小，但既然有偏离，就表示地球不是宇宙的绝对中心。

哥白尼革命

> 如果万能的主在创造万物前咨询一下我的意见，我会建议他把世界造得简单些。
>
> ——阿方索十世（Alphonso X）[21]

托勒密的地心宇宙模型，是一个错综复杂的人类观念的产物。它并不正确，但其传承者们想出了很多方法来调整观测结果与理论预测不相符的问题，这使得该项理论顺利地一直流传到 15 世纪。这种“灵活性”的特征，让“本轮”这个词成了形容不靠谱或过于繁杂的科学理论的贬义词。如果你需要不断往一个理论中加入新的细节才能适应新的观测结果，那说明你的理论解释能力极为有限。举个例子，假设你提出了一个关于汽车的新理论，预言所有的汽车都是红色的，但星期一你一出门，看到了一辆黑色的车，你就把理论修改为“所有汽车都是红色的，只不过星期一有些车是黑色的”。一上午，很多红色和黑色的车呼啸而过，理论到此为止都很有效，但到了下午，麻烦来了：一辆绿色的车经过了你的视野。好吧，星期一所有汽车都是红色或黑色的，只不过下午有些车可能是绿色的。看到这里你就能感受到了，这就很像不断提出新的本轮来修正自己的托勒密宇宙模型。每个后来发现的新事实都要逼迫着理论做出小修正，以保证一开始提出的假设的正确性。这种过程累积到一定程度，你就会意识到这样下去是不行的，必须推倒一切从头再来了。

当然，这个例子有些夸张，托勒密的理论要比这个例子复杂得多。每加入一个新的本轮，都只是对整个理论引入一个更小的修正，却能更精确地解释观测到的运动细节。从这个角度上看，托勒密的宇宙模型可以被视为人类史上第一个起作用的收敛近似模型的例子。每次修正都比上一次更小，却能与实际观测现象吻合得更好。[22] 托勒密的理论在大多数情况下都能起到很好的作用，只不过它描述的宇宙图像是错误的，它把地球而非太阳放在宇宙的中心。要想推翻这个理论，需要找到非常有说服力的案例才行。

尼古拉·哥白尼（Nicolaus Copernicus）通常被视为一个革命者，是他将人类从宇宙中心的王座上拉了下来。但事实其实更复杂，也没有那么多戏剧性。即使他真的是一个革命者，也只是个心不甘情不愿的革命者。[23] 哥白尼最知名的著作《天体运行论》(*De revolutionibus orbium coelestium*) 在1543年他快要去世的时候才付印出版，这本书在当时的影响也很微弱：印数本来就不多，能读到的人就更少了。然而，哥白尼的观点后来还是成了改变人类宇宙观的聚焦点，它最终推翻了古老的托勒密地心宇宙模型，奠定了日心模型——这一模型一直流传到今天。[24]

16世纪初印刷技术的进展让哥白尼得以在书里即时讨论的地方嵌入图表，而他著作中最知名的图表（见图1.9）就展现了一个以太阳为中心的简单的太阳系模型。最外层的圆圈

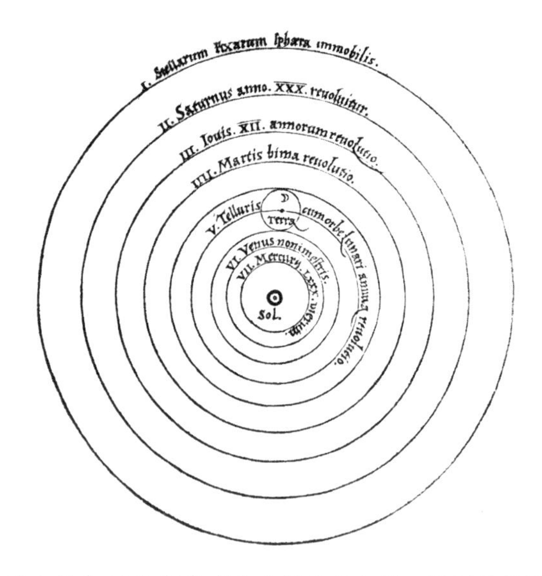

图1.9 哥白尼在1543年发布的太阳系日心图。该图以拉丁文标记，并向我们展示了以太阳为中心的同心球体。恒星的固定外球（I）围绕着旋转球（II–VII），其中包含了土星、木星、火星、地球（旁边标记为月牙形的是月球）、金星和水星的轨道。

代表“固定恒星层”，它处于我们的太阳系之外。从外向内依次是土星、木星、火星、地球（以及绕地球运转的我们的近邻月球）、金星和水星，它们都围绕着中央的太阳（图中的“Sol”）做圆周运动，月亮则围绕着地球做圆周运动。

哥白尼的日心体系和托勒密的地心体系并不是 16 到 17 世纪仅有的两个行星模型。图 1.10 摘自乔万尼·里乔利（Giovanni Riccioli）1651 年的著作《新天文学集大成》（*Almagestum Novum*, “The New Almagest”），[25] 它很好地总结了后哥白尼时代天文学家可以采用的世界体系，共包括了 6 种不同的太阳系模型（标为 I 到 VI）：

模型 I 是托勒密的地心体系，地球处于中心，太阳在水星和金星的轨道之外围绕着地球运动。

模型 II 是柏拉图体系，地球也处于中心，太阳和其他行星围绕着地球运动，不过太阳的轨道在水星和金星之内。

模型 III 被称为埃及体系，其中水星和金星围绕着太阳运动，而太阳与其他行星一道围绕着地球运动。

模型 IV 被称为第谷体系，由伟大的丹麦天文学家第谷·布拉赫（Tycho Brahe，1546—1601）提出。他认为地球固定不动，位于宇宙的中心，月球和太阳围绕着地球运动，但其他行星围绕着太阳运动。因此，水星和金星的轨迹一部分位于地球和太阳之间，而火星、木星和土星则完全位于地球和太阳的外部。

模型 V 被称为半第谷体系，是由乔万尼·里乔利自己发明的。在这一模型中，火星、金星和水星围绕着太阳运动，而太阳则和木星、土星一起围绕着地球运动。里乔利想把木星和土星同水星、金星以及火星区分开，因为前者像地球一样有卫星，而后者没有（当时火星的两个卫星还没被发现），因此，

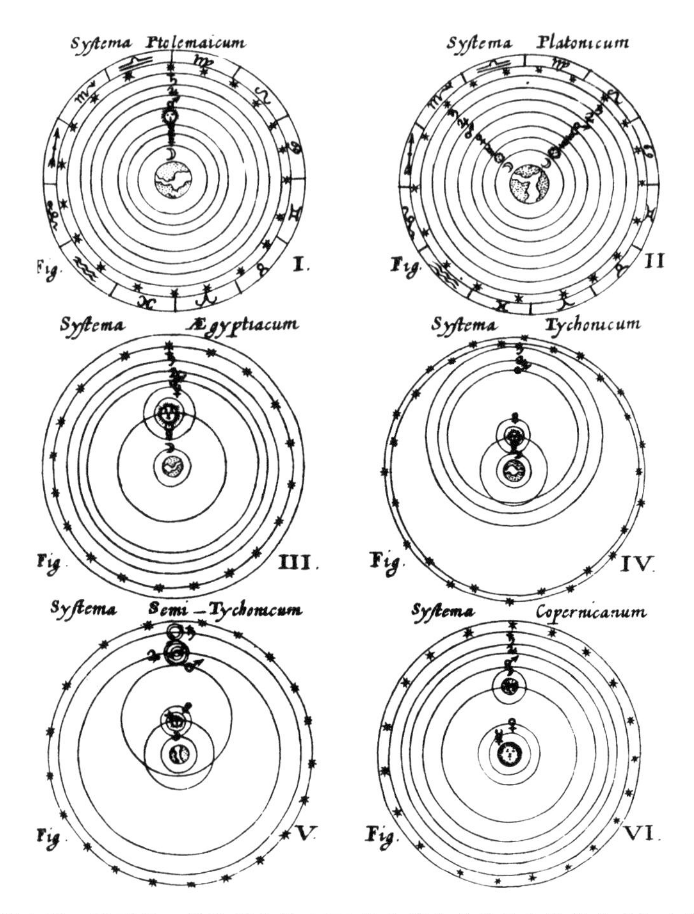

图 1.10 乔万尼·里乔利在其 1651 年的著作《新天文学集大成》中绘制的 6 种主要宇宙模型。

它们的轨道应该是以地球为中心，而不是太阳。

模型 VI 就是我们刚刚在图 1.9 中看到的哥白尼体系。

看了这么多古代天文学家的宇宙观以后，我们或许能得到一些启示。仅仅通过观察宇宙是很难真正理解它的，我们被局限在地球——一颗中等年龄恒星周围的一颗行星的表面，我们在夜空中观察到的东西也就很大程度上取决于我们所在的地球表面的位置、观测的时间，以及内心关于“我们应当处于万物的什么位置”的先入之见。我们的世界观预先决定了我们的宇宙模型。

在我们的宇宙观成长的同时，这些问题也变得越来越明显。为了人类社会的进步和发展，我们需要描述并预言我们可见的这部分宇宙中的天体运动，但我们最终还是想要知道整个宇宙是什么样。而在这条路上的关键一步，来自 18 世纪的天文学家。我们将在下一章讲到他们。

第 2 章
人类不再位于中心

对称性让我平静，对称性的缺乏则会把我逼疯。

——伊夫·圣·罗兰（Yves Saint Laurent）

特殊的时间，特殊的地点

纬度圈上的每个纬度都可以认为当初的自己有机会成为赤道。

——马克·吐温（Mark Twain）

哥白尼为我们带来了一套崭新的认识世界的理论，这个理论后来就以他的名字命名。在科学上，如果一套理论预设人类为中心，这套理论就会被轻蔑地称为“反哥白尼”理论。在天文学领域，人们经常援引“哥白尼原理”来提醒我们应当时刻意识到自己在宇宙中所处的位置并没有什么特别的。我们不能像我们的老祖宗那样认为地球是宇宙的中心，相反，我们应当假设宇宙各个地方都是相同的，并以此来构建我们的理论。如此说来，地球也就是在一个典型的星系中围绕着一颗典型恒星运转的一颗典型行星罢了。

尽管认识到人类和地球并非宇宙中心这一点对科学家而言是重要的一课，但过分热衷于追求哥白尼原理也可能是个陷阱：虽然我们没有理由认为地球在每一方面都是特别的，但我们同样也没有理由认为地球在每一方面都是平凡的。

现在我们知道，生命只在宇宙中一部分具有特定特征的区域存在：很显然我们不可能在一颗恒星的球心生存，在那里连原子都不可能存活下来；在宇宙中物质密度稀薄得无法形成恒星的地方，当然也不可能出现生命。[1] 如果宇宙中这些“典型”地区的环境无法允许生命诞生和延续，那我们当然不能说自己只是位于宇宙的一个“典型”地区。我们在宇宙中的位置，既非独一无二，但也并非没有特别之处，这种“温和的哥白尼视角”，在检验现代宇宙学理论的过程中起着重要的作用。[2]

位置本身并不是最重要的——别信地产商的忽悠，我们得把位置放在历史的框架里考虑。如果宇宙的整体性质会随着时间发生改变，比如宇宙会变得越来越热或越来越冷，那么恒星、行星和生命就只能存在于宇宙历史中的某一段特定时期而已。这种时间上的不对称，与我们今天观察到的宇宙的诸多重要特征紧密相连。宇宙看起来已经很老了，因为它包含了碳、氮、氧这些较重的元素，这些元素都需要在恒星中通过一系列的核聚变反应才能缓慢生成，继而以超新星爆炸的形式达到巅峰，最后散布到四周的空间中去。单单这种“恒星炼金术”就需要数十亿年的时间来完成，我们的宇宙有多古老也就不难想象了。在更年轻的宇宙里，我们甚至都不可能存在——因为太年轻，这些宇宙并没有足够的时间来产生复杂生命所需的基本成分。

未来，宇宙中的最后一颗恒星终会耗竭它的所有燃料并寿终正寝，坍缩成极为致密寒冷的遗迹，这或许也意味着宇宙存在生命的阶段告一段落。有人对这样的图景极为不满，坚信生命绝对不会灭绝，[3]而我们所知的生命——碳基生化体——当然也不可能永生。不过，看看人类的科技进化史，或许我们应该对永生抱有一丝希望。高科技使得设备不断小型化，这不仅节省资源，也提高了能效，减少了污染，有些高科技设备甚至利用了量子力学的灵活特性。其他非常高级的宇宙文明或许也被迫走了同样的技术轨迹，说不定他们纳米尺度的空间探测器、原子大小的机器或是纳米计算机已经小到根本不会被我们粗糙的搜寻技术找到。他们输出的能量可能很小，因此他们几乎不会在宇宙中留下什么踪迹。为了一直存活到遥远的未来，或许我们都需要向这种对环境影响极小的方向演化。

“民主”的定律

法律面前，人人平等。

——罗马法

哥白尼的后世研究者又逐渐改善了他的日心太阳系模型。一位来自英国林肯郡的青年最终用数学的形式把它描述了出来，形成了一套崭新的运动与引力定律——这位青年就是大名鼎鼎的艾萨克·牛顿（Isaac Newton，1643—1727）。牛顿的引力定律和运动三定律在其后的近 250 年里主宰了所有物理学家和工程师认识世界的方式。这几条定律将此前对天体运动的一切图像式描述都转化成了更精确的数学描述：它们给出了数学方程（即描述物体运动的“法则”），方程的解（即按照那些法则计算出的结果）则可以成功地预言物体随时间变化的运动轨迹，如月球和行星的运动。其中一项预言，便是行星围绕太阳运动的轨道并非哥白尼假设的圆形，而是椭圆形，而太阳则位于其两个焦点中的一个（图 2.1）。

牛顿的运动三定律可以这样表述：

第一定律：物体在不受任何力作用的时候，总保持静止或匀速直线运动状态。

第二定律：物体动量的变化速率等于这个物体受到的力。

第三定律：每个作用力都有与它大小相等、方向相反的反作用力。

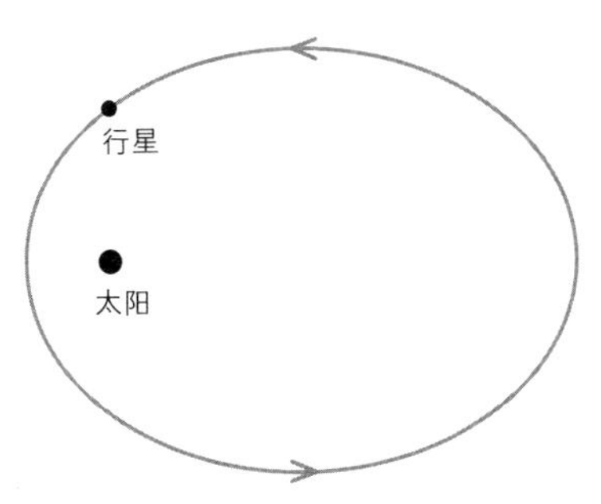

图 2.1　夸张化的椭圆形行星轨道，显示了太阳在椭圆形焦点处的位置。

这三条定律里隐藏着很多卓越的远见。第一定律提到了“不受任何力作用”的物体，但有谁真正见过这种物体呢？这是一种理想化的事物，牛顿把它作为一种衡量标准。过去，大多数人认为不受任何作用力的运动中的物体会逐渐变慢并停止，但牛顿意识到，运动物体变慢是由其他力——如摩擦力和空气阻力导致的。他敏锐地分析出在特定情形下物体受到的所有力，并想象出了在没有受到任何作用力的理想条件下，物体会是什么样子。

当牛顿说一个物体处于运动或静止的状态时，我们会问："相对于什么参照物运动和静止呢？”实际上，他给所有在空间中运动的物体设定了一个虚拟的、固定的“舞台”，也就是“绝对空间（absolute space）”，这个“舞台”由遥远的恒星确定，他认为这些恒星既不会变化，也不会移动。牛顿定律决定了物体在这个“舞台”上的一切运动和变化，并且一切事物都不会影响空间本身的构造。

牛顿意识到，在宇宙这个大舞台上，他的简单定律只对一些特殊的“演员”成立。在没有受到力的作用时，这些特殊的“演员”必须相对于远处的恒星（及这些恒星构成的绝对空间）静止或做匀速直线运动——既不能做变速运动，也不能绕着这些恒星或其构成的绝对空间旋转。假设宇航员在一个旋转着的宇宙飞船里透过窗子向外看，他就会看到远处的恒星围绕着他做圆周运动，或者说，它们相对宇航员有一个加速度——然而它们并没有受到什么力的作用啊？因此，对这个正在旋转的宇航员而言，牛顿第一定律就不成立，而第二定律的形式也变得更为复杂。[4]

牛顿运动定律的表述形式也显示，在自然规律及其结果中存在着某种形式的“反哥白尼原理”，对一些特定的观察者而言，运动定律的形式要比其他观察者看到的更简单。然而，客观准确的自然规律如果经过了合适的表述，不应该在所有的观察者眼中都是一样的吗？有些观察者眼中的自然规律居然会比其他人眼中的更简单，按道理讲，这样仿佛拥有“特权”的观察者是不应该存在的。

自从有了牛顿定律这一有力武器，物理学家和天文学家就可以理解天空中一切物体的运动了。他们可以解释恒星的分布，解释宇宙是如何从一个简单的状态演变到如今的结构的。当时的天文学家没有像今天这么强大的天文观测手段，所以他们对宇宙图景的认识有其局限性，不过随着时间的推移，他们逐渐构建出了能解释恒星分布的理论，并把这些天文学现象与物理学和运动理论联系了起来。最重要的是，他们开始思考牛顿的运动理论能否告诉我们宇宙经历了什么样的变化。

变化的宇宙

就像螺旋里的圆，

就像轮子里的轮圈……

——艾伦和玛丽莲·伯格曼（Alan and Marilyn Bergman）

在牛顿之后的那一个世纪里，我们对宇宙大小和范围的了解稳步增长。托马斯·赖特（Thomas Wright，1711—1786）是英格兰北部城市达拉谟的一位钟表匠、建筑师、建筑鉴定员，也是一位自学成才的业余天文学家。他首次绘制出了详细的银河图片——银河就是我们头顶上空那条由恒星、气体、尘埃和光组成的亮带，自远古时期它就一直被夜观星空的人所仰慕。[5]根据早期望远镜观察到的数据，赖特发现恒星在夜空中的分布并不是随机的，而是表现出很明显的成簇分布特征。而我们正位于这样的一个团簇之中，并从这个团簇之中看着其他的团簇——那么银河真正的三维结构究竟是什么样的呢?

赖特提出了两种可能性。第一种情况是呈扁平碟状的一簇恒星，如同土星的环一样围绕着银河系的中心运动，而这个中心就是“创生中心”，所有的自然法则都起源于此。第二种可能性是星群聚集成了球壳的形状，而我们看到的银河就是这层球壳的横切面，这种可能性可以反映出我们所在的位置并不靠近星系的中心（见图 2.2a）。

但赖特的想象力还不止于此。他觉得，没有理由认为这种恒星团簇只有一个，在他的想象中，整个宇宙中有无数个行星团簇，有的呈盘状，有的呈球状，并且在每个团簇的中心都有一个“创生恒星”。夜空中每片暗淡的光区或许都是一个银河系，这些银河系一起组成了一个“无穷无尽的巨大空间……跟我们如今已知的宇宙完全不同”（见图 2.2b）。

赖特花了很多精力用图像和诗句来描述他眼中的宇宙。他绘制了一张巨大的图（3 m × 2 m）来解释一系列天文现象，包括日食和彗星轨道，等等。约翰·弥尔顿（John Milton）在其作品《失乐园》中系统描述了太阳系和其他外星，赖特受其启发，设想了一个由无穷多个太阳系组成的宇宙模型，其中的每个太阳系都由一系列行星绕着一个中心恒星组成。赖特认为，我们的太阳可以通往其他很多的太阳，而地球只是整个宇宙中许许多

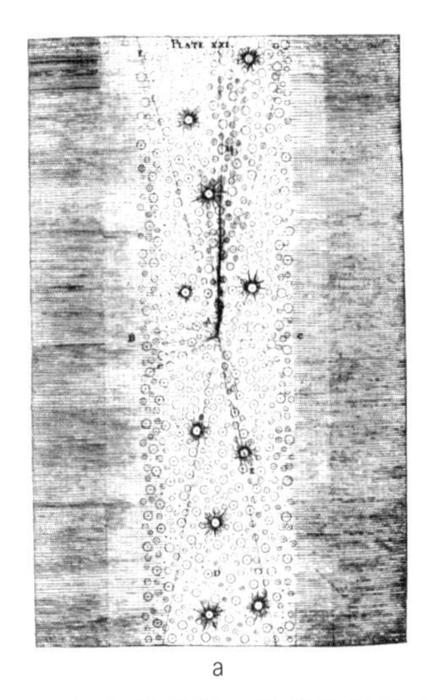

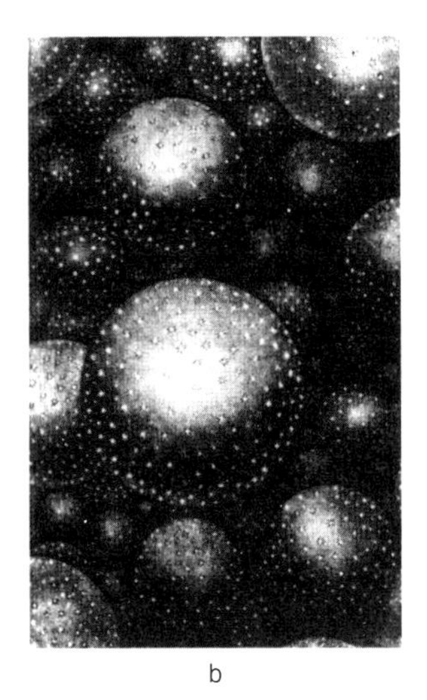

a　　　　b

图 2.2 （a）托马斯·赖特的银河系模型，其中的恒星均匀分布在圆盘状的空间平板中。（b）赖特的永无止境的宇宙包含了数量无限的星系，这些无限星系看起来像无限空间中的气泡。这两个插图均来自他 1750 年出版的《宇宙原始理论》（*An Original Theory of the Universe*）。

多个行星中的一个。根据他的估计，银河系中有超过 3 888 000 颗恒星，像我们地球这样的行星有超过 60 000 000 个，而这只是整个夜空中所有恒星和行星中的一小部分。

赖特的思考与他建立的模型将更侧重于太阳系的哥白尼模型外推到了更大的宇宙，这是非常重要的进步。宇宙由成千上万的星系（起初被称为“岛宇宙”）组成，这一观点直到 1921 年才为大家所接受，当时美国天文学家希伯·柯蒂斯（Heber Curtis）和哈洛·沙普利（Harlow Shapley）在华盛顿特区的史密森尼学会进行了一场著名的辩论，柯蒂斯认为夜空中观察到的螺旋状星云其实是离我们很远很远的其他星系，而沙普利则认为我们所在的银河系就是整个宇宙。

讽刺的是，赖特的远见卓识之所以能被我们记住，主要是因为其他科学家在他的工作基础上又扩充了其他的内容。赖特没有对观测天文学做出更多贡献，因为他又回头去当自己的建筑师了。[6] 但有一个思维敏锐的年轻人读到了他的著作，并被他所描述的宇宙图景深深迷住了。1751 年，27 岁的伊曼纽尔·康德（Immanuel Kant）在德国汉堡的一份报纸中读到了一篇（不完全可靠的）关于赖特的研究的介绍，4 年后，他匿名写了一本书来描述自己的宇宙观，书名为“自然通史和天体理论”（*Universal Natural History and Theory of the Heavens*），这本书在当时的发行量很小，因为它的出版商破产了，很多印本也被法院没收。但一个世纪以后，这本书重新受到了人们的关注，并随着赫尔曼·冯·亥姆霍兹（Hermann von Helmholtz）在德国做的一个公开演讲进入了天文学家的视野。[7]

图 2.3 伊曼纽尔·康德（1724—1804）。

康德满腔热情地继承了赖特的银河系模型，他认为所有的恒星都呈扁平的盘状围绕着星系中心运动，星系中心对它们的引力提供了它们围绕星系中心做圆周运动的向心力。如果没有引力，这个星系盘就会土崩瓦解，而如果没有圆周运动，所有的恒星都会撞到一起。康德认为，我们在天空中看到的所有星云[8]，都是由很多遥远的恒星组成的盘状星系。

在康德眼中，各个星系的区别只在于它们表观的亮度和它们与地球的距离，整个宇宙的各处都是相似的，这种相似性正是牛顿引力与运动定律普适性的体现。而我们眼中的各个星系呈现出的形状各异，则是由于每个星系的取向不一样，导致我们观察不同星系的角度也跟着不同——正如从不同的角度看一只橄榄球，其形状也不相同一样。之后，康德又更进一步，试图求证这种模式在更大的尺度上是否存在。如果恒星像银河系一样聚集成团形成了星系，那么星系与星系会不会也聚集成了更大的星系团呢？星系团与星系团又会不会继续聚集成团，一层一层无穷尽呢？虽然这个图景看起来不完全自洽，因为它要求星系也绕着一个中心运动并形成盘状，并且要求这些盘再形成更大的盘，但鉴于康德利用了牛顿理论来理解比太阳系更广阔的宇宙结构，这也不失为一个有益的尝试。[9]

但康德的宇宙理论中最惊人的一点是，他的宇宙是不断演化的：在这个宇宙中，恒星会来来去去，宇宙会随着时间变化。[10]他的宇宙是无限大的，所以并不存在一个真正的中心，但其中存在一些特殊的地方，那里的密度最大，我们的太阳系就位于这样的一处。生命及新的结构会从这样的“中心”出发，像球面波一样扩散开去，经过之处形成一片新的世界。在每个新形成的结构中，恒星受到的结构中心的引力为其自身旋转提供了足够的向心力，就如同我们所在的银河系一样[11]。这个生命“球面波”的前沿都是新的太阳系，后面则留下了一片因资源耗竭而逐渐衰退的死气沉沉的世界（图 2.4）。崭新丰饶的结构在这个不断扩张的球壳外沿陆续生成，这是物质宇宙充满活力的前沿，而中心区域衰退的部分则是最先生成的结构的遗迹。不过，这些遗迹可不仅仅是宇宙的墓地，它们会重新组合、回收利用，未来会生成新的有秩序的恒星和行星，就像凤凰涅槃一样。因此，宇宙就可以永远地运行下去：“创生从未结束或完成，它曾于某一天开始，但永远都不会停止。”“恒星与行星会消亡，并被永恒的深渊所吞没，但同时，新的结构也在天空中不断生成，有效地补充了消亡的损失。”[12]

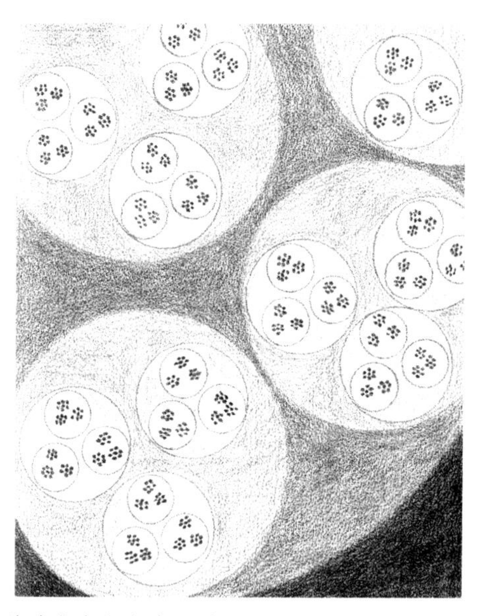

图 2.4 康德的演化宇宙包含无数个不断膨胀的球壳，如图中所示。球壳的外沿不断产生新的恒星，而中心的恒星则逐渐衰退消失。

康德认为，这一切都是神的伟大安排，上帝致力于不断创生更新的、更好的世界。所有已知的生命寿命都有期限，我们也不能从这一法则中豁免，但大自然是生生不息的，它能让“所有的恒星和行星在行使完它们的职责后退出宇宙舞台”，把所有可能的物质组合都探索个遍。

康德提出了一条定律，他自己称之为“特定的定律”，即旧的结构先瓦解，新的结构再诞生，如此循环。因此，“发展成熟的世界存在于已被损毁的废墟和仍未诞生的混沌之间”。

在那之后，康德的研究从天文学和牛顿物理学转向了关于知识的批判哲学，这让他成了全世界最著名的哲学家之一。在他出版于 1781 年的名著《纯粹理性批判》中，他首先提出要把客观现实和人类感知到的现实区分开来，这至关重要：我们必须能够区分客观真理和我们大脑中特定的思想范畴所能理解的真理。他认为，自己的这番论证堪称哲学史上的哥白尼革命：

> 此前，人们都假设所有的知识都应当与客观对象相适应……［但］如今我认为，我们应当在形而上思考中更进一步，假设客观对象应当与我们的知识相适应……这条路与哥白尼在天文学思想上走的那条路是完全一致的。我们一开始假设天体的运动都是围绕着观察者（也就是我们的地球）来进行，但这条路走进了死胡同。哥白尼将这个假设倒了过来，让恒星不动，反倒是我们观察者围绕着太阳运动。而在这里，我们在关于物体的形而上的思考上，也可以尝试一下类似的过程。[13]

对康德而言，关于物质的绝对真相是不可知的，我们永远只能掌握它的一部分，而这一部分也会随着我们思想范畴的不同而不同。[14]

星云假说

世界永远是黑暗的。光明只是暂时掩盖了黑暗。

——丹尼尔·K. 麦基尔南（Daniel K. McKiernan）

康德也对另一个主要宇宙理论的提出做出了贡献。他在1755年出版的《自然通史和天体理论》里描绘了另一种图景，即太阳系诞生于一团由不断自旋的气体与碎屑组成的云。法国天文学家皮埃尔·拉普拉斯（Pierre Laplace，1749—1827）进一步发展了这一图景，让它在数学上更为精确。他在1796年出版并大受欢迎的《宇宙系统论》（*Exposition du système du monde*）中详述了该理论，这本书总结了他关于宇宙本质的思想，且极具可读性，也对当时法国（以及后来整个欧洲）的知识分子产生了很大的影响。

拉普拉斯是法国科学界的重要人物，曾任拿破仑的科学顾问，也是位声誉卓著的天文学家、数学家、物理学家，被法国皇帝封为侯爵。他是一位理性主义倡导者，曾试图证明行星不用借助超自然的力量也能诞生。《宇宙系统论》这本书的最后一章就解释了太阳系如何从一团不断收缩旋转的气体云中起源，并最终形成了一系列在同一平面内绕太阳运转，各自还以相同方式自转的行星。[15]这一图景也就是拉普拉斯的“星云假说”（nebular hypothesis）。这一假说迅速在当时的天文学家之间流行起来，他们开始相信天空中每一抹星云都是一个正在形成行星的系统，这和赖特的模型大不相同，后者坚信我们观察到的星云都是遥远距离外的一整个星系——像我们银河系一样，每个星系都包含着数十亿的恒星和行星系统。

在维多利亚时期，拉普拉斯侯爵的模型成了当时最标准的宇宙模型。到了 1890 年，当时最重要的天文学史学家阿格尼丝·克拉克（Agnes Clerke）仍然维持了这一说法：

> 没有哪个合格的思想家敢说天空中的星云是与我们的银河系大小相当的星系。我们已经能很有把握地认为，不管是天空中的恒星还是星云，都是属于我们银河系的。[16]

维多利亚时期科学家眼中的宇宙，就只包括银河系这个车轮状的由各种各样的恒星和星云组成的星系。赖特和康德的观点，即我们在夜空中看到的模糊光点可能是银河系之外的行星的观点，暂时退出了历史舞台。

爱德华时期的宇宙

为什么我们在这里？因为我们不在别的地方。

——《老当益壮》（*New Tricks*）[17]

阿尔弗雷德·拉塞尔·华莱士（Alfred Russel Wallace，1823—1913）是 19 世纪伟大的科学家，虽然他在今天并没有得到与他实际成就相称的赞誉。他独立地提出了生物体通过自然选择而演化的理论，而与此同时，查尔斯·达尔文（Charles Darwin）也在思考同一问题，并在很长的一段时间里到处搜寻证据。对达尔文来说幸运的是，华莱士没有率先发表他的发现，而是写信把他的想法告诉了达尔文，最终两人同时发表了关于自然选择的演化理论。华莱士感兴趣的领域包括物理学、天文学和地球科学，作为达尔文的同事，他长久以来一直支持着达尔文的工作，并从遥远的地方给达尔文寄样本。1903 年，他出版了一本书，题为《人类在宇宙中的位置》（*Man's Place in the Universe*），这本书介绍了他一项范围很广的研究，研究列出了使地球适宜人类居住的一系列因素，也提出了一系列可以由宇宙的状态得出的哲学结论。[18]

华莱士从开尔文勋爵（Lord Kelvin）提出的一个简洁的宇宙模型[19]中受到了很大的启发。开尔文勋爵是当时的英国首屈一指的物理学家，也是英国皇家学会的会长（1890—1895），他利用牛顿的引力定律预测出了宇宙中巨大尘埃云的最终命运。开尔文的兴趣十分广泛，而且非常早慧：他 10 岁的时候开始在格拉斯哥大学上课，15 岁时已经开始写关于地球结构的重要研究论文了。他促进了我们对能量守恒和热力学定律的理解，引入了绝对温度（即开尔文温度）。同时，他对设备仪器也非常感兴趣——他在 1858 年设计并主持制造了首个穿过大西洋的海底电缆工程，甚至还设计了标准的水龙头，监制了中央供暖系统和空调系统的热泵，同时，他在电力铁路的设计中也做了很多贡献。

在思考关于宇宙的问题时，开尔文勋爵的思路也同样犀利。他证明了引力会让一大团宇宙物质急剧向内坍缩，而唯一阻止它们撞到一起的方法就是让它们绕着一个中心做圆周运动——这是康德早已提出的观点。开尔文的模型认为宇宙中约有10亿颗和太阳同样大小的恒星，恒星间的引力导致的相对运动可以通过恒星与周边恒星的相对运动观察到。[20]

华莱士画出了开尔文的宇宙模型，见图2.5。[21]有趣的是，他采用了一种表面上看起来比较“非哥白尼”的态度，他认为宇宙中的某些地方比其他地方更有益于生命的出现，我们所在的位置就离这些地方比较近，而不是离宇宙的中心比较近。

在开尔文的宇宙模型里，物质会逐渐掉落到银河系所在的中心区域，并与其他早已在此的恒星相结合，这个过程会产生热量，并使中心区域在很长一段时间里保持能量输出。其中，华莱士对宇宙为何如此之大的解释值得我们大段摘引：

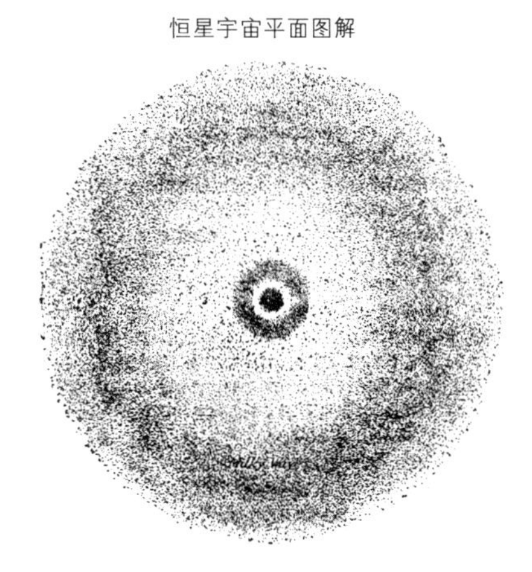

图2.5　阿尔弗雷德·拉塞尔·华莱士1903年绘制的开尔文宇宙模型，显示太阳系并不在宇宙中心。

> 为什么我们的太阳以及星系团中其他的恒星能长时间地发光发热？这个问题我已经找到了一个合理的解释。在宇宙形成的初期，缓慢运动着的弥散物质逐渐聚集成为质量相当可观的团块。之后，来自外部区域的物质颗粒开始源源不断地向此团块内高速涌入，产生并维持了如我们的太阳这类恒星所需的温度，这个过程持续的时间很久，久到足以满足生命发展的需求。对生命的发展及其最终结果而言，宇宙初期海量的弥散物质（正如开尔文勋爵所假设的）至关重要，因为没有了它们，宇宙的中心区域就会变冷，物质运动缓慢，从而无法以分子热运动的形式产生足够的能量。不过，旋转的星系环中大部分物质的聚集也同等重要，这样才能防止物质过多、过快地流向中心的“优势”区域……如果恒星的演化过程过快或过慢，生命就没有机会产生了。[22]

华莱士看到了宇宙不同寻常的球形特征与生命产生、演化并繁荣的条件之间存在的联系：

> 我们可以依稀看到，由恒星组成的宇宙之所以能成功产生生命，其背后有几个因素：首先，宇宙要足够大；其次，宇宙要能够形成强大的银河系环；此外，我们需要在一个靠近银河系环的中心却不完全是中心的位置。[23]

他同时认识到，物质落入恒星中心与引力势能转变为恒星能量的过程，很可能是断断续续的：物质先不断地落入恒星，使恒星产生热量，累积到一定程度后产生净能量输出，然后再慢慢冷却——我们的太阳如今就处在冷却过程中。

在关于宇宙生命诞生条件的讨论末尾，华莱士把目光转向了地质学与地球历史。在他看来，这一问题远比天文学中的生命诞生更复杂。他非常庆幸地球在一系列随机历史事件的作用下产生了生命，并最终演化出了人类，他认为其他星球要想拥有这一系列适宜生命演化的特征是“几乎不可能的”。这让他想道：

> 我们身边这样一个庞大而复杂的宇宙，或许是必须要存在的……为了产生一个所有细节都精确符合要求的行星，以便在合适的时候使这个行星产生终极的智慧生命——人类。[24]

华莱士在心理上不愿意想象宇宙中还存在其他生命，但他认为，物理化学定律[25]的均匀性会保证：

> 不管有组织的生命出现在宇宙的何处，它们在本质上都应该是相同的。如果在地球之外还存在其他生命，它们的外形可能与地球生命有着天壤之别，就如同地球上的生命也是五花八门一样……我不是说有机生命完全不可能在我们所看到或所能设想到的其他条件下存在——或许还存在其他的宇宙，其环境与我们所处的环境完全不同，甚至其中的构成物质、空间介质和物理定律也不一样，但就我们所在的这个宇宙范围之内，其他的有机生命没有任何理由存在，除非他们的生存条件和物理规律与我们的完全一样。[26]

华莱士的宇宙学理论表明，生命演化所必需的条件与恒星演化的特定理论没有必然关系，但在宇宙学研究中仍应谨慎处理。

衰退的宇宙

> 如果有足够多的纸和墨水，我们就能写下一个方程，根据这个方程，我们可以计算出整个宇宙今后的演变。但如果我们想要回溯宇宙之前的历史，我们终将回溯到一个起点，在这个起点，方程不再有任何意义——我们来到了一个通过任何已知自然规律都不能从之前的物质状态产生的态。
>
> ——威廉·克利福德（William Clifford）[27]

19 世纪出现了一种新的研究宇宙的方式（我们现在称之为“范式”）。随着工业革命主导了整个维多利亚时代，工程、机械、船舶、蒸汽机和熔炉促进了经济发展，也刺激了相关领域的科学研究，以至于热力学第二定律在这个时代被发现了。[28] 事物变化和发展的过程成了哲学家与工程师的信条，因此，科学家开始将整个宇宙视为一个巨大的机器，并开始探讨热力学将如何影响宇宙的过去和未来，这也就不足为奇了。

物理学家发现，规则的能量形式（如电流或回转运动）是倾向于转化成完全无序的形式（如热能）的，这是物理学家在热机（即热力发动机）方面最意义深远的发现。1850 年，鲁道夫·克劳修斯（Rudolf Clausius，1822—1888）发现，在一个没有任何物质可以逃出的封闭有限系统中，能量只能单向地从规则的形式变成无序的形式。1865 年，他发明了“熵”（entropy）这个概念，并用这个概念表示能量的无序度。那么，以上发现也可以表述为：封闭有限系统的熵永远不会减少——这就是热力学第二定律，它是最伟大的解释性科学原理之一。[29] 不过，从传统的牛顿力学角度看，它算不上是一种“自然定律”，它无法告诉我们一个物体在受到力的作用或者在重力驱使下自由下落时会发生什么，热力学第二定律只是一个统计规律，这个规律统领着一整个容器中的大量分子。

牛顿定律允许的很多事情实际上根本不会发生。牛顿定律允许玻璃杯掉到地上摔成碎片（这样的场景我们经常见到），但它同样允许在时间上相反的事情发生：掉在地上的一大堆碎片在一瞬间彼此结合起来，形成一个完整的玻璃杯（这个场景我们就从未见过了）。两者的区别在哪里呢？区别在于，你可以很容易地构建出一系列条件来制造出一个打碎的玻璃杯，却几乎不可能制造出一系列完全合适的条件，让各种形状的玻璃碎片以恰好的速率和方向运动，并最终形成一个完好的玻璃杯。因此，我们绝不会看到无序状态在没有人为干预的情况下变成有序的——尽管这种过程并不违反牛顿定律。我们只能看到有序状态渐渐衰退成无序状态——这种情况发生的可能性要高得多。

那么，把这条无序性不断增加的热力学第二定律应用到整个宇宙，会发生什么情况呢？用克劳修斯的话来表述就是：宇宙的熵将不断增加，最终达到极大。克劳修斯认为，这意味着宇宙的演化不可能是循环周期性的，比如同样的情况重复出现，或者宇宙像凤凰一样死去之后从灰烬中重生之类的。对这个问题的思考，让他得出了“宇宙热寂”这一概念：系统的无序性会不断增加，也就意味着宇宙注定会走上一条从有序态不断衰退到无序态的道路。

最终，宇宙中的一切物质都会被淹没在一片热辐射的海洋之中。宇宙里不再有恒星和行星，宇宙的各个部位之间也不再有温度和能量的差异，这种热力学上的均匀性代表着一切变化和发展都已停止，所谓的“生命”自然也已不再存在。回溯历史，宇宙的过去必然会比现在更有序，那么宇宙开端是处于最有序的状态吗？是否宇宙就不可能万寿无疆，而是必然会达到一个完全的热平衡态，即热寂态？[30]

对那些认为宇宙是在一段有限的时间之前从虚无中诞生，并试图把这一观念同新的演化观点结合起来的人来说，这种想法不无吸引力。但热寂说对未来的描绘实在太悲观了，就算有了革命性的社会进展和日新月异的技术，工业社会最终还是会不可避免地走向末日，而人类对此无计可施。忽然间，宇宙似乎就变成一个不那么适合人居住的地方了。

1851 年到 1854 年，开尔文勋爵也在一系列论文和讲座中讨论了这一观念。开尔文对热力学第二定律对宇宙的过去和未来的影响非常感兴趣，由于宗教信仰，他很想证明宇宙确实存在一个开端，而不是永恒地循环[31]，但他也不希望宇宙的未来会走向热寂。他认为，热力学第二定律并不一定会导致这个结果，因为宇宙并不是一个克劳修斯所说的有限系统，它是无限的，或许大自然的定律未来还会改变。其他的一些物理学家和哲学家，如恩斯特·马赫（Ernst Mach），也认为热力学第二定律顶多只能在恒星或行星的范围内起作用，不能应用到整个宇宙。在他们看来，宇宙可不一定是个封闭的热力学系统，甚至它能不能受到熵的影响都不好说。

使用热力学第二定律来论证宇宙有开端的不仅仅是基督教学者，还有像逻辑学家、哲学家、经济学家威廉·杰文斯（William Jevons，1835—1882）[32]这样激进的唯物主义者。他相信，热力学第二定律的存在表明宇宙一定有个开端，或者至少存在一个时间点，在那前后的宇宙有着不同的自然定律。然而，如弗里德里希·恩格斯这样笃信辩证唯物主义的政治哲学家只会在循环宇宙的模型下支持熵增论，不管是关于宇宙有限的论证，还是它最终会走向热寂的结论，都会指向上帝的存在，而这是恩格斯绝对不能接受的。

只有一个人意识到，宇宙的熵逐渐增加，并不意味着熵一定在有限的一段时间之前[33]是零，这个人就是信仰天主教的物理学家、科学史学家皮埃尔·迪昂（Pierre Duhem，1861—1916）。他认为，熵增并不能作为宇宙在某一个时刻从虚无中诞生的论据，也不能说明宇宙在未来会走向热寂，因为熵不断增加并不意味着熵在过去有一个极小值，或者在未来会达到一个极大值，一个简单的范例便是图 2.6。

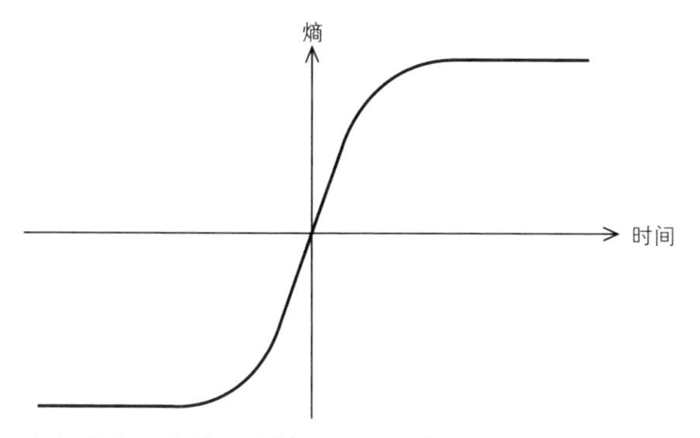

图 2.6　这条曲线一直单调地增加，但它在过去并不为零，在未来也没有达到无穷大。

热力学的发展在1895年迎来了最后一个转折：路德维希·玻尔兹曼（Ludwig Boltzmann）和恩斯特·策梅洛（Ernst Zermelo）经过研究后表明，宇宙是无限大的，并且其总体已经处于热平衡状态。尽管总体处于热平衡态，宇宙在各个地方仍然存在着一些偏离平衡态的随机涨落，有些涨落范围很大，如我们的整个银河系，生命就在此处诞生。[34]这些大的非平衡涨落区域是很少见的，正如生命也是如此少见。

其实，玻尔兹曼的涨落说在1879年就由英国物理学家塞缪尔·托尔弗·普雷斯顿（Samuel Tolver Preston）提出来了。普雷斯顿原本是个电报工程师，但他对热力学与引力的研究颇深，甚至于1894年在德国拿到了博士学位——虽然那个时候他已经50岁了。普雷斯顿惊讶于整个宇宙的巨大无垠，他觉得想从我们观测到的这一小部分宇宙来推知整体是不可能的，因此他提出，宇宙的确存在一些区域展现出了适合生命演化的性质，但我们不能推知整个宇宙也是一样。具体而言，在我们所在的这部分宇宙里，熵必定是逐渐增加的，因为生化反应的进行必然伴随着熵增，而“既然我们存在，我们就必然处在一个适合生命存在的环境中”。此外，普雷斯顿还提道：

> 宇宙必须具有如下的特殊性质：允许局部的温度涨落达到无穷大，允许在相当大的一些区域内有物质的集聚、组成和生成……同时又能保证整个宇宙大致上看仍然是均匀的。[35]

如果宇宙的熵在各处都均匀增加，就必然意味着在过去的某个时间之前物理定律是不起作用的，[36]而普雷斯顿的理论避免了这一糟糕的结论出现。这一理论提出了 130 多年之后还与宇宙学有着关联，我们将在第 10 章再次提到它。

卡尔·史瓦西：知道太多的人

我已经失去了
头顶上的所有星星

——埃弗里兄弟（The Everly Brothers），
《再见，我的爱》歌词[37]

19 世纪的数学家终于意识到了人们在几个世纪之前就该意识到的事情：他们从没想过除了欧几里得几何之外，是否还有其他不同的几何体系可以用来描述宇宙。欧几里得几何，又称欧氏几何，是关于平面上一系列的点、线、角的经典描述，也是我们通常所习惯的几何体系。认为欧氏几何是唯一可以用来描述宇宙的几何逻辑系统是根植在科学家内心深处的偏见。在人们心目中，欧氏几何已经不仅仅是一种数学“游戏”，而是一套关于事物本质的绝对真理，是这个世界最真实的样子——只需给定一个起点和一套规则，所有可能的几何结果都能计算出来。每当神学家、科学家或哲学家要探求上帝的终极本质，或是有人质疑我们是否真正了解了宇宙真理时，他们就会援引欧氏几何学，并以此来证明人类已经掌握了一部分终极真理。为什么很多人会用欧几里得几何的风格来写自己的论著？因为欧氏几何就是黄金标准。

然而，在曲面（如球面或马鞍面）上也可能存在着逻辑自洽的几何学，这一点对那些已经凭着直觉运用了它们几百年的航海家或是艺术家而言或许没什么惊人的，但这个观点却给人类思想带来了一次意想不到的革命。突然之间，可能存在的几何学就多了好几种，并且每种都是以一套公设为基础的自洽逻辑体系，没有哪一种敢说自己最特殊或比其他的体系更接近终极真理。最后，几何学乃至整个数学领域对待公理和法则的态度都发生了转变：不同的公理和法则体系都可以作为自洽的逻辑系统而存在，但这并不意味着它们必然与现实的物理世界相关联。

非欧几何最简单的例子，就是正曲率曲面或负曲率曲面上的几何学。图 2.7 展示了一个花瓶，这个花瓶的表面相当复杂，同时包含了曲率为正、为负和为零的曲面（曲率为零时也就是平面了）。怎么判断一段表面的曲率是正、是负还是零呢？一个简单的方法就是在这个表面上取三个点 *A*、*B*、*C*，分别画出连接 *A* 与 *B*、*B* 与 *C*、*A* 与 *C* 之间距离最短的线。如果这个表面是平面，那这三条线都是直线，*ABC* 就是一个普通的三角形，其内角和为 180°。

不过，在正曲率曲面，例如球面上，*A*、*B*、*C* 彼此之间距离最短的连线就不是“直”线了，它们会是以球心为圆心的圆弧线——地球上不同大洲的两地之间飞机消耗燃料最少的洲际航线（不考虑风的影响）叫作“大圆航线”，而这个“大圆航线”也属于这类弧线。*A*、*B*、*C* 彼此之间的三条弧线形成了一个边向外凸起的“三角形”，其内角和大于 180°，这就是正曲率曲面的标志。与此类似，在负曲率曲面（如马鞍、薯片、冬青树叶、羽衣甘蓝的叶子[38]）上，三角形的内角和要小于 180°。

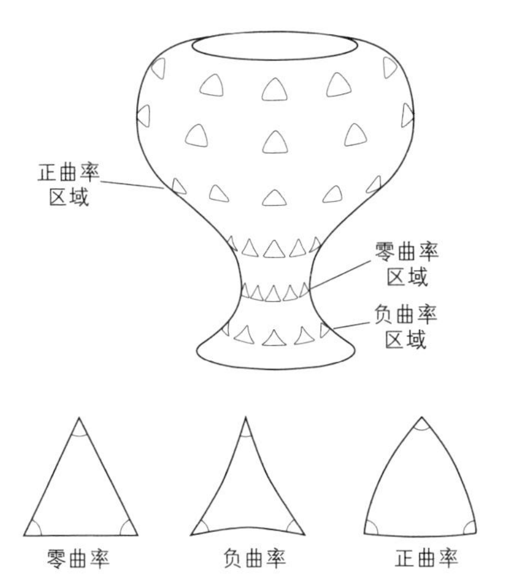

图 2.7　在曲面上将三个点两两之间用距离最短的线连起来，就构成了一个三角形。正曲率区域（如花瓶顶端的位置）三角形的内角和大于 180°，负曲率区域（如瓶颈处）三角形的内角和小于 180°，而在它们之间的某处曲率为零的区域，三角形的内角和正好为 180°。

有些时候曲率并不一定符合我们的直觉，比如，想象一个圆柱的侧面，你可能会觉得它有曲率，然而并不：如果在一张平面的长方形纸上画一个普通的三角形，它的内角和显然就是 180°。现在我们让三角形朝外，把这张纸卷成圆柱状，圆柱表面的三角形内角和仍然是 180°。因此，在这个意义上来说，圆柱表面并不是局部弯曲的（图 2.8）。

卡尔·史瓦西是一位天才，在他的想法真正产生影响力的时候，他却已经去世了。他死于 1916 年 3 月，只活了 42 岁。史瓦西在恒星、星系和引力理论方面有许多发现，并为如今充斥在我们宇宙中的黑洞找到了准确的描述，还为爱因斯坦革命性的相对论的实验验证奠定了基础。然而，早在那之前的 1900 年，他就用刚刚诞生不久的弯曲几何学描绘出了一幅崭新的宇宙图像。他在 1900 年 7 月德国天文学会的一次会议中做了一个演讲，他在演讲中提出：描述宇宙的几何学并非像欧氏几何这样的平直几何学，而可能是弯曲的非欧几何学。非欧几何学最初是由瑞士数学家约翰内斯·朗贝尔（Johannes Lambert）和意大利教会数学家乔万尼·萨凯里（Giovanni Saccheri）在18世纪早期设想出来，随后的19世纪早期，黎曼、高斯、鲍耶、罗巴切夫斯基[39]等人又进一步发展了它。[40]这些新的几何学并没有受到所有物理学家和天文学家的欢迎，哪怕是像詹姆斯·克拉克·麦克斯韦（James Clerk Maxwell）这样有远见的物理学家，都曾经在 1874 年给苏格兰老朋友[41]彼得·泰特（Peter Tait）写的明信片[42]上将非欧几何学的支持者称为“把空间弄皱的人”。

史瓦西首先意识到，如果宇宙的曲率是负的，那么根据罗巴切夫斯基的结论，恒星的视差（地球在公转轨道上的位置变化导致在地球上观察到的恒星相对位置也有相应的变化，利用这一点可以测量恒星离地球的距离）就存在一个最小值。因

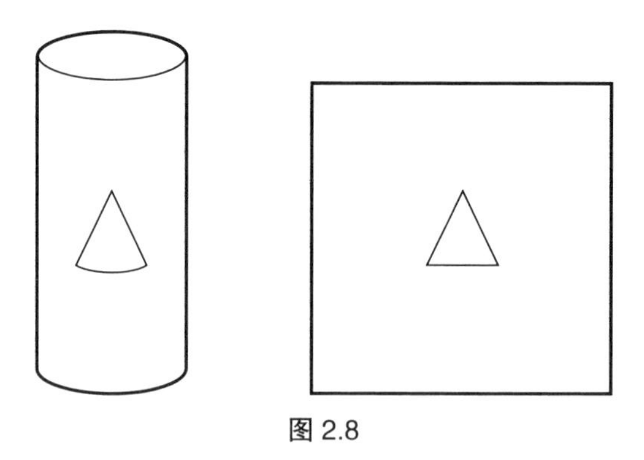

图 2.8

此，他推导出宇宙空间的曲率半径要大于 60 光年。更有趣的是，他随后又考虑了宇宙曲率为正的情况，并得出结论：如果宇宙曲率是正的，那么宇宙就会是一个有限而无界的空间，类似一个球的表面，是自我闭合的。[43]

史瓦西发现，已经测量到视差的 100 颗恒星，以及其他视差太小（小于 0.1 秒差距）以至于无法观测的 1 亿颗恒星，可以很好地放进一个正曲率、曲率半径为 2 500 光年的球形空间，并且不至于太拥挤。他还提到，如果我们处于这样的宇宙空间，并面向跟太阳相反的方向，理论上[44]我们也能看到太阳，因为光线会绕过"球面"到达我们的眼睛。

"一战"爆发时，卡尔・史瓦西自愿服兵役上了战场。在俄国当兵时，他写出了两篇非凡的论文，一篇关于量子理论，[45]一篇关于爱因斯坦的相对论，其中的任何一篇都足以让他获得诺贝尔奖。可惜的是，1916 年，他罹患天疱疮——一种因免疫系统崩溃导致的严重皮肤病，这种病在当时无药可医。当年 3 月，他被送回家休养，仅仅两个月之后就去世了。

到这里，20 世纪之前的旧宇宙观就结束了。19 世纪的宇宙观平淡无奇，直到世纪末才有了一些变化，而史瓦西的想法几乎没有引起任何人的注意。尽管古人提出了各种各样的模型，但 19 世纪末人们对宇宙的观点只剩下以下两种中的二选一：宇宙要么由多个像银河系这样的星系组成，要么只有一个银河系，这个银河系中包含着正在孕育恒星的遥远的星云。不过，在此之后的人类思想即将迎来一次巨大的变革。

第 3 章

爱因斯坦的宇宙

爱因斯坦每天都在向我解释他的理论，当我们到达美国时，我已经完全确信他是真正地理解自己的理论。

——哈伊姆·魏茨曼（Chaim Weizmann，他在 1921 年陪同爱因斯坦从欧洲跨越大西洋去往纽约[1]）

完全的哥白尼观点

政府律师文化中有个悖论让我十分震惊：一条法律越不可靠，他们对其反倒越有一种谜之自信。

——杰克·斯特劳（Jack Straw）[2]

19 世纪所有天文学家描绘的宇宙模型都是基于牛顿在 1687 年提出的模板。他提出的著名的运动定律和引力定律适用于一切人类生活中的实际情况，例如造桥、检测汽车性能、开飞机、扔石头，等等。不过，如果你仔细想一想，就会发现牛顿定律的深处潜藏着一个问题：它只适用于某一种非常特殊的观察者——**相对于遥远恒星静止或匀速运动，也就是说既不围绕着遥远恒星旋转，也不做加速运动的观察者**。正如我们在上一章提到过的，如果你在一个不断自转的宇宙飞船中（图 3.1）透过飞船的舷窗望出去，你会发现远处的恒星都在做加速运动，尽管这些恒星没有受到任何力的作用。

爱因斯坦认为，用这样的方式表述大自然的基本定律有很严重的问题。对他来说，自然定律居然只对某一类运动状态非常特殊的观察者成立，或者说，自然定律只在某一类观察者眼中才会更简单——这是不可接受的。这相当于承认一部分人拥有其他人所无法获取的知识，这在本质上仍然属于哥白尼之前的世界观，只不过给予我们特别地位的不是我们的位置，而是我们的运动状态。

图 3.1　位于旋转的飞船中的宇航员会看到远处的恒星做加速运动，尽管远处的恒星没有受到力的作用。

而爱因斯坦最大的成就之一，就是找到了一种描述自然定律的方式，这种方式能够保证自然定律在所有观察者眼中都是相同的——不论观察者的运动状态如何。他用来取代牛顿引力定律的新引力定律，就是广义相对论——很多人坚信广义相对论是人类智慧的巅峰之作。之前的哥白尼视角仅仅认为我们在宇宙中所处的位置不是特殊的，而爱因斯坦对它进行了延伸，认为无论物理学家自身的运动状态如何，所有的物理学家看到的自然定律都应该是一样的。这一想法在现实中意味着什么呢？

假设你正仰望天空，观察到每当 A 事件发生时 B 事件也会发生，此时你就发现了一条自然定律，并将其用公式表达成 A = B。随后，你将所有的测量仪器都搬进一艘飞船，然后将飞船发射到太空。你的飞船可能会旋转或加速，以复杂的方式运动，而运动产生的效应导致你在飞船里测量到的 A 不再是之前地面上的 A 了，我们把它记为 A*。同样，地面上测得的 B 在新的运动状态下也不再是 B，而是 B* 了。爱因斯坦的理论可以保证，你发现的自然定律仍然成立，即 A* = B*——不管你的飞船运动状态如何。A 和 B 或许会变成不同的值，但定律的形式（A = B 或 A* = B*）都是一样的。而牛顿定律则不能保证这一点，如果在没有旋转的飞船里观察到 A = B，在旋转的飞船里同样的事件就会变成：

$$A^* = B^* + (\text{一些其他的东西})$$

对爱因斯坦来说，完全的哥白尼观点意味着遵守哥白尼原理的对象也包括自然定律本身，而不仅仅是自然定律的结果——行星、恒星和星系。

爱因斯坦的洞察力

> 宇宙需要被重新发明一次，而爱因斯坦的理论就像灯光一样照亮了其理论的发展道路。他描绘出了一个崭新的引力理论的轮廓，其中宇宙中所有的物质、所有的粒子、所有的能量都影响着宇宙自身的结构：时空在质能的作用下发生弯曲。
>
> ——让·艾森施泰特（Jean Eisenstaedt）[3]

在 1931 年的美国，爱因斯坦在著名喜剧大师查理·卓别林的陪同下出席了后者主演的无声电影《城市之光》（*City Lights*）的首映。来自截然不同的两个领域的名人都受到了观众的热烈欢迎，据说卓别林当时对爱因斯坦说了这样一句有名的话："他们为我欢呼是因为我的电影他们都能看懂，为你欢呼则是因为你的理论没人能看懂。"

爱因斯坦的广义相对论已经成了艰涩难懂的代名词和人类智力的终极挑战。爱因斯坦想要创造的符合哥白尼原理的新运动定律和引力定律需要极为复杂的数学语言，甚至他自己一开始都曾被难倒。爱因斯坦坦言自己的数学水平没有达到自己的需求，他出众的才华主要来自物理上的理解力，而非数学技巧。不过，如果他的数学水平不能胜任，他总能找到能胜任的人：他曾经的学生和朋友马塞尔·格罗斯曼（Marcel Grossmann）就是位才华出众的数学家，熟悉现代数学各种最抽象的分支。格罗斯曼也非常认可爱因斯坦敏锐的物理直觉，他认为爱因斯坦能够看穿大自然最深处的奥秘，并在各个方面都对他帮助良多。1912 年，爱因斯坦拒绝了很多更知名大学提供的职位，选择在苏黎世任教，之所以做出这样的选择，就是为了能和在这里任纯数学教授的格罗斯曼继续密切合作。

格罗斯曼为爱因斯坦引入了新的数学语言，以表达他对引力如何影响宇宙形状的观点。他告诉爱因斯坦，要想写出对所有人都“一视同仁”的、“民主”的自然定律，可以使用一种深奥难懂的纯数学分支——张量运算（tensor calculus），它可以保证爱因斯坦想要的普适性。格罗斯曼也为爱因斯坦介绍了非欧几何的最新进展——早几年前史瓦西开始探讨的关于弯曲表面的几何学，但为什么爱因斯坦需要了解这些奇形怪状的几何学呢？

牛顿力学中的空间就像一个固定着的大舞台，行星、彗星等天体就在这个舞台上运动。天体可以来来去去，但空间本身是固定的，不管内部的物质如何运动，空间本身不会变化，也不能变化。然而，爱因斯坦的空间比这要灵活得多，它会因受到物质和运动的作用而弯曲变形，就像一片橡胶皮一样。在质量极大的地方，空间会发生强烈的弯曲，而在离大质量物体越远的地方，空间就会相应地变得平直。当一个物体从一点运动到另一点时，它会在弯曲的空间中选择最短的路径——也就是最“直”的线。在大质量物体周围，空间会形成一个“坑”，如果另一个物体经过附近，最短路径就会倾向于让它掉进“坑”内。在物体经过以后，空间本身也会因为物体的影响而变形，物体刚刚走过的轨迹也随之改变。这样，爱因斯坦就把引力的作用简单地归结为空间的弯曲，也就是说，“力”

这个概念已经完全没有必要存在了，只有弯曲的空间。

看到这里你或许会问，这不就是把牛顿的“力”的概念换了种说法吗？但爱因斯坦的理论还不止这些。在牛顿的固定空间中，如果你让一个球从时空的“舞台”上滚过去，它不会影响到在舞台前面看着这一切的你，但在爱因斯坦的宇宙中就完全不一样了：如果空间就像一块橡胶皮一样可以变形，那从上面滚过去的球也会让它弯曲变形，如果此时你站在离球有一定距离的地方，你也会被拽向同样的方向[4]——这就是爱因斯坦与牛顿空间观的真正区别。

为了把这样的想法变成一个新的引力理论，爱因斯坦需要找到新的引力方程，以告诉我们空间的形状和时间的流逝具体是如何随着运动或静止的质量和能量改变的，在此情况下又如何保证能量守恒。美国物理学家约翰·惠勒（John Wheeler）曾经把爱因斯坦的广义相对论浓缩成简明扼要的两句话：“物质告诉空间如何弯曲，空间告诉物质如何运动。”

爱因斯坦利用格罗斯曼教他的张量运算，把他的方程以数学形式表达了出来。这些方程能够保证对所有运动状态下的观察者都同样成立——无论观察者的运动状态如何，是旋转、加速、上蹿下跳还是螺旋前进。无论观察者的实验室怎么运动，他们推导出来的引力定律都是完全一样的。[5]

爱因斯坦的方程可谓优美：它本身是一个用来规定曲面的几何形状如何变化的纯数学定理，却神奇地与满足能量、动量守恒的物理学定律相等价。而更神奇的是，当你考虑物体质量较小、运动速度也较慢（相对光速而言）的情况时，爱因斯坦的方程就与牛顿引力定律完全吻合了。

几句题外话

> 错误是有益的，错误越多越好。犯错误的人会得以提升自己，而且他们值得信任。为什么？因为他们不过于认真，因此不危险。从不犯错的人最终一定会坠下悬崖，这可不好，因为任何处于自由落体状态的人都会碍事——他们搞不好会砸在你身上。
>
> ——詹姆斯·丘奇（James Church）[6]

2000 年，英国举办了一次盛大的活动，邀请广大民众票选过去一千年里最伟大的英国人。著名电视节目主持人竭尽全力说服大家重视经典文化与科学，不要把戴安娜王妃排到莎士比亚的前面，也不要把贝克汉姆排到达尔文的前面。有一份主流报纸考虑过牛顿，但编辑并没有选他，因为“爱因斯坦已经证明牛顿的一些理论‘完全错了’”。

这一观点折射出了大众对现代科学进程的一些误解。爱因斯坦的引力理论诞生，其越来越多的细节得到实验验证，可这并不意味着牛顿的理论就成了一堆废纸。爱因斯坦的理论最终也会被取代，但我们不会丢弃它。

爱因斯坦的思想延伸了牛顿理论，因此我们可以了解当引力变得很强、物体运动速度接近光速时会发生什么，而这种极端情况是牛顿理论无法处理的。不过，爱因斯坦理论在引力较弱、物体运动速度远低于光速的情况下跟牛顿理论非常相似，因此我们可以把牛顿理论视为爱因斯坦理论的一个有限的近似。我们可以说爱因斯坦理论在应用范围和描述的情形上超越了牛顿理论，但牛顿理论仍然可以非常有效地描述我们低质量低速的日常生活，这就是为什么工程系的学生学的仍然是牛顿定律，而我可以很有信心地保证，哪怕再过一千年，他们学的仍然会是牛顿定律。

同样的思路也可以用来理解牛顿力学与维尔纳·海森堡（Werner Heisenberg）和保罗·狄拉克（Paul Dirac）等人建立的量子力学的关系。量子力学把我们对力学的理解延伸到了非常小的尺度和时间间隔范围内，可以用于理解质量极小的粒子与光子的运动，但只要让物质尺度（适度的范围内[7]）扩大，量子力学也会越来越接近牛顿力学。

在物理学的发展过程中，新理论总是包含了旧理论的合理之处，在此基础上扩大了旧理论的应用范围，增加了可以精确描述的情形。新的理论并不会完全颠覆旧的理论，并将后者扔到历史的垃圾堆里。这种事情在过去也许可以发生——历史上有些理论的支持证据实在太有限，这些理论解释现象的能力微乎其微，但在今天，新的理论必须也能解释那些已经被旧理论解释得很好的现象，同时还需要解释旧理论不能解释的现象，并做出此前从未有人做出的预测。

爱因斯坦：有物质的静态宇宙

有人说，现在的歌剧已经不同于往日的歌剧了，但他们错了。歌剧还是老样子，虽然它恰恰不应该还是老样子。

——诺埃尔·科沃德（Noël Coward）[8]

1915 年 11 月，爱因斯坦在极有声望的《普鲁士皇家科学院学报》（*Proceedings of the Royal Academy of Sciences of Prussia*）上发表了一篇论文，向整个科学世界宣告了一个崭新的引力理论——广义相对论的诞生。为了完美地解决引力问题，爱因斯坦花了超过十年的时间，推导出一系列普适的方程组，描述了质量与能量是如何让空间弯曲并在弯曲空间的指引下运动的。他的理论准确预言了水星轨道每100年所产生的43秒的微小进动——自法国天文学家奥本·勒维耶1859年发现以来，这一问题已经困扰了天文学家近60年之久，牛顿力学无法很好地解决它，[9]但爱因斯坦解决了。对爱因斯坦而言，广义相对论是数学公式与物理原理的完美结合：仅仅通过抽象的数学运算，就自发产生了物理学规律。这让爱因斯坦十分激动，以至于他曾在与朋友的信中说："只要是理解了这个理论的人，就很难不被它的魔力吸引。"[10]

一年半以后的1917年8月，正值第一次世界大战，爱因斯坦首次把广义相对论应用到了整个宇宙的模型中。广义相对论的引力方程组有多个解，每一个解都描述了一个可能存在的宇宙，但现实中，宇宙似乎只有一个，那其他的解到底是怎么被排除的呢？这个问题困扰了爱因斯坦很长一段时间。如果他认为宇宙是无限大的，他的方程在无穷远处就没法收敛，但如果宇宙的大小是有限的，那该如何解释空间中并不存在类似"边界"一样的地方？

和史瓦西此前的发现类似，爱因斯坦发现，正曲率空间可能是描绘宇宙形状的有力工具。正曲率空间是有限的，但其中并没有一个类似"边界"的东西——比如像球面那样的边界。爱因斯坦也坚信宇宙是对称的，也就是说在每一个位置，往每一个方向上看宇宙，相对而言都应该是一样的：就好像风平浪静的海面，远远地看去，无论何时何地，无论朝向哪个方向，都是一样的。空间的弯曲带来了一个有趣的结果，就是尽管从每个方向上看宇宙都是一样的，却不意味着你就在宇宙的中心。这很好理解，设想你是球面上的一只蚂蚁，那么，无论你从哪个方向看，球面自然都是一样的，但球面并不存在一个中心。[11]

爱因斯坦原本可以在这里迈出里程碑的一步，但他犹豫了。他发现，把所有简化的假设综合起来看，是得不到静态的宇宙模型的，每一个解描述的宇宙都是随着时间变化的，整个宇宙要么膨胀，要么收缩。爱因斯坦完全没有预料到会出现这种情况：对1917年的爱因斯坦来说，时空可以是弯曲的，但宇宙只能是静态、固定的一片区域，各种星体在其中运动。为了得到一个静态的宇宙模型，爱因斯坦只能给他的方程引入之前没有考虑过的一个新的项。

牛顿的引力理论告诉我们，两个物体之间的万有引力会使它们倾向于向彼此加速前进，为了平衡这个加速效应，就需要有一个方向相反的斥力，因此，物体受到的整体加速效应就是：

$$\text{整体加速效应} = -\text{万有引力} + \text{排斥力}$$

爱因斯坦的理论容许这样一种斥力存在，但这个斥力更相当于一个额外选项，并非必需。目前看来，大自然并没怎么好好利用这个附加项——在地球乃至太阳系的尺度范围内，都找不到这种斥力作用的迹象。然而，这种斥力作用会随着天体之间距离的增大而变强，[12]这就意味着宇宙达到一定尺度以后，斥力就会与万有引力带来的吸引效果相当。大小恰好为这一特定数值的宇宙，就既不会膨胀，也不会收缩——这就是爱因斯坦的静态宇宙模型。

还记得刚刚提到的爱因斯坦认为宇宙空间是正曲率空间吗？这种空间可以是有限但没有任何边界的。如果我们画一张图，向上代表时间流逝的方向，与它垂直的面代表空间（每刻时间对应的空间就是时间轴上每一个坐标处的二维横截面），那么在爱因斯坦的宇宙里，一个人在时间和空间中经过的路径就像这条绕着圆柱表面螺旋向上的曲线一样（见图 3.2）。如果一艘宇宙飞船远离我们而去，它在我们眼中首先会变小，但随后又会变大。光沿着宇宙走一圈所需要的时间[13]取决于宇宙中物质的平均密度，[14]如果宇宙平均密度与我们周围的空气相当，那么光只要两天半就能走一个来回。因此，每两天半（五天，七天半……）我们就能看到过去的光绕过整个宇宙回到我们身边，也就意味着我们能看到过去发生的事情。

爱因斯坦继承并发扬了史瓦西的静态空间概念，提出了一个引人注目的静态宇宙模型：宇宙是一个有限但没有边界的弯曲空间，从过去到未来之间的一切时间里宇宙都永恒存在。这是从他精妙绝伦的引力场方程组中得到的第一个宇宙模型，但他犯了一个错误——他忽视了方程组极力想要透露给他的信息：宇宙并不是静态的。后来，爱因斯坦把这称为“我一生中犯过的最大的错误”。

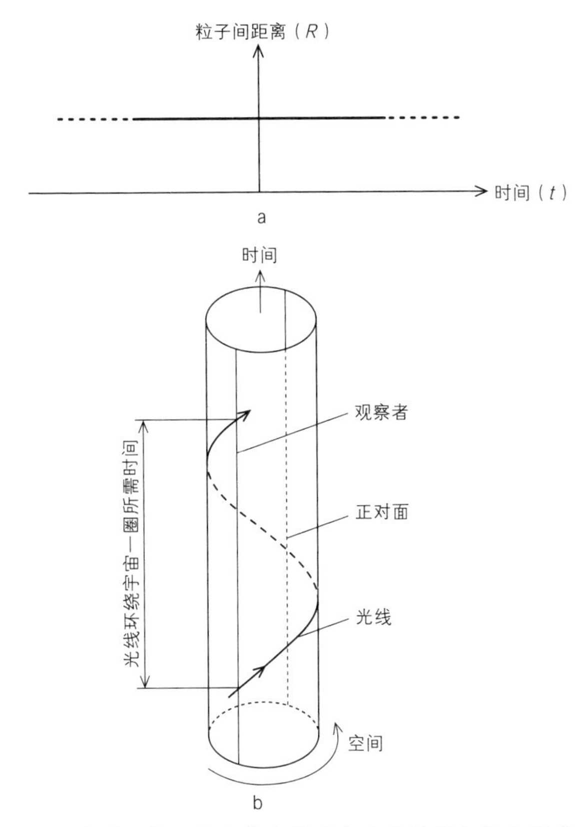

图 3.2 （a）为爱因斯坦静态宇宙模型中自由粒子之间的距离（R）和时间（t）之间的关系，即粒子之间的距离不会随着时间变化。（b）为爱因斯坦静态宇宙模型中一道光线穿过时空的示意图，这道光线的轨迹类似圆柱侧面的一道螺旋线。

第二种宇宙：德西特的无物质动态宇宙

我对宇宙非常感兴趣——我专门研究宇宙，以及围绕着它的一切。

——彼得·库克（Peter Cook）

下一个追寻爱因斯坦宇宙方程的人是荷兰著名天文学家威廉·德西特（Willem de Sitter，1872—1934）。他利用了荷兰战时的中立国身份结识了爱因斯坦并与其保持通信，[15]他还与英国著名天文学家亚瑟·爱丁顿（Arthur Eddington）在科学上保持着密切的联系。爱丁顿组织了1917年英国皇家天文学会的一场月度会议，就在这场会议的第三场讲座上，德西特宣布自己发现了爱因斯坦方程一个新的解。[16]

德西特保留了爱因斯坦引入的斥力，但他决定假设宇宙中的物质总密度为零。当然，真实的宇宙肯定不是空的，但德西特假设宇宙的密度非常低，以至于引力产生的效应与爱因斯坦的“Λ斥力”相比完全不值一提（Λ之所以被称为“Λ斥力”，是因为爱因斯坦用希腊字母Λ来表示它）。和爱因斯坦的宇宙不一样的是，德西特的宇宙用欧氏几何来表示，并且其范围是有限的。

尽管德西特的宇宙（作为爱因斯坦方程的一个解）很容易理解，但想要解释它可没那么容易。在德西特的宇宙中，远处物体发出的光波长会变长，因此远处的物体看起来会变红，而离我们越远的物体波长延长的效应就越明显，这被称为“德西特效应”。1912年，美国天文学家维斯托·斯里弗（Vesto Slipher）发现，从一个遥远星云（现在我们称之为星系）发出的光波长发生了显著的偏移，5年后，他又报道了20多个其他星系的类似红移观测结果，但他无法解释这些现象。而德西特的最新发现则表明，正是爱因斯坦方程的解产生了这一现象。为什么会红移呢？对德西特宇宙的进一步研究揭示了原因：德西特的宇宙正在不断**膨胀**。如果你在这个宇宙中的任意两个点做上标记，你会发现它们之间的距离会随着时间的推移呈指数式扩大（见图3.3），它们之间的距离随着时间的流逝不断地加速增大。

在这类膨胀的宇宙中，“德西特效应”可以得到简单的解释：当光从一颗向着我们后退的恒星发出来时，它们的波长就被“拉伸”，我们接收到的它的频率就降低了——所有波都会发生这种现象，其中最典型的就是声波和光波。如果一个声波波源逐渐接近我们，它的音调听起来就会变高，远离我们时则会变低。而光源逐渐接近我们时，它看起来会变蓝，反之则会变红。这种现象叫作“多普勒效应”（Doppler Effect），是由奥地利物理学家克里斯蒂安·多普勒（Christian Doppler）于1842年在尝试解释移动的恒星为何呈现出不同颜色[17]的过程中发现的。不过，声波的多普勒效应对我们而言更为熟悉。想象一下半夜三点从你卧室窗外一路狂飙过去的摩托车，它发出的声音是不是类似于“咦——哟”？刚开始它不断接近你时，引擎的音调越来越高（咦），而经过你之后，声波波源就开始不断远离你，你听到的声音频率不断降低，音调也变低（哟）。

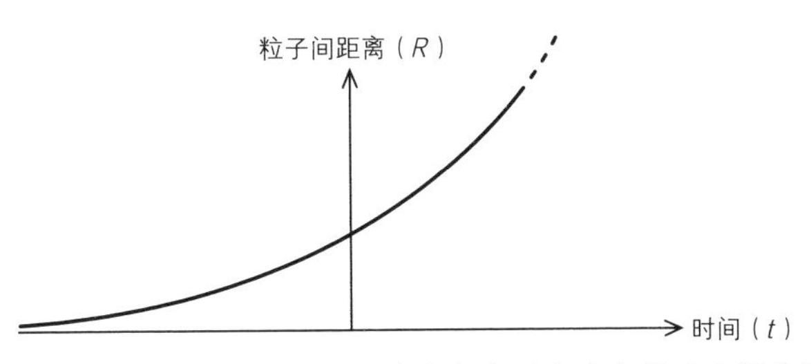

图3.3 德西特的加速膨胀宇宙。该宇宙中两个自由粒子之间的距离会随着时间流逝而呈指数式扩大。

斯里弗观测到的现象也可以解释为：我们所在的星系一侧的恒星在远离我们而去，而另一侧的恒星在向我们而来（即我们所在的星系正在宇宙中向一个方向漂移）。当然，斯里弗观察到的也有可能的确是偶然漂过的一些恒星，从一侧过来，又向另一侧漂过去。但后来，越来越多的观测结果表明，不管是我们星系的这一侧还是那一侧，恒星都在远离我们而去。斯里弗仍然坚持用漂移假说来解释红移——不管怎么样，在他的时代，让他（或者其他任何人）想到整个宇宙可能在膨胀，甚至只是想一想这可能意味着什么，都太强人所难了。

德西特算出来的这个结果的确描述了一个整个空间都在膨胀的宇宙，其中的膨胀加速度来自爱因斯坦新加入的 Λ 斥力。然而，没有人想到把它同斯里弗 1917 年的观测结果结合起来，甚至德西特本人也没有想到。没有人知道斯里弗观测到的漂移的“星云”距离我们有多远，大家都觉得这可能只是局部的运动，而非整个宇宙大尺度的、系统的膨胀。德西特本人不愿意从斯里弗的观测中得出任何强有力的结论。他已经找到了第一个膨胀的宇宙，但它还被重重谜团包裹着，距离它的奥秘被完全揭开还有一阵子呢。

事实证明，德西特的宇宙对我们如今对宇宙的了解至关重要。德西特的宇宙一直在不停地膨胀，变大再变大，它并没有一个开端或者终结。如果你把时光倒回，你的确会看到它不断缩小，但也不会达到大小为零的状态。因此，从表面上看，他的宇宙并不存在大小为零、密度无穷大的起点。这个宇宙的膨胀速率是个常数，永恒不变。如果你掉进这个宇宙中，你没有任何办法判断时间：你所观察到的一切事物都是永恒不变的。在德西特的宇宙中，历史无足轻重。

弗里德曼：有物质的动态宇宙

> 我们已经有了爱因斯坦的宇宙、德西特的宇宙、膨胀的宇宙、收缩的宇宙、振荡的宇宙。每个纯数学家都能写下一个方程从而创造出一个宇宙，如果他是位个人主义者，他甚至可以创造自己的宇宙。
>
> ——J. J. 汤姆孙（J. J. Thomson）

爱因斯坦是物理学家，德西特是天文学家，但在寻找新的宇宙这场竞赛中最出名的新成员，却是来自圣彼得堡的一位寂寂无名的年轻数学家、气象学家——亚历山大·弗里德曼[18]。当他还是一位年轻的物理系学生的时候，他幸运地在圣彼得堡大学听了杰出物理学家保罗·埃伦费斯特（Paul Ehrenfest）主讲的量子力学与相对论课程——埃伦费斯特1907年到1912年间在圣彼得堡大学任教，后来去了荷兰莱顿。弗里德曼毕业后仍与埃伦费斯特保持联系，他先去了俄国巴甫洛夫斯克的一座气象台工作，随后又去了德国莱比锡，在挪威气象学家、现代理论气象学奠基人威廉·比耶克内斯（Vilhelm Bjerknes）手下当研究生。“一战”期间弗里德曼曾去奥地利前线[19]从事过弹道学方面的工作，之后又回来继续研究生涯，并取得了极大的进步。他的工作包括数学、矿物学和大气科学，1918年，他在圣彼得堡大学新建的分校彼尔姆国立大学当上了数学与物理学教授。然而，紧接着他就受到了内战的影响。彼尔姆首先被反苏共的“白军”占领，随后又被托洛茨基的红军占领，弗里德曼的很多同事只好离开。1920年，他搬到圣彼得堡的地球物理观测站，并开始学习爱因斯坦的广义相对论。

弗里德曼知识面极宽，无论是在数学的纯理论工作方面，还是研究超高海拔的气球飞行对人体的影响，他都有一定的造诣。1925 年，他与同事创下了气球飞行的最高海拔纪录——7 400 米，但短短几个月之后，他就死于斑疹伤寒——当时他只有 37 岁。[20]

弗里德曼仔细学习了爱因斯坦方程背后复杂数学的方方面面，并开始尝试在假设宇宙的各处、各个方向都相同的情况下，找出除了爱因斯坦和德西特宇宙之外更多的通解。他在 1922 年和 1924 年各发表了一篇论文，并在 1923 年写了一本名为“时空中的世界”（*The World in Space and Time*）的书。这本书的内容显示，弗里德曼已经知道德西特和爱因斯坦的宇宙，但还不知道斯里弗发现的遥远恒星星光的红移。他纯粹以一个数学家寻找方程解的方式来解爱因斯坦方程，最终，他找到了。

他首先找到了一个闭合的有限宇宙，其空间曲率是正的，从有限的一段时间之前开始膨胀，体积达到最大值时再开始收缩，并在有限的时间内到达终点（见图 3.4），这个包含着不施加压力的普通物质的膨胀的宇宙质量和体积均有限，总寿命也有限——弗里德曼甚至算出如果它的寿命持续 100 亿年的话，它的总质量就约为我们太阳质量的 5×10^{21} 倍。[21] 这个宇宙的开端就是我们后来所说的“大爆炸”，爆炸的一瞬间宇宙的密度无限大，而终点也是相似的极端情形，被称为“大挤压”。在书中，弗里德曼想象了一下将这个解沿时间向前或向后延伸的情况，发现在这种情况下宇宙会膨胀又收缩，永恒地振荡下去（见图 3.5）。他写道：

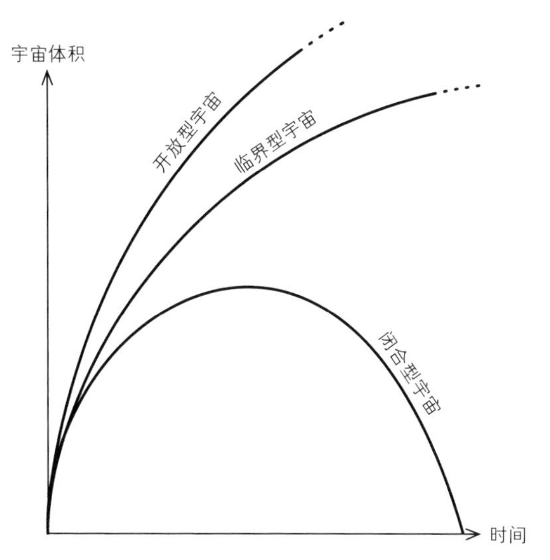

图 3.4　弗里德曼的膨胀宇宙和收缩宇宙。

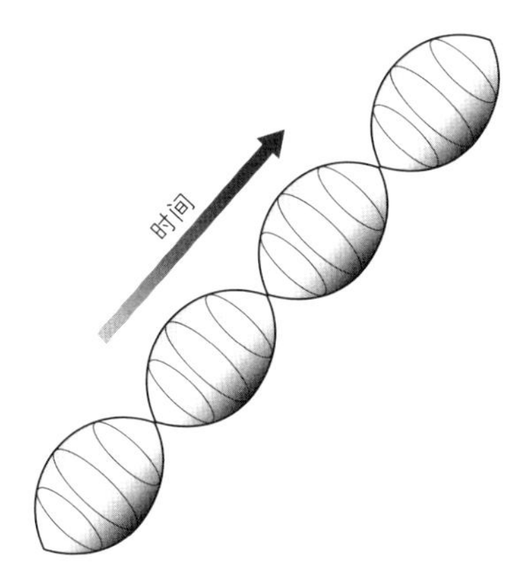

图 3.5　弗里德曼的振荡宇宙。

宇宙的曲率半径可能会周期性地变化。宇宙会收缩成一个（一无所有的）点，然后宇宙半径开始增加，到达一定值以后半径开始减小直至收缩成一个点，如此往复。这种情景很难不让人想到印度神话——生命不是以生为始，以死告终，而是无穷无尽一系列生命之中的一个环节。这样的宇宙也容许了世界从虚无中诞生的可能，不过所有这些景象都只是奇思妙想，还不能被天文学观测证实。[22]

随后，弗里德曼意识到，爱因斯坦方程还有其他的解可以表明宇宙的曲率是负的，或者说是“开放”的，就像马鞍的形状。这样的宇宙体积是无限的，是从有限时间之前的一个开端开始膨胀，且一直膨胀下去的[23]——图 3.4 也描绘了这种宇宙。

因此，弗里德曼第一个发现爱因斯坦方程允许了由普通物质（如行星和恒星等）构成的膨胀或收缩宇宙的存在。他并没有受到观测天文学的驱使，也没有费心思考宇宙开端或终点的物理意义。有趣的是，他还描述了一种从虚无中诞生并消亡于虚无中的宇宙——但不走运的是，并没有人注意到他里程碑一般的发现。他将自己的发现发表在德国《物理学杂志》（*Zeitschrift für Physik*）上，这是当时主要的物理学杂志之一，爱因斯坦也在上面发表过一些研究成果，然而当时没有一个人讨论过弗里德曼发现的“新宇宙”。更不妙的是，爱因斯坦认为弗里德曼求和的方法错了，弗里德曼得到的膨胀或收缩的宇宙并不是爱因斯坦方程真正的解，爱因斯坦还在写给《物理学杂志》的短笺中提到了这一点。

幸好，1923 年，弗里德曼在圣彼得堡的一位同事尤里·克鲁特科夫（Yuri Krutkov）去了莱顿，并在莱顿遇到了爱因斯坦，克鲁特科夫向爱因斯坦证明了弗里德曼的计算是正确的，爱因斯坦的方程的确存在非静态的宇宙解。因此，爱因斯坦迅速在《物理学杂志》上发表了另一篇短笺，说明了他在和弗里德曼通信，并在和克鲁特科夫讨论之后意识到自己犯了个计算错误，而弗里德曼的结果却是“正确的，而且非常清晰，他们表明，方程除了静态的解以外，还有随着时间变化的解”。[24] 有趣的是，在这条短笺手写版的末尾，爱因斯坦原本还加了一句话，称尽管弗里德曼的计算是正确的，但“很难给这样的解赋予物理意义”。幸好在发表之前，他删去了这句话。

弗里德曼不久之后就去世了，他生前也没能继续这段研究，没能给他的宇宙赋予天文学上的诠释——对他而言，这只是个数学计算而已。他的一位同事弗拉基米尔·福克（Vladimir Fock）表示，弗里德曼曾经告诉他：“我的任务只是探索爱因斯坦方程可能的解而已，至于物理学家怎么对待这些解，随他们去吧。”[25] 然而，时至今日也没有哪一个宇宙能比弗里德曼的宇宙更接近如今“宇宙”的定义了。如果你用谷歌搜索“弗里德曼的宇宙”（Friedmann’s universe），你可能会搜出超过 100 万条结果。

勒梅特的宇宙

> 宇宙的演化可以比作刚刚放完的烟花：红色的轨迹、灰烬和余烟还残留着，我们站在已经完全冷却的残渣上，目送着恒星们逐渐暗淡下去，并试图追忆它们逝去的荣光。
>
> ——乔治·勒梅特（Georges Lemaître）[26]

1922 年，乔治·勒梅特因在一战中立功而被授予军功十字勋章，随后又被迈松·圣龙博神学院任命为天主教神父。战争中断了他的学习，致使他在1920年才从比利时天主教鲁汶大学数学系毕业（入学时他学的是工程学）。1923至1924年，他因得到一笔奖学金资助去了剑桥大学圣埃德蒙学院，[27] 跟随亚瑟·爱丁顿在剑桥大学天文台学习。爱丁顿在当时算是全世界最知名的天体物理学家（之一），有诸多重大发现——理解了恒星的工作原理、提出了银河系中恒星运动的理论；1919年带领一支著名的远征队去了普林西比岛——一个位于西非的葡属小岛；通过在日食时观察太阳来验证爱因斯坦的广义相对论让光线弯曲的断言。他还是首个用英语撰文解释广义相对论的人。

爱丁顿的数学水平堪称传奇——他只用了很短的时间就深刻理解了爱因斯坦的广义相对论。此外，身为英国皇家天文学会秘书和虔诚的贵格会教徒（基督教新教中的一派，倡导和平主义）的他没有参加一战，因而在战争中为促进整个欧洲科学共同体之间的联系起到了很积极的作用。1917年，坚决反对服兵役的他差点被全国人民视为耻辱，甚至还差点被关进监狱，但当时的皇家天文学家弗兰克·戴森爵士（Sir Frank Dyson）介入此事，他通过自己与海军部的密切关系达成了一项协议，使他们同意推迟爱丁顿的兵役，条件是，如果在1919年5月29日那天战争已经结束，爱丁顿要领导两支海军远征队中的一支去海外观测日食，以检验爱因斯坦的广义相对论。

在剑桥做访问学生的这一年里，勒梅特没有跟随爱丁顿学习宇宙学，而是借此机会深刻理解了广义相对论。离开剑桥后，勒梅特去了美国哈佛天文台跟随著名美国天文学家哈洛·沙普利攻读博士，并于 1927 年 7 月在隔壁麻省理工学院获得了博士学位（哈佛天文台直到 1929 年才有了授予博士学位的资格）。爱丁顿对勒梅特的聪明才智和数学才华大为赞赏，在写给其他科学家的推荐信中极力荐举他，而勒梅特本人也热爱社交、与人为善，在学术之旅的每一站都同身边人处得很好，这无疑又促进了学术上的合作和思想上的碰撞。

勒梅特读过爱因斯坦关于静态宇宙模型的论文，后来，在波士顿的日子里，他对红移问题理解得越来越透彻，不过无论是他还是爱丁顿都没看到过弗里德曼的工作。1927 年，勒梅特对爱因斯坦理论所预言的最简单的宇宙已经了如指掌，但他得出的宇宙模型比爱因斯坦、德西特和弗里德曼的更进一步，他的宇宙模型引入了宇宙包含显著辐射压力、恒星和星系等的可能性，他还试图利用膨胀宇宙的多普勒效应来解释斯里弗最先看到的红移。

勒梅特在 1927 年写了一篇出色的论文，最初是用法语写的，发表在一个不知名的比利时杂志上。这篇论文首次将爱因斯坦方程的膨胀宇宙解与物理诠释，以及将遥远恒星的红移当作多普勒效应来计算这三者结合了起来。[28] 勒梅特的这篇文章脉络清晰（正如他的所有工作一样），绝不使用任何不必要的数学，却把握住了所有在物理学上必不可少的重点。[29] 他认为宇宙既没有中心，也没有边缘，它可以是有限的，也可以是无限的，而爱因斯坦方程可以通过能量守恒和热力学简明地诠释出来。他甚至根据 42 个星系的红移观测数据和这些星系离地球的距离计算出来了宇宙如今的膨胀速率，这是人类历史上首次对哈勃常数（H）进行测量。最后他测量出的宇宙膨胀速率为 625 千米每百万秒差距，与埃德温·哈勃（Edwin

Hubble）两年后得到的结果相似。他计算了星系退行速度（v）与距离（r）[30]的比值，利用多普勒效应首次推导出了哈勃定律（$v=Hr$）的形式。

哈勃于1929年发表了他自己发现的这条定律，接下来的1930年，德西特分析了哈勃的数据并跟进了研究（这让哈勃很恼怒，因为他觉得这些数据都是属于自己的，他已经把这些数据公开发表出来了，德西特也援引了他的论文）。哈勃从未支持过对膨胀宇宙进行物理学解读，也没有利用他的观测结果支持任何一个理论模型，他只是把自己计算出来的星系速度称作一个“表观速度”，将解释表观速度的工作留给别人，[31]而德西特和勒梅特则充满热情地接管了膨胀宇宙模型。

勒梅特的工作进一步阐释了爱因斯坦的静态宇宙和德西特的指数膨胀虚空宇宙。勒梅特的研究表明，爱因斯坦的静态宇宙是**不稳定的**，如果宇宙的初始态是静态，那么哪怕其中产生了一点点的扰动或运动，都会让宇宙进入逐渐膨胀或逐渐收缩的状态（见图3.6）。打个形象的比方，就像一根针以针尖接触桌面并竖在桌面上平衡的状态一样。

这一发现并没有特别吸引到爱因斯坦，但它成了勒梅特的宇宙模型逐渐为人所知的契机。1930年，勒梅特曾经的导师爱丁顿开始怀疑爱因斯坦的宇宙对小的变化不稳定，他往爱因斯坦的解中加入小的密度无规律项，发现它们会逐渐增大。爱丁顿忘记了勒梅特此前的工作，就将自己的这项研究发表了。[32]但随后，爱丁顿收到了曾经的学生勒梅特的来信，指出自己在1927年的那篇论文中就阐述了这一点（尽管是以另一种方式）。爱丁顿迅速给《自然》杂志写了封信，向他们介绍了勒梅特那份被遗忘了的工作，并且立即着手组织翻译那篇论文，最后将

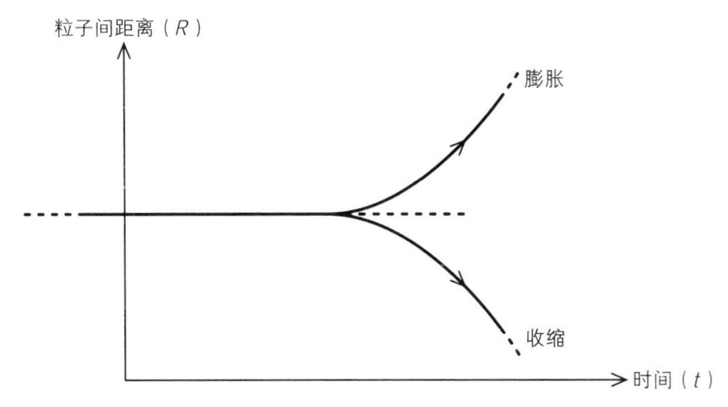

图 3.6 爱因斯坦的静态宇宙是不稳定的。勒梅特和爱丁顿都证明，静态宇宙中的物质哪怕出现一点轻微的运动，都会让它进入逐渐膨胀或逐渐收缩的状态。

它发表在 1931 年的《英国皇家天文学会月报》（*Monthly Notices of the Royal Astronomical Society*）上，[33] 随后，勒梅特一夜成名，成了当时最知名的理论宇宙学家。1930 年 10 月，勒梅特在一次会议中首次了解了弗里德曼早先的数学工作，1931 年，他在自己论文的英译版中引用了弗里德曼的工作。

爱因斯坦去世两年后的 1957 年，勒梅特在一次采访中谈到了他与爱因斯坦的相遇。他透露，在 1927 年的索尔维会议期间，爱因斯坦在与他的私下谈话中赞赏了他论文中优雅的数学推导，并告诉了他弗里德曼早先的工作，但爱因斯坦认为这些非静态的宇宙从物理角度看是“令人厌恶的”。[34] 勒梅特认为，那时爱因斯坦还没有真正意识到关于星系退行的天文观测对膨胀宇宙解来说意味着什么。不过，爱因斯坦在 1933 年听了勒梅特在美国帕萨迪那做的报告，他发现勒梅特的方法极其简洁，并将勒梅特描述的有着炽热开端、不断膨胀的宇宙称为对宇宙“最美丽的解释”。

图 3.7 乔治·勒梅特与阿尔伯特·爱因斯坦，1933 年。

勒梅特的宇宙与爱丁顿在研究爱因斯坦静态宇宙不稳定时发现的宇宙相似，因而这一模型也被称为爱丁顿-勒梅特宇宙（图 3.8），它始于无穷远的过去，开始是静态，随后开始逐渐膨胀，就在有限的一段时间之前，膨胀逐渐变得可见了。[35] 如今它仍旧继续膨胀，膨胀速度越来越快，直到最后变成像德西特的指数宇宙那样。该模型考虑了爱因斯坦 Λ 斥力的作用，其空间曲率为正，是有限的，且会永远膨胀下去。

该宇宙年龄无穷大，意味着它没有开端，不过不管是爱丁顿还是勒梅特都没有觉得这是个值得担心的问题。爱丁顿甚至还把它看作一个自然而然的特征，认为它“有无穷的时间来开始”，因为“任何事情在开始的时候都无须着急”。[36] 他认为，弗里德曼那种突然诞生的宇宙才比较“让人反感”，就像烟花

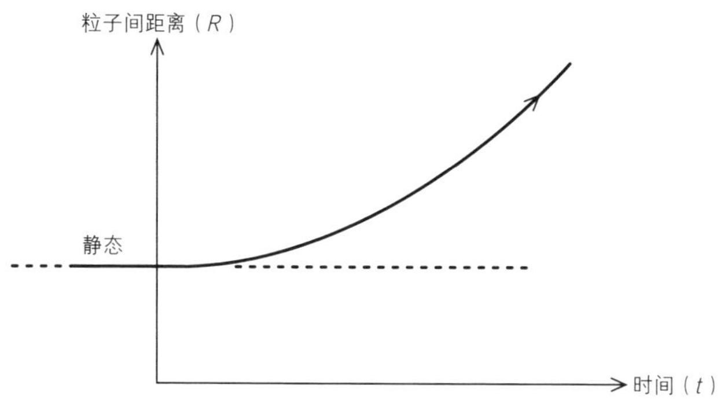

图3.8 爱丁顿–勒梅特宇宙。

图3.9 1930年的亚瑟·爱丁顿和爱因斯坦，正在剑桥大学天文台的庭院里交谈。爱丁顿和姐姐当时住在那里。

一样，不如他自己温和的宇宙模型符合我们追求安定的直觉感知。爱丁顿也认为，尽管宇宙过去的历史有无限长的时间，但实际上，有事情发生的历史是有限的，在无穷远的过去，宇宙接近完全的热力学平衡状态，因而无法产生显著的熵的积累。因此，他认为，这种类型的宇宙在无穷久远的历史中永远不会因熵的大量积累而进入热寂状态，它在几何学上已经很老了，但在热力学上还很年轻。

你可能认为勒梅特的宗教信仰会让他更偏向在时间上有开端的宇宙模型，然而事实并不是这样。他的科学和宗教观念泾渭分明，从不产生联系或冲突。对他而言，宗教和科学是世界的两种平行但完全不同的诠释方式，圣经不可能提供科学指导，同理，试图通过科学来寻求宗教指导就如同想从二项式定理里寻找天主教教义一样荒诞。[37] 后来，当他成了梵蒂冈教皇科学院院长后，他把自己关于膨胀宇宙的理论描述如下：

> 就我所见，这样的理论完全不牵扯任何形而上学或宗教的问题。它可以让唯物主义者自由地否认任何超验的存在……但对宗教信徒而言，它也排除了任何接近神的可能性……正如以赛亚所说，神是自隐的，他甚至隐于宇宙的开端。

不过，勒梅特还是更偏爱他在 1927 年的论文中发现的那个宇宙。这个宇宙有一个确定的开端，从一种炽热、致密的状态开始，宇宙首先减速膨胀，随后逐渐转变为加速膨胀，此时起排斥作用的宇宙学常数超越牛顿的万有引力成了主导，随后宇宙继续以接近指数的方式膨胀，就像德西特的宇宙那样（图 3.10）。

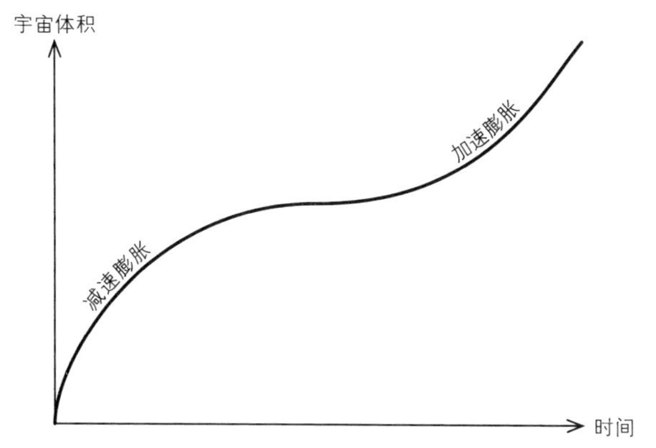

图 3.10　勒梅特的宇宙以一个大爆炸作为开端（同弗里德曼提出的一个宇宙模型类似），随后因膨胀速度逐渐减小而接近静态宇宙，但过了某一个时刻又开始加速膨胀，变得越来越像德西特的宇宙。

勒梅特的宇宙曲率为正，宇宙学常数也是正的——和爱因斯坦的静态宇宙一样，但斥力比爱因斯坦精心挑选的特殊值稍大，因此它一直在膨胀。

后来的事实证明了勒梅特的宇宙是最接近我们所在宇宙的模型，它的年龄为 137 亿年，大概在 45 亿年前就开始从减速膨胀转为加速膨胀。

勒梅特对宇宙的详细分析，促使宇宙学家开始研究在任何位置和方向上膨胀速度都相同的一切简单宇宙模型。可以改变的量只有两个：空间曲率可以为正、为负或为零（此时对应欧几里得空间），以及爱因斯坦所引入的宇宙学常数可以是排斥性（正）的、吸引性（负）的，或者为零。图 3.11 就列出了所有可能得到的宇宙，这个表格在 1967 年由爱德华 · 哈里森（Edward Harrison）首次绘制出来[38]。

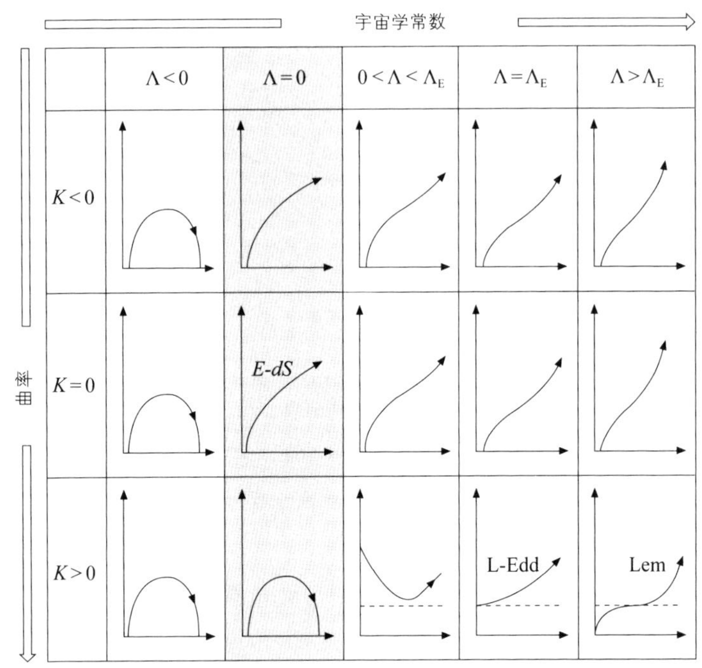

图 3.11　图中列出了所有可能的弗里德曼–勒梅特宇宙，展示了在空间曲率（K）为正、为负或为零，以及宇宙学常数取不同值的情况下，所有宇宙的空间距离随着时间变化的情况。Λ_E 是爱因斯坦静态宇宙所选取的 Λ 值，其曲率为正的情况就是爱因斯坦提出的静态宇宙模型，在表中最下一行用水平的虚线表示。这一静态宇宙是不稳定的，最终会开始膨胀或收缩，如 L-Edd（勒梅特–爱丁顿的宇宙）和 Lem（勒梅特的宇宙）两图所示。

爱因斯坦和德西特的宇宙

> 我自己不觉得这篇论文很重要，但德西特对它热衷得很。
>
> ——阿尔伯特·爱因斯坦

> 你会看到爱因斯坦和我一起写的那篇论文。我自己不觉得这个结果有多重要，但爱因斯坦似乎觉得它很重要。
>
> ——威廉·德西特[39]

1932年的早春，爱因斯坦和德西特共同发表了一篇两页的短文章，简要介绍了宇宙学的研究。[40]勒梅特的研究揭示了一系列多种多样的膨胀的宇宙存在的可能性，有些会一直膨胀下去，有些，如弗里德曼发现的宇宙，则会在膨胀之后转而开始收缩。当时，爱因斯坦和德西特都在美国帕萨迪那的加州理工学院访问（图3.12就描绘了他们在一起工作的情况），他们指出，在一系列的空间均匀、各向同性的宇宙中，存在一种最简单的宇宙模型。

图3.12　1932年，爱因斯坦和德西特在加州理工学院共同研究宇宙模型。

如果把空间曲率看作零（即欧几里得几何空间），宇宙学常数也设定为零——此时爱因斯坦很担心他之前提出的宇宙模型会重现——如果物质压力也被假设为零，就会导致一个非常简单的宇宙结果。这被称为爱因斯坦-德西特宇宙，它从有限过去的一个开端开始膨胀，并且会永远膨胀下去（图 3.13）。[41]

这只是一段非常简单的推导，基于前人已经做过的工作，如果写这篇文章的不是爱因斯坦和德西特这两位名人，说不定还会被认为原创性不够而不能发表。实际上，这一模型和爱因斯坦的静态宇宙模型一样是不稳定的，如果空间宇宙的膨胀曲率不精确为零，它就会偏离爱因斯坦-德西特宇宙的膨胀轨迹，要么转向更快的指数式膨胀，要么开始往回收缩，如图 3.4 描绘的那样。爱因斯坦-德西特宇宙处于开放和闭合这两种状态之间，而其他宇宙随着时间的增长都会逐渐偏离这种模式。爱因斯坦和德西特两人都不觉得他们提出的这一宇宙有多重要，但在未来的 60 年中，这个简单的模型会变成宇宙总体膨胀的最佳描述。宇宙的膨胀速率仍然非常接近该模型给出

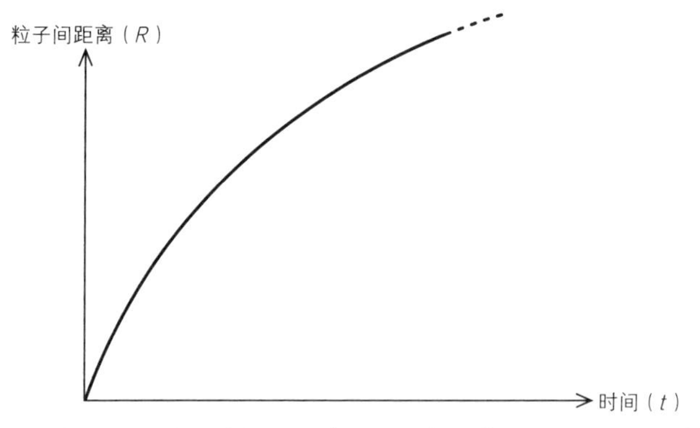

图 3.13　爱因斯坦-德西特宇宙，其空间距离随着时间的 2/3 次方增长。

的值，这意味着该模型的不稳定性还没有足够的时间发展到显著的程度。不过我们的宇宙已经诞生了130亿年，这就表明宇宙的起始状态一定非常接近爱因斯坦-德西特所描述的特殊状态。这一奇怪的问题后来被称为“平直性问题”（flatness problem），并成为阿兰·古斯（Alan Guth）1981年提出著名的暴胀宇宙理论（inflation-universe theory）的动机之一。我们会在之后的章节提到它。

所有这些宇宙都拥有颇具启发意义的简明解释，哪怕是牛顿都能听明白。如果你向空中扔一颗石子，它会落回地面，因为它没有足够的能量来摆脱地球引力的拉扯。然而，如果你以超过每秒11千米的速度扔出石子，它就不会回来了。[42] 整个宇宙也有一个类似的“逃逸速度”，决定了宇宙能不能永远膨胀下去。闭合宇宙的膨胀速度小于宇宙逃逸速度，所以会往回坍缩，而开放的负曲率宇宙的膨胀速度则超过了这个逃逸速度。爱因斯坦-德西特的零曲率宇宙，其膨胀速度恰好等于这个逃逸速度，因此它刚刚好能够永久膨胀下去，而哪怕其物质密度增加一点点，无论增加量多么小，都会导致这个宇宙的膨胀速度小于逃逸速度，最终走向收缩。

托尔曼的振荡宇宙

任何上升的事物最终都会掉下来。

——弗雷德里克·A. 波特尔（Frederick A. Pottle）[43]

弗里德曼率先找到了第一个先膨胀到一个最大体积，然后再收缩到零体积的宇宙（见图3.5）。他随后推断，或许宇宙会不断地在最大体积和零体积之间来回振荡，就如在地上不断弹跳的小球一样。不过，正如我们所说过的，弗里德曼并不关心天文学的情况，他只是想探索爱因斯坦方程的解而已。然而，通过设想一个从某个过去的时间开始一直永恒振荡下去的振荡宇宙，我们还是可以发现一些有趣的东西。这样的宇宙所有的振荡周期都会是相同的吗，就像图 3.14 那样？

1932 年，加州理工学院的理查德·托尔曼（Richard Tolman）就开始研究这一问题（加州理工学院位于美国加州的帕萨迪那，爱因斯坦经常去那里访问）。托尔曼的科学背景与大多数宇宙学前沿研究者都不一样，他是加州理工学院的物理化学和数学物理学教授，对热力学有异乎寻常的兴趣。他想到，如果把著名的热力学第二定律应用到爱因斯坦方程的振荡宇宙解上，宇宙在循环往复的过程中就会把有序形式的能量，如原子或星系，转化成无序的热辐射。在爱因斯坦的宇宙学方程中引入这样的转换非常容易，它意味着振荡宇宙每往后的振荡以辐射形式释放出来的能量（即辐射压为正）都会比之前的

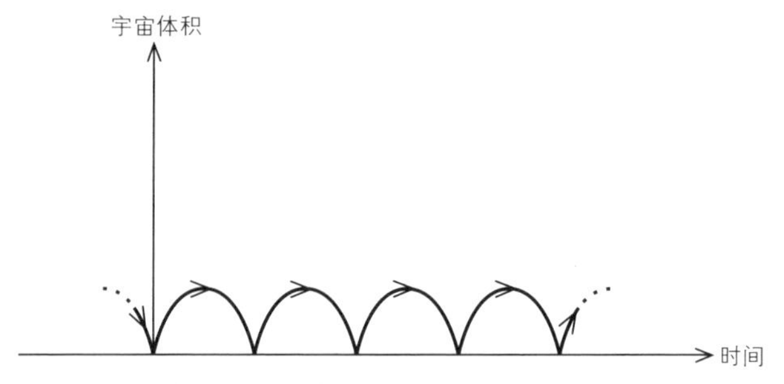

图 3.14 一个振荡的宇宙，在膨胀之后又收缩到原点，再开始膨胀，如此循环往复，每个周期都完全相同。这样的宇宙既没有开端，也没有终点。

图 3.15　理查德·托尔曼在一次讲座后向爱因斯坦解释他的振荡宇宙图景的热力学。他们背后黑板上的公式就是描述膨胀宇宙中物质和辐射热力学的方程。

更多，这就意味着振荡幅度会越来越大（如图 3.16 所示）。随着宇宙年龄增长，振荡的幅度逐渐变大，宇宙最终会变成爱因斯坦-德西特宇宙——振荡幅度无穷大，以至于永远都不再收缩。

如果我们从时间上回溯这种类型的宇宙，它们可能并不存在一个开端。如果我们沿着足够多的“弹跳”路径追溯到过去，它会变得越来越小，以至于量子效应超越引力成为物质行为的主宰，而爱因斯坦方程可能不再适用了，也有人说爱因斯坦方程在宇宙大小达到零的时候不再适用，因为那时的物质密度和辐射都为无穷大。不过，如果新的量子引力物理理论能够适用于极小但不为零的半径处，如此小的振荡或许还能发生。

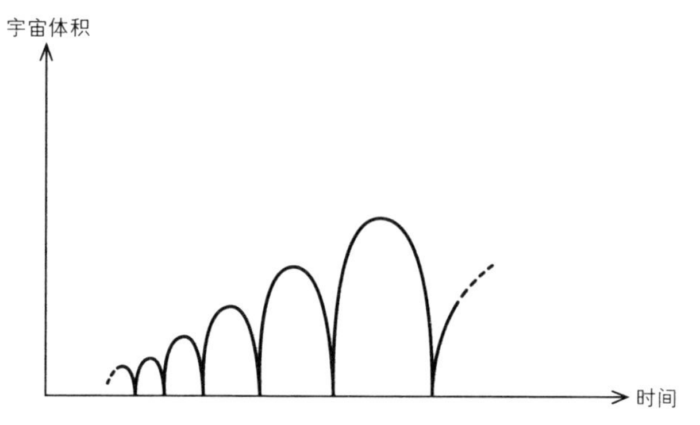

图 3.16　托尔曼的振荡宇宙。整个宇宙的总熵逐渐增加，能量守恒定律决定了它越往后振荡的幅度越大，直到到达最大值。

托尔曼是一位很严谨的科学家，他发明这么多不寻常的宇宙只是为了警告其他不谨慎的科学家，不要妄自对宇宙的本质做出不成熟的推断。而他从这个不断弹跳的、体积和熵都逐渐增大的宇宙中得出了什么结论呢？

> 至少我们可以看到，如果因循守旧地认为热力学原理一定会带来一个从有限的时间之前开始、在未来趋于停滞和死亡的宇宙，那你就大错特错了。[44]

不过，对于这类不断振荡的“弹跳宇宙”，托尔曼忽视了一个有趣的细节，这一细节在 1995 年被笔者和波兰物理学家马里乌什・东布罗夫斯基（Mariusz Dąbrowski）发现。[45] 如果加入爱因斯坦的宇宙学常数——Λ 斥力，无论它的值有多小，最终都会让振荡终结，膨胀一直加速持续下去，不再收缩或往回振荡，类似我们在德西特宇宙中见到的表现（图 3.17）。[46]

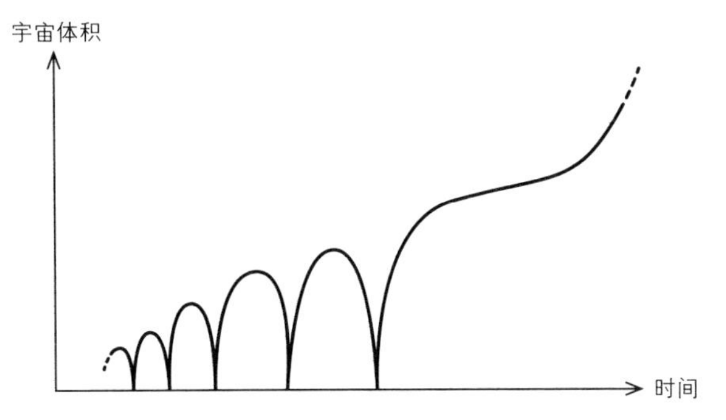

图 3.17　本书作者（约翰·巴罗）和马里乌什·东布罗夫斯基的宇宙模型，其 Λ 斥力为正。不管 Λ 值有多小，托尔曼的振荡最终都会终结，而宇宙则将永远膨胀下去，变得更趋近德西特的宇宙。

勒梅特和托尔曼的奇形怪状宇宙

> 但谁又能安稳地跨在
> 一个不断膨胀的马鞍上？
>
> ——W. H. 奥登（W. H. Auden）

1933 年，勒梅特和托尔曼都开始考虑如何寻找比此前的所有宇宙更加接近现实的宇宙数学模型。自爱因斯坦以来，所有早期根据爱因斯坦方程得到的宇宙都做了一些简化的假设，假设宇宙在各个位置、各个方向上都相同。然而，真实的宇宙不可能是这样的，如果宇宙各处都相同，我们就不可能存在了。因此，物理学家便希望真实的宇宙距离完美对称偏差足够小以至于可以忽略，至少最初尝试描述真实宇宙时先这样做。然而，只要随便向外看看我们的宇宙，就能在天空中看到像星系或恒星这样显著的不规律之处。我们能根据爱因斯坦方程找出容许它们存在的解吗？

勒梅特和托尔曼都做到了。他们通过不同的方法各自找出了最初的非均匀宇宙模型，即物质密度或膨胀速率在不同的时间、不同的地点都不一样的宇宙模型。勒梅特对这类宇宙的兴趣非常有前瞻性，他想借此探索宇宙中为什么会存在像恒星和星系这样的“大块”结构。更引人注目的是，他甚至通过计算得出了密度超出平均值的区域的行为，表明它们随着时间的推移会变得越来越显著，因为聚集的物质越多，它们就越能通过万有引力从周边的区域继续吸引物质。[47]因此，一个含有“大块”结构的宇宙，其中的块状物质会越变越大。

托尔曼不像勒梅特那样深刻而大胆，他只是担心根据未证实的假设推得关于宇宙的强有力的结论可能是错误的。举例而言，此前所有根据爱因斯坦方程所做的研究都假设宇宙是处处相同的，但这其实是个不太可能成立的假设，因此，依据这一假设所得到的宇宙，不管是有一个开端也好，还是最终会终结也好，都是靠不住的猜想，都建立在这样的假设之上——宇宙中我们看不到的部分，都跟我们看到的部分一模一样。

托尔曼开始利用爱因斯坦方程寻找最简单的不规则宇宙。他发现，爱因斯坦方程允许宇宙的不同部分属于不同类型的弗里德曼-勒梅特宇宙。空间曲率和物质密度可以在不同的位置之间平滑地变化：在一个区域，密度可能高于平均值，曲率为正，属于闭合宇宙，膨胀到一定程度之后就会在其自身引力作用下收缩回来，或许形成一个星系。但同时在另一个区域，密度可能又会低于平均值，曲率为负，那里的物质就无法抵挡膨胀趋势，不会收缩。托尔曼认为，这一发现会让我们：

> 正视这样一种可能性：在目前的望远镜所看不到的区域，宇宙可能并不在膨胀，而是在收缩，那里的物质密度和演化阶段都和我们熟悉的宇宙区域完全不同。这也提醒了我们，在研究整个宇宙的初始态时，不要从均匀性模型得出过于确定的结论。[48]

他的谨慎是有理由的——爱因斯坦方程允许的这种奇形怪状的宇宙拥有3个奇怪的特征：第一，不同地点的曲率和膨胀速率不同，意味着膨胀可以不在同一时间、同一地点开始；第二，后来有人发现这样一种特殊情况：宇宙中有些区域开始发展的时间太晚，以至于落后的区域能看见抢先发展的区域，甚至受其影响；[49]最后，在考虑了宇宙学常数的情况下，有些区域可能并没有开端（即在局部表现得像爱丁顿-勒梅特宇宙），而其他区域则有开端。

在宇宙的终结问题以及宇宙是无限还是有限的问题上，不同的区域可能也有不同的表现。托尔曼指出，我们可能居住在一个巨大、致密、曲率为正且永恒膨胀的无限宇宙中，尽管我们能观察到的部分是最终将收缩的有限闭合宇宙。在这种情况下，如果我们假设整个宇宙的特征都与我们观察到的这一小部分相同，那我们得到的关于宇宙终极特性的答案可就大错特错了。

米尔恩的宇宙（与牛顿的宇宙）

> 到此为止，我们没有探测到任何宇宙正在膨胀（即星系正在向我们后退）的迹象。所有能得到的数据都支持静

态宇宙模型，而非急剧膨胀的宇宙模型。

——埃德温·哈勃[50]

到了20世纪30年代，科学界对各种膨胀宇宙的简单类型都有了较深的了解。埃德温·哈勃也扩充了红移的观测数据，提供了更强有力的证据证明遥远星系的退行速度与他们离我们的距离成正比。他在1927年证实了勒梅特推导出来的哈勃定律，但似乎很难接受他自己的数据证实了宇宙正在膨胀的现实。由爱因斯坦方程得出的简单、均匀、各向同性的宇宙学解也已广为人知，这多亏了两位精通数学的天文学家——威廉·麦克雷（William McCrea，1904—1999）和阿瑟·米尔恩（Arthur Milne，1896—1950）的工作，他们发现，在那之前，勒梅特等人通过解繁杂的爱因斯坦方程而得出的宇宙解，其实都可以通过牛顿的旧引力理论表述出来，根本无须动用爱因斯坦方程。[51]他们用牛顿的平方反比引力定律就得到了一个球形的膨胀宇宙模型，如果想引入爱因斯坦宇宙学常数的排斥效应，只需在平方反比的引力之外直接加入Λ斥力即可。如果宇宙的动能大于其粒子之间吸引力的能量，宇宙就会永远膨胀下去，但如果引力占优，膨胀就会在体积达到最大值以后停止，随后开始收缩。这两种宇宙之间的状态就是爱因斯坦和德西特的宇宙——膨胀动能与引力势能完全相等，就好像火箭从地球发射时的速度刚好达到地球的“逃逸速度”一样。用这种方法可以很好地理解由爱因斯坦方程得到的简单宇宙，这种方法至今仍是物理学和天文学入门课程里最常见的教学方法。

米尔恩是一位出色的天体物理学家，他为我们理解恒星及其大气做出了重要的贡献。他报考剑桥大学三一学院时，以有史以来的最高分获得了奖学金，在 20 多岁时就成了英国皇家学会会士，并在 1928 年成了牛津大学数学系的教授。1932 年，他的兴趣转向了宇宙学方面，并创立了一套独特的相对论运动理论，还挑战了学界长时间持有的宇宙热寂说。

米尔恩发现，膨胀的宇宙和哈勃定律无须爱因斯坦的引力理论，只用牛顿理论就能解释。这也让他从多个方向开始探讨，究竟有没有必要让不同“引力场”中的原子所经历的“时间”都相同。不过，他发现的新的膨胀宇宙可以通过爱因斯坦方程很简洁地描述出来。米尔恩的宇宙和德西特的宇宙一样不包含物质，但和德西特宇宙不一样的是，它不包含爱因斯坦宇宙学常数带来的斥力。它的空间曲率为负，并且会永远膨胀下去（图 3.18）。[52]

米尔恩的宇宙是所有均匀且各向同性的宇宙中最简单的一个。尽管它看起来极其特殊，甚至不切实际（毕竟真实的宇宙不可能是空的，不可能不包含任何物质或辐射），但物理学界对它一直充满兴趣，因为如果往一个不包含宇宙学常数的开放型宇宙中加入普通物质和辐射，它就会永恒地膨胀下去，并且

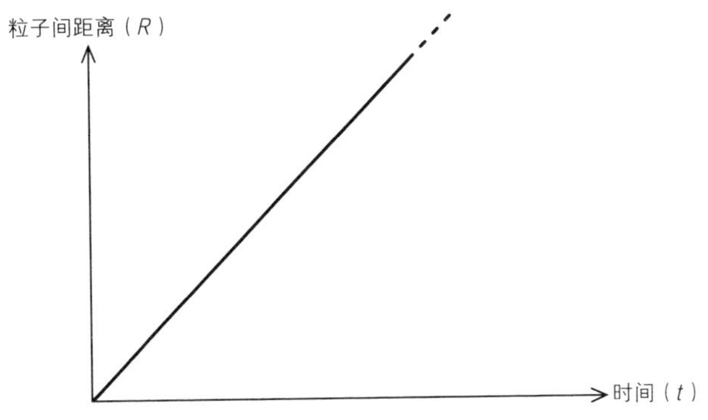

图 3.18　米尔恩的宇宙，粒子间距离与时间成正比。

会表现得越来越接近米尔恩宇宙。[53]

米尔恩是一位怀有强烈宗教信仰的科学家（他信仰英国圣公会），并且非常希望将基督教中神的概念和创生的宇宙联合起来。他写了很多关于这方面的著作，其中比较著名的是《现代天文学与基督教中神的观念》（*Modern Cosmology and the Christian Idea of God*）[54]，这本书出版于1952年——在他去世[55]之后。不过他从未写过面向普通大众的书，他的书只有物理学家和数学家才能读懂。米尔恩更倾向于认为宇宙是无限的，因为这样一来，神就有无穷无尽的机会来开展演化实验。他认为，如果宇宙是有限的，这就限制了神的活动范围。

米尔恩的数学宇宙学试图为宇宙推导出一个"理性"的几何结构，他相信这样的理性结构能够为上帝创造出的宇宙的模样施加一些限制。比如，他认为宇宙在不同方向上的膨胀速度不可能不一样，尽管其他一些物理学家不认同这一点（我们在下一章会介绍到）。他认为宇宙必须拥有普遍的法则——即在任何地方都成立的法则，因为他相信宇宙的定律是由宇宙结构以理性的方式决定的：哪怕引力定律只改变一丝一毫，都会破坏整个宇宙优美的平衡。因此，对米尔恩而言，神在某些方面受着逻辑和理性的制约，而这些制约就体现在宇宙及其定律上。[56]然而，这些限制又被宇宙空间的无限性抵消了：米尔恩相信，只要宇宙是无穷大的，生物就能演化出一切可能的样子。有趣的是，这同勒梅特的观念完全相反：勒梅特坚定地认为宇宙应当是有限的。对勒梅特而言，宇宙是用来让生物探索和了解的，无限的宇宙则不能保证这一点，因为它超出了人类所能理解的范畴，任何事情都可能在某个地方发生：对居住在宇宙中的人而言，无限的宇宙实在过大了。

第 4 章

出乎意料的宇宙：洛可可时期

就像滑雪场上到处都是寻找丈夫的女孩和寻找女孩的丈夫一样，事实并不像表面上看起来那么完美对称。

——艾伦·麦凯（Alan Mackay）

分形的宇宙

……宇宙宏大无穷，却对住在里面的人毫无影响。这就像对雷丁监狱里的一名囚犯说“欢呼吧，我们的监狱现在已经有半个国家那么大了”一样。

——吉尔伯特·K. 切斯特顿（Gilbert K. Chesterton）[1]

20 世纪 20 年代，爱因斯坦的理论促使了研究整个宇宙的科学——现代宇宙学的诞生，宇宙也变成了和 12 路公交车一样日常的概念。不过，在同一时期，也有科学家打起了复古保卫战，试图说服爱因斯坦，用牛顿的旧理论来描述宇宙并非像爱因斯坦声称的那样毫无可能。

这个理论最主要的难点在于如何将物质均匀地分布在无限的空间内。按照该理论，宇宙中所有的物质都只能存在于一个巨大的天体中，否则牛顿著名的平方反比定律就会在距离过远的情况下失效。而这样的话，在密度恒定的无限宇宙中，任何地方所受到的引力值都是相等的！[2]这很明显是哪里弄错了。

19世纪末，许多宇宙模型都与这个悖论艰苦斗争过，如我们早先提到过的史瓦西球状宇宙模型。1907年，爱尔兰科学家埃德蒙·富尼耶·达尔贝（Edmund Fournier d'Albe，1868—1933）就写过一本面向大众读者的趣味图书，名为“两种新世界”（*Two New Worlds*），其中提到人们很自然地认为宇宙是拥有层级结构的——从原子到太阳系乃至更广阔的结构，无边无尽。[3]在他所描绘的宇宙里，星团套着另一个星团，无穷无尽。这种模型我们还曾在赖特、康德和朗贝尔的著作中见过，后来又被美国伟大的作家埃德加·爱伦·坡（Edgar Allan Poe）在1848年的一篇散文诗《尤里卡》（*Eureka*）中凭着印象再创作了一次，这篇散文诗将宇宙描述成了无穷无尽的“团簇套团簇”结构，每个团簇都有不同的定律，跟我们没有丝毫关系[4]。

富尼耶·达尔贝研究宇宙的动机之一，就是为了构建出一个拥有无穷质量的宇宙模型。尽管他的想法很离奇，但还是受到了大众的严肃对待。他是一名电磁学专家，1923年，正是他负责将首个电视图像（拍的是国王乔治五世）从伦敦传送到了各地。他还发明了光声机（optophone），将光信号转化成声音，让盲人也能“看见”东西。

瑞典天文学家卡尔·沙利叶（Carl Charlier，图4.1）兴致勃勃地读了达尔贝的这本书，并以此在牛顿理论的基础上创建了更复杂的宇宙模型，巧妙避开了无限空间带来的悖论。他引入了一种无穷星团层状分布结构（见图4.2）的数学描述，从而使得整个宇宙的平均密度为零！[5]这解决了一个存在已久的问题——空中布满恒星，为什么夜空还是黑暗的：在他提出的星团层状分布结构中，所有恒星所做的贡献都是微不足道的。

沙利叶提出的这种星团层状分布结构，其实就是后来我们称之为"分形"（fractal）的分布形式在科学领域最早的应用。"分形"这一术语直到1972年才由伯努瓦·曼德尔布罗（Benoît Mandelbrot）引入，它描述的是物体在越来越大的尺度上不断复制自己的模式。这类模式在自然界随处可见，不管是树枝的分叉，还是人类的新陈代谢系统。在很多情况下，大自然都对分形结构有种偏爱，因为它可以在最小的体积和重量下发展出最大的表面积（比如有利于吸收营养），见图4.3。

沙利叶的宇宙模型实际上是哥白尼原则的延伸，而后者正是爱因斯坦后来用以简化宇宙模型所依赖的原则。沙利叶的宇宙模型保证了人们所观察到的任意规模的星团都是相同的。这个模型是非常用心地构建出来的，尽管它在体积上也是无穷无尽的，但它内部的物质并没有被限制在一个天体中，而是无限延展的。星团消失得足够快，使得恒星所发出的星光永远无法照亮整个夜空。[6]在这样的宇宙中，每个位置受到的引力都是同样有限的，恒星受引力牵引而产生的运动相对于整个星团结构而言也是微不足道的。[7]

图 4.1 卡尔·沙利叶（1862—1934）。

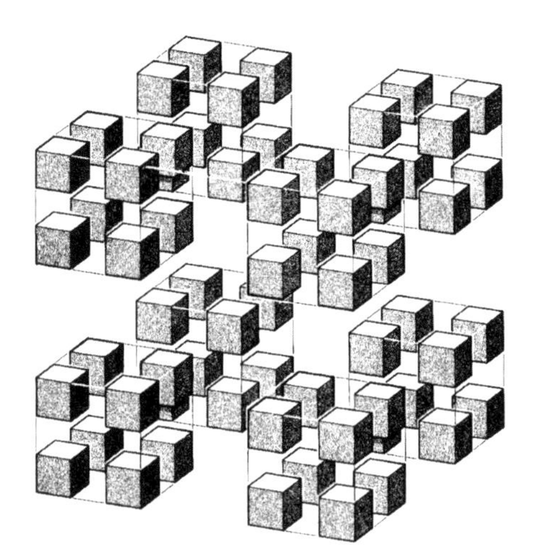

图 4.2 一种分形层级团簇结构，图中画出了 3 层。每个小块都代表着一个“星系”，8 个“星系”组成一个“星系团”，8 个“星系团”又再组成一个“超星系团”，这样的结构可以一直向更大尺度方向或更小尺度方向延续下去。

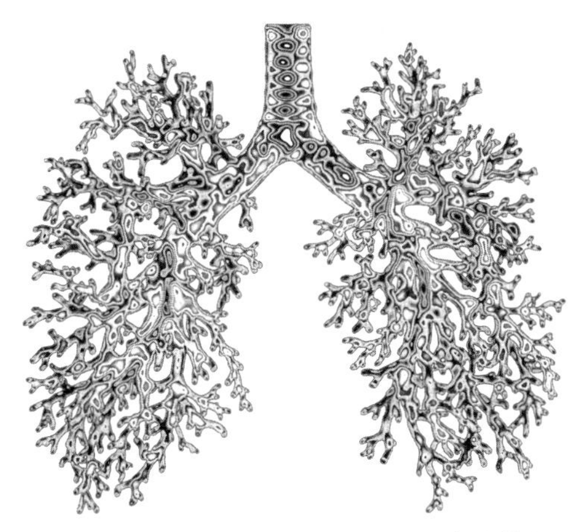

图 4.3　人体肺部的支气管系统就呈现出分形分布的特征，气管分成支气管，再分成越来越细的细支气管，这样一来，肺就能够在较小的体积下尽可能地增加与空气接触的表面积。

有一种宇宙模型巧妙地避开了用牛顿理论描述无限宇宙时带来的问题，也解决了爱因斯坦反对牛顿宇宙模型时所提出的问题。它是由维也纳的一名哲学家，同时也是一名自学成才的物理学家弗朗茨·塞莱蒂（Franz Selety，1893—1933）在 1922 年极力提出的。[8] 1922 年，塞莱蒂在当时首屈一指的物理学期刊上发表了一篇论文，提出了一套清晰的层级宇宙模型，证明爱因斯坦反对无限牛顿宇宙时所提到的问题都得到了很好的解决。[9] 简单来说，他提出了一个完整的无限宇宙层级模型，在该宇宙模型中，无穷无尽的恒星成团地布满了整个空间，但宇宙的平均密度仍然为 0，[10] 也不存在一个特定的中心。

然而，这类宇宙模型的支持者也面临着一个问题，那就是他们得解释宇宙中的物质是如何在这么精巧的层级分布中保持最初位置的。爱因斯坦也表达过类似的担忧：即使这种结构形成了，恒星也可能从星团中脱离出去，并被邻近星团的引力捕获，从而让秩序井然的层级结构消解成随机的混乱结构。塞莱蒂也不得不承认，物质在这类结构中确实很难保持在最初的位置，但他认为，既然随着尺度的增大，物质的密度也逐渐减小（就像引力的平方反比定律一样），星系的随机移动并不足以在未来有限的时间里让整个层级结构产生漂移而偏离原来的形状。[11]

对于塞莱蒂的解释，爱因斯坦很快做出了回应，[12]他表示此前确实误认为牛顿宇宙学中存在一些无法解决的难题，而塞莱蒂的解释消除了这些误解，并承认“层级宇宙结构的确是**可能**存在的……只不过仍然让人难以信服”。[13]塞莱蒂在1923～1924年又发表了一些论文继续研究他的宇宙学[14]，另外包括著名的法国数学家埃米尔·博雷尔（Émile Borel）在内的其他人也在这方面做了一些研究，但爱因斯坦却再也没提起过它。

层级宇宙学的研究盛况并没有持续太久，但现在回头来看，塞莱蒂的说法是完全正确的。直到20世纪70年代，在研究爱因斯坦理论的论文中，关于层级宇宙的论述还会偶尔出现，[15]到了90年代，宇宙学界试图解释星系团的观测结果时还是会用到这种理论。不过，如今关于宇宙微波背景辐射温度变化的最新详细观测表明，宇宙的星团结构并不会以分形结构的形式无限地保持下去。[16]

卡斯纳博士的宇宙

我希望我永远不会再犯“不犯正确的错误”这种错误了。

——萨米尔·萨曼吉（Samir Samaje）

你肯定听说过万维网（World Wide Web，简称 WWW），更不用说互联网搜索引擎巨头谷歌了。如今，谷歌的触手已经遍及整个互联网，无论你想了解的是一本书还是一套餐具，你都能通过它以惊人的速度查找到相关资料。这家以做计算机搜索起家的公司为什么要起“Google”这个奇怪的名字呢？它的总部被称作“Googleplex”，听起来就更奇怪了。

这两个名字背后的故事，要从美国数学家爱德华·卡斯纳（Edward Kasner）说起。卡斯纳是美国哥伦比亚大学巴纳德学院的教授，他不仅在多个数学领域均有建树，还热衷于通过讲座、书和文章的形式将数学知识传播给普通大众和青少年。他最出名的一本书是与詹姆斯·纽曼（James Newman）合著的《数学与想象》（*Mathematics and Imagination*），该书于 1940 年首次出版，至今仍在不断重印。这本书的其中一章涉及了很大的数字，给出的例子就是一个看起来很简洁但极为庞大的数：10^{100}，也就是 1 后面有 100 个 0。这个数字有多大呢？举个例子，在整个可观测宇宙中，原子总数大概只有 10 的 80 次方，光子总数也只有 10 的 90 次方。1938 年，卡斯纳 9 岁的小侄子米尔顿·西罗塔（Milton Sirotta）将这个数字命名为 Googol，并进一步把 10 的 Googol 次方起名为 Googolplex，即：

$$1\ \text{Googolplex} = 10^{\text{Googol}}$$

一个 Googolplex 有多大呢？如果我把它写出来，即 10000000000…，整个可观测到的宇宙都装不下——即使其直径只有 10^{29} 厘米。

图 4.4 爱德华·卡斯纳（1878—1955）。

根据计算机科学家戴维·科勒（David Koller）的记载，[17] 1996 年，斯坦福大学两位年轻的计算机科学博士生拉里·佩奇（Larry Page）和谢尔盖·布林（Sergey Brin）正开始思考如何根据共同的单词和索引将互联网上不同的页面联系起来，形成一个网络。他们制定的页面排序策略成了最有效的互联网搜索引擎。两位创始人一开始管这个搜索技术叫“BackRub”，但到了第二年，他们就想取一个更酷的名字以反映其搜索出的页面数目之大。这时候，与他们合伙的另一个学生肖恩·安德森（Sean Anderson）提出了“Googolplex”这个词，简称“Googol”。这名字听起来很棒，安德森立刻开始在电脑上搜索 Googol.com 这个域名是否已被注册，匆忙之间他把“Googol”误打成了“Google”，发现“Google.com”还没被人注册过。布林觉得“Google”这个“错误的”拼写反倒比

“Googol”更好，于是他于1997年9月15日在他和佩奇的名下注册了“Google.com”这个域名。后来，Google公司发展壮大，加州山景城（位于圣何塞附近）的宏伟总部就有了“Googleplex”的昵称。

不过，爱德华·卡斯纳的贡献可不止命名了两个很大的数字并把它们传播出去这么简单。1921年，只有极少数的人还在寻找爱因斯坦方程新的解，而他就是其中之一。他知道爱因斯坦与德西特考虑了排斥性宇宙学常数后得到的早期宇宙模型。跟其他寻找宇宙模型的先驱者不同的是，他没有什么天文学基础。卡斯纳非常熟悉爱因斯坦方程背后的那套抽象数学，并为自己设立了一个数学上的目标，即在忽略宇宙中物质质量的情况下找到爱因斯坦方程的解。宇宙中的物质质量可以忽略是德西特的假设，但和德西特不同的是，卡斯纳完全丢掉了宇宙学常数那一项，而为了弥补这一简化措施，卡斯纳引入了一种全新的可能性：宇宙在不同的方向可以有不同的膨胀速度。卡斯纳的各向异性宇宙使用的是欧几里得空间，它具有无穷大的体积，并从有限的一段时间之前开始膨胀，然后一直膨胀下去。弗里德曼和勒梅特的宇宙可以看成一个不断膨胀的球，但卡斯纳的宇宙则更像一个椭球，体积不断膨胀，而各个方向的膨胀速率不同。

卡斯纳的宇宙有个引人注目的特征：尽管它的总体积在不断增加，但是它会在其中一个方向上收缩，并在另外两个与它垂直的方向上膨胀（图4.5）。因此，在卡斯纳的宇宙中，一个真空球体在赤道方向会变得越来越宽，球也会变得越来越扁、越来越接近椭球，最终，宇宙会变成类似煎饼的形状。[18]

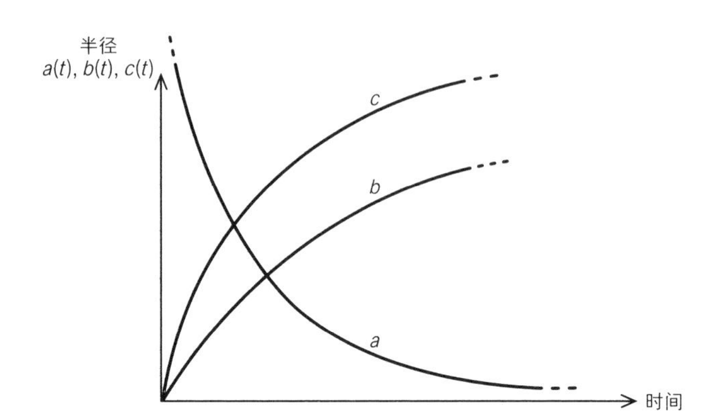

图 4.5　图中显示了卡斯纳宇宙在三个不同方向上的膨胀趋势。该宇宙在其中两个方向上膨胀的同时，却在另一个方向上收缩，而总体积是与时间成正比增加的。

这个宇宙非常奇怪，它不包含任何物质，它的空间也不是弯曲的，但它却在不断膨胀。这是一个由不同方向上的不同膨胀速率来驱动的世界。我们很熟悉引力产生的各向异性效应，因为我们可以通过潮汐现象亲身感受到它。地球上靠近月球（和太阳）一侧的海水受到的引力更强，这一侧的海平面也就会更高。潮汐效应的影响随着地球每天的自转稳定地变化，并随距离的三次方的反比而非牛顿引力的平方反比而变化。卡斯纳的宇宙就包含这种潮汐引力效应，并且各个方向上的效应都不同。它让宇宙以不同的速度向不同的方向扩张。[19]

卡斯纳的宇宙是很特别的。一旦往这个宇宙中加入任何物质，它都会逐渐接近爱因斯坦与德西特的宇宙模型，[20] 而一旦往其中加入排斥性的宇宙学常数，不管其中有没有物质，它都会变成指数型膨胀的德西特宇宙模型。然而，如果我们沿着时间回溯到 $t = 0$ 的“开端”，那么不管物质、辐射还是宇宙学常数都不会对它的形状产生明显的影响了，膨胀速率的各向异性还是会占主导地位，宇宙会从一根在一个方向长度为无穷大、其他方向长度都为 0、体积也为 0 的“针”开始膨胀，而非从一个各方向尺度都为 0 的“点”开始。由于它极其特殊的本质，卡斯纳宇宙最终会深刻影响我们对各类宇宙模型的理解。

狄拉克的宇宙——引力也会衰减

> 我不认为有人既能做物理学研究，同时又能写诗。科学要求我们用大家都能懂的语言讲述此前没有人知道的事实，而诗歌则是用没人听得懂的语言来讲大家都知道的事。
>
> ——保罗·狄拉克[21]

在爱丁顿还在世，并任职于剑桥大学天文台的时候，保罗·狄拉克就已经当上剑桥大学的卢卡斯数学教授了。狄拉克可能是 20 世纪最伟大的英国物理学家之一，他为量子力学贡献了大量理论基础，并为其创造了至今仍在沿用的数学语言，还预言了反物质的存在，发现了基本粒子分布的统计分布（费米-狄拉克统计），并提出了对描述相对论性电子行为至关重要的狄拉克方程。他在 1933 年获得了诺贝尔物理学奖，当时他才 31 岁，是当年最年轻的诺奖得主，而在前一年他就当上了卢卡斯数学教授。

狄拉克的传记作者把狄拉克描述为“最奇怪的人”，[22]他在剑桥的同事也都表示不了解他。他话极少，经常以非常简洁的语句来总结自己对别人的印象，比方说著名哲学家路德维希·维特根斯坦，在他眼里就是一个“讨厌的家伙，总是说个不停”。[23] 关于狄拉克简洁、严守逻辑的生活方式以及他不擅社交的逸事，说起来能有一箩筐。与此相比，1937 年 2 月他初次涉足宇宙学便在《自然》(*Nature*) 杂志上发表论文就不足为奇了——彼时他才刚度完新婚蜜月没几天。10 个月后，他把自己的想法扩充成一篇长得多的文章，为宇宙学提出了新的理论基础。在接下来的整整 35 年里，他都没有再提到过它，后来却又像没过去多久一样重新捡起了这方面的研究。

如果当时的大多数物理学家听说狄拉克写出了一篇关于宇宙学的研究论文，他们肯定会期待狄拉克提出一套崭新的宇宙学理论，或者用他高超的数学能力找出爱因斯坦方程新的解法。

图 4.6 保罗·狄拉克 (1902—1984)。

然而，狄拉克却产生了一个非常简单又非常奇妙，甚至让很多人感到有些古怪的想法，正如他的朋友尼尔斯·玻尔所说："毕竟是结了婚的人，什么都想得出来。"狄拉克提出，如果我们在物理学中遇到了两个非常大的无量纲常量，如 10^{40} 或 10^{80}，那么它们之间极有可能存在着某种联系，很可能有那么一条大自然的数学定律把它们联系在了一起，只是我们还未发现——这就是狄拉克的大数假说（Large Numbers Hypothesis，简称 LNH）。[24] 狄拉克注意到的大数有三个，都由宇宙的年龄 t、光速 c、电子质量 m_e、质子质量 m_p 和牛顿引力常数 G 构成，它们分别为：

$$N_1 = \text{可观测宇宙的大小与电子半径的比值}$$
$$= ct / (e^2 / m_e c^2) \approx 10^{40}$$

$$N_2 = \text{质子与电子间电磁相互作用与引力的比值}$$
$$= e^2 / G m_e m_p \approx 10^{40}$$

$$N = \text{可观测宇宙中的质子总数}$$
$$= c^3 t / G m_p \approx 10^{80}$$

根据他的大数假说，[25] N_1、N_2 和 $\sqrt{N}$ 很可能就是相等或者近似相等的。如果这么大的数字大小差不多，彼此之间又没有任何联系，那实在太奇怪了。因此，狄拉克相信，一定存在什么不为人知的自然定律规则使得 $N_1 \approx N_2$ 或 $N \approx N_2^2$。

如果狄拉克的大数假说是成立的，那就意味着传统自然常数的集合是随着宇宙年龄 t 的变化而变化的，因为：

$$N_1 \approx N_2 \approx \sqrt{N} \propto t$$

因此，把这三个自然常数组合在一起得到的却根本不是常数，它们会随着宇宙年龄 t 的增长而逐渐增长，即：

$$e^2 / Gm_p \propto t \quad (*)$$

狄拉克选择抛弃牛顿引力常数 G 的不变性。他提出，在宇宙的时间尺度上，G 可能会随着宇宙的年龄增大而逐渐减小，即：

$$G \propto 1/t$$

这就满足了公式 (*)。因此，过去的 G 比现在更大，而将来它还会变得更小。我们之所以现在看到 $N_1 \propto N_2 \propto \sqrt{N} \propto t$ 的值这么大，是因为宇宙现在的年龄已经很大了，[26] 而随着时间推移，这些数还会变得越来越大。[27]

狄拉克的想法有三个显著要素：其一，他尝试把此前被视为“巧合”的事情看作由更深层次的某种不为人知的关系所带来的结果；其二，由此，他认为宇宙的曲率和宇宙学常数一定是 0，否则它们就会让这些数字变得更大了；第三，他否定了人类最早得出的自然常数 G 的不变性。不幸的是，狄拉克的猜想在不久之后就被推翻了：如果引力常数像他所说的这样发生变化，那变化未免也太剧烈了。在他的理论里，过去的引力要比现在强得多，太阳的能源输出也和现在大不一样，那么地球就要比现在热得多。[28] 美国物理学家爱德华·特勒

（Edward Teller）在 1948 年通过计算表明，如果引力像狄拉克所说的这样变化，地球上的海水早在前寒武纪就已经全部蒸发，更不用说演化出生命了。[29]

而特勒的朋友乔治·伽莫夫提出，可以假设狄拉克 $N_1 \approx N_2 \approx \sqrt{N}$ 的巧合仍然成立，只不过随着时间变化的常数不是引力常数 G，而是电子电荷 e，即 e^2 与时间 t 成正比，如（*）式所示。[30]

不过，伽莫夫的假设也没有存活太久。因为电子电荷随着时间变化会给地球上的生命带来各种各样不可接受的结果，甚至会导致太阳在很久之前就已经消耗完了核燃料：如果 e^2 与宇宙的年龄成正比，那么太阳现在就不可能还在发光发热。

虽然狄拉克的假设失败了，但他的思路为我们的宇宙模型带来了新的可能性。因为引力常数如果会随着时间改变，就意味着爱因斯坦的广义相对论是错误的，至少是不完整的，你不可能像狄拉克那样在不改变其他东西的同时随意改变一个常数。在爱因斯坦的引力理论中，所有形式的能量都会参与引力作用，它们共同组成弯曲的空间，并决定了时间流逝的速率，而引力常数 G 在此也起了很大的作用。因此，其他物理学家就尝试在爱因斯坦的整个理论中引入细微的变量，在坚实的理论基础上创造出随着时间变化的引力“常数”，让它成为全新的能量与引力的来源。

第一个提出这类理论，并将爱因斯坦的相对论扩展为一个包含可变引力“常数”的全新能量场理论的人，是德国非著名物理学家帕斯夸尔·约当（Pascual Jordan）。他与马克斯·玻恩（Max Born）和维尔纳·海森堡共同发表过一系列论文，为量子力学的发展做出了重要的贡献。但不幸的是，约当也是名狂热的纳粹分子，在希特勒当上德国总理的 1933 年加入了民族社会主义党（即纳粹党），并于 1934 年成为纳粹德国冲锋队队员（褐衫党徒）。[31] 他在 1939 年加入了纳粹德国空军，在二战期间为空军研究气象学，并在波罗的海沿岸的佩内明德参与了 V-1 和 V-2 火箭的研发。然而，尽管他对纳粹怀有满腔热血，上层却并不完全信任他，可能是因为他过去同一些犹太物理学家（如玻恩）关系密切。约当在政治上的态度给他和其他物理学家之间带来了较大的分歧，直到 20 世纪 50 年代初他才重新回到学术岗位上，因此，他在 40 年代做出的宇宙学方面的工作基本上都被学界忽视了。有人说，如果不是因为他的政治活动，他本可以获得 1954 年的诺贝尔奖。

尽管狄拉克对宇宙学的涉足非常短暂，他的理论也很快就被约当等人以更精确的表述取代，但他提出的“大数巧合”后来又有了更为有趣的解释：罗伯特·迪克（Robert Dicke）指出，$N \approx N_1^2$ 其实就相当于是说我们观察到的宇宙诞生后的时间（即宇宙的“年龄”）粗略地相当于一颗恒星从形成到进入不断将氢通过核聚变“燃烧”成氦的稳定时期所需要的时间。因为我们不可能诞生于恒星形成之前，也不可能存在于恒星熄灭之后，因此这也说不上是什么“巧合”[32]——因为在我们看不到公式 (*) 这种“巧合”的宇宙里，我们可能根本就不会存在了。

狄拉克没有意识到，我们观察到的宇宙处在一个特殊的时期。在膨胀的宇宙中，只有在一个特定的时间间隔内可能有任何形式的生命诞生，也只有在这个宜居的时间间隔内，我们才能诞生，并开始研究天文学、观察宇宙。

面对迪克的这一反对意见，狄拉克承认，在膨胀的宇宙中，一开始确实会有一段不适宜生命存在的时间，因为那个时候的宇宙太热、太致密。不过他相信，生命一旦诞生，就会在宇宙中无限期地存在下去。[33] 对狄拉克来讲，生命并不是只局限于宇宙漫长历史的一小段时间，他相信生命的未来是无限的。

爱因斯坦与罗森的波浪形宇宙

……一小部分空间就像一片大致平整表面上的小山丘一样，这就意味着通常的几何学定律在那里已经不再适用，而这种弯曲或扭曲的性质还会不停地从空间的这片区域传递到那片区域，就像波浪一样。

——威廉·克利福德（William Clifford）[34]

1932 年，爱因斯坦离开德国，在牛津大学基督教会学院短暂停留，当了一段时间研究讲师后便离开了欧洲，前往位于美国新泽西州的普林斯顿高等研究院。远离了欧洲中心的政治纷争之后，他开始重新考虑自己提出的方程的解，而且自 1935 年开始，他还有了一位新的研究助手——内森·罗森（Nathan Rosen），来帮他解决数学方面的问题。在之后的两年中，罗森与他合著了几篇在理论物理领域最为重要的论文。[35] 1936 年，爱因斯坦和罗森找到了爱因斯坦方程一个新的解，它描述了一个膨胀的宇宙，但其对称性跟圆柱相当，也就是说，这个宇宙中的一切物体都只依赖于时间和空间中的一个方向。这种对称性大大降低了爱因斯坦方程的复杂度，让爱因斯坦和罗森找到了精确解。该宇宙模型拥有一个此前所有宇宙模型都不曾拥有的性质——它会导致空间产生水波一样的涟漪，并沿着空间传播。它和卡斯纳的各向异性膨胀的宇宙有点相似，不过加上了从一根线出发，以轴对称的方式向外传播的波，就像一卷不断解旋，把纸层层甩开的卫生纸一样（图 4.7）。

对爱因斯坦和同时期的物理学家来说，这一宇宙模型最有趣的一点就是引力波概念的提出。爱因斯坦-罗森宇宙模型并不包含物质，所以其中产生的波必定是随着时间传播的空间涟漪（图 4.7）。引力波的概念已经提出了一段时间，但一直存在争议，有些人认为这只是“概念上的波”，只有爱因斯坦方程在特定的坐标下才会产生，并不会在实际空间中带来真正的物理效应，但也有人认为引力波在物理上是真实存在的——如果有人沿路向你走来，他 / 她总会对你产生一些效应，在一个方向对你产生拉伸影响，在与拉伸方向垂直的方向对你产生

图 4.7　爱因斯坦-罗森宇宙模型包含圆柱形的引力波，它们随着膨胀的宇宙一起，从一根无限长的线出发向外传播。

压缩影响，就像潮汐效应一样。

爱因斯坦和罗森很快就意识到，这个新宇宙模型为引力波之争提供了一个绝佳的验证机会，而无须求助于靠不住的近似和数值计算。值得注意的是，他们原本得出的结果表明这种圆柱形的引力波并不是真实的，只是由他们人为选择坐标所带来的结果，就像我们看着地球仪然后发现所有经线都相交于南北极一样——不懂的人会觉得很神奇，这么多线在这两点相交，这里不会发生了什么不好的事吧？但其实什么事都没有，你永远可以选择其他的坐标系，南北极一下子就不再特别了。想象一下，如果你选取了弯弯曲曲的线作为经线，不懂的人可能会以为这意味着地球表面是凹凸不平的，但这就错了。可是，在等高线地图上也有弯弯曲曲的线，这确确实实代表着高低不平的表面。爱因斯坦和罗森所面对的问题，就是确定“引力波”究竟是像等高线上的曲线一样真实存在的，还是像弯曲的经线一样只是来自人为的构造。

1936 年初夏的一天，他们把论文提交给了美国最知名的物理学期刊《物理评论》(*Physical Review*)，他们在论文中宣称，在他们的宇宙模型中，引力波并不是真实存在的。6 月 1 日，编辑将论文发给其他独立的物理学家进行匿名同行评审，这是如今学术期刊发表的标准流程。7 月 23 日，匿名的专家评审意见送达爱因斯坦手中，他〔后来证明是物理学家霍华德·罗伯逊（Howard Robertson），他是当时美国熟悉广义相对论技术细节的不多的几名科学家之一〕认为，文章的证据不足以得出其结论，并指出了错误的具体位置。罗伯逊显然认为引力波是真实存在的，并希望爱因斯坦认真考虑一下他的意见。要知道，当时爱因斯坦刚到美国没几年，而此前在欧洲，论文发表的同行评审流程还未开始流行，他早期发表的论文从未经过同行评审，只要写论文的人是著名科学家，或者有著名科学家推荐该论文，论文就会立即发表。如果作者并非著名科学家，又没有推荐人，则由编辑单独评估是否能够发表。一位声名卓著的科学家的论文遭到拒稿是极大的耻辱，而这种事情通常极少发生。爱因斯坦不熟悉美国的学术期刊投稿体系，听说自己的论文被发给另外一名科学家之后，他感到非常恼怒，立即给《物理评论》当时的编辑约翰·泰特（John Tate）写了一封信：

> 我们（罗森先生和我）向您提交我们的论文手稿是为了让您**发表**的，并没有授权您在发表之前把它发给其他的科学家看。我没有任何理由认真考虑您所谓的“匿名专家”的荒唐评论，因此，我决定把论文投稿到别处发表。[36]

爱因斯坦随后迅速将论文投往《富兰克林研究所学报》（*Journal of the Franklin Institute*），他此前曾在该期刊发表过一篇论文。

在接下来的几个月里，他仍坚信引力波不是真实存在的，但自从他结识了霍华德·罗伯逊（就是《物理评论》早先为爱因斯坦找的那位匿名专家，该专家还对爱因斯坦的结论提出过质疑）之后，他被罗伯逊说服了。罗伯逊让他发现，除了他在论文里提出的解法以外，还有更好的方法可以处理方程的解，而得出的结果就是，毫无疑问，圆柱形引力波是真实存在的。这时候，论文已被《富兰克林研究所学报》接收并即将发表，爱因斯坦设法在校样上修改了结论，得以挽回颜面，并加上了这样一句话："感谢我的同事罗伯逊教授，他友情协助我澄清了此前的错误。"[37]

然而，早在论文刚投往《富兰克林研究所学报》时，内森·罗森就已经远赴苏联，去往基辅大学工作。他在新闻出来（爱因斯坦发了新论文，这可是大新闻）的时候才知道爱因斯坦做出了新修改，但他并不认同修改后的新结论，并自己单独发表了论文，仍旧坚持之前的错误观点。他对引力波的反对一直持续到 20 世纪 70 年代，而当时几乎所有物理学家都相信引力波真实存在了。一个重要的转折点发生在 1957 年，即爱因斯坦去世两年以后，理查德·费曼（Richard Feynman）在北卡罗来纳大学教堂山分校举行的会议上做了个演讲，提出了一个简单的论证：他证明，当引力波以正确的方向经过一根粗糙的棒状物体时，会使棒状物体上面的珠子（又称"粘珠"，因为它与棒状物体之间存在摩擦力）来回运动，而由于这些珠子与棒状物体间存在摩擦力，它们之间的相对运动就会产生热量，就像你用手揉一堆珠子会让它们的温度升高一样。这样一来，就意味着引力波是热量的来源，因此它一定携带了能量，也就是说，引力波是真实存在的，不仅仅存在于概念上。

费曼的"粘珠"论证平息了这场争论，从此几乎没有人怀疑引力波的存在了。引力波就像潮汐力一样，它在经过这页书的时候会在一个方向上拉伸它，同时又在与拉伸方向垂直的方向上压缩它：正方形经过这一拉伸压缩后会变成长方形，球形则变成椭球。

这个故事背后还有件小小的趣事：在教堂山举行的那场会议，是费曼用假名注册的，因为他有点瞧不起会议的议程。因此，"粘珠"论证自然也是在匿名的状态下提出的了。在其自传《别闹了，费曼先生！》里，他讲了关于自己如何找到这场会议所在地的一则趣闻：

> 1957年，有一次我要去北卡罗来纳大学参加一场关于引力的会议，他们邀请我作为其他领域的专家参与引力问题的讨论。我第一天有事，第二天才到达会议所在地，出了机场我到了等出租车的地方，跟出租车站的调度员说："我要去北卡大学。"
>
> 然而，调度员问我："你是指哪个北卡大学呢？是位于罗利的北卡州立大学呢，还是北卡大学教堂山分校？"
>
> 不用说，我当然不知道是哪个北卡大学。我试着问了一下："它们分别位于哪里呢？"想着如果它们地理位置靠在一起，我去其中一个就够了。
>
> "一个在这北边，另一个在这南边，离这儿的距离差不多。"
>
> 我身边没带任何可以提示我到底是哪个大学的材料，周围也没有跟我一样第二天才去会场的人。
>
> 不过我很快想到了一个主意。"听着，"我对调度员说，"会议昨天开始，所以昨天一定有很多人途经这里去参加会议。我来描述一下这群人的样子吧：他们多半都有些迷迷糊糊的，一直在热烈地谈话，不怎么留意看路，嘴里说着'几缪纽、几缪纽'这样的话（指 $g_{\mu\nu}$，爱因斯坦广义相对论中常用的数学表达方式）。"
>
> 调度员一下子恍然大悟："噢，是的，我明白了。"他对下一辆出租车司机说："带他去北卡大学教堂山分校。"
>
> 我说了声"谢谢"，然后抵达了正确的会议地点。[38]

第5章

截然不同的宇宙

我曾经在戴维森食品市场偶遇哲学家理查德·罗蒂（Richard Rorty），他目光茫然地站在那里，低声跟我说，他刚刚在冷冻食品区看到了哥德尔。

——丽贝卡·戈尔茨坦（Rebecca Goldstein）[1]

瑞士奶酪宇宙

我不得不承认，当知道爱因斯坦的电话号码是2807时，我非常失望。

——迈克尔·马勒（Michael Mahler）

20世纪40年代，宇宙学的研究进入了停滞期。战争的蔓延迫使很多物理学家与数学家投身到了武器研发、气象学、航空学与密码学领域。很多大学都不再接收新生，国际交流也仅限于少数几个战争同盟国。许多伟大的德国科学家都逃去了英国或美国，比如爱因斯坦就去了美国——宇宙从未如此狭小过。

1944 年，爱因斯坦在普林斯顿招来了一位新的研究助手。他知道自己在数学上存在不足，因此通常招一些年轻有为的数学家作为助手。恩斯特·施特劳斯（Ernst Straus）可以算得上一个数学神童，他五岁时就能发现一些数列求和的捷径，可以用巧妙的方法在几秒钟内心算出 1 到 100 的和。[2] 他 1922 年生于慕尼黑，在 1933 年纳粹掌权后，他就随家人移民到了巴勒斯坦，并在那里度过了高中生涯，随后又去了位于耶路撒冷的希伯来大学读书。1941 年，他在还没有拿到本科学位的情况下，就被美国哥伦比亚大学录取为研究生，当时他还不到 20 岁。1944 年，爱因斯坦把他招为普林斯顿高等研究院新的研究助手。[3]

图 5.1 恩斯特·施特劳斯（1922—1983）。

年轻的施特劳斯没有任何物理背景，而且他擅长的数学领域也更偏向数论和其他一些更“纯粹”的课题。不过，他还是很快就补上了内森·罗森（1935—1945）和利奥波德·因费尔德（Leopold Infeld，1936—1938）离开之后留下的空缺。1945 年春天，爱因斯坦和施特劳斯通过爱因斯坦方程又发现了一种全新类型的宇宙，[4] 它与弗里德曼和勒梅特的简单膨胀宇宙非常类似，其中包含没有压力的物质（如星系）。不同的是，这个新宇宙不存在中心球形区域，而是存在一些小洞，就像瑞士奶酪里的气泡一样（图 5.2）。其中每个空洞的中心都含有一些物质，其质量与产生这个空洞需要挖出的物质质量相等。这个宇宙模型距离实际的宇宙更近了一步——该宇宙模型中的物质不再均匀分布且密度处处相等，而是聚集成团块（如星系），散布在空间各处。

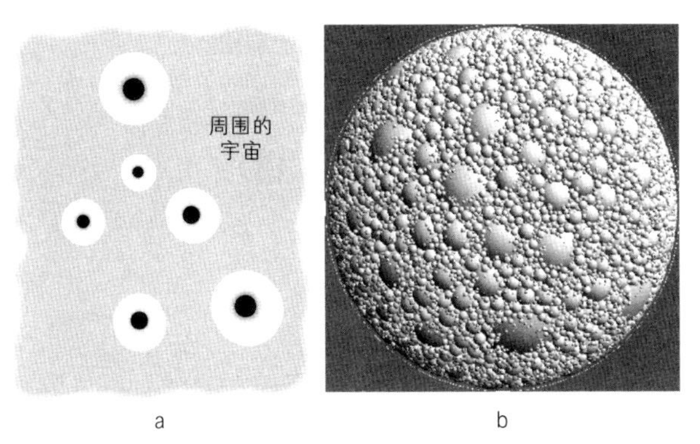

图 5.2 （a）“瑞士奶酪”宇宙。简单膨胀宇宙中的球形区域不再存在，被挖去的物质则分布在孔洞的中心区域。（b）多伦多大学的阿朗·阿塔尔（Allen Attard）用计算机模拟产生的“瑞士奶酪”宇宙，它一开始处于密度均匀的状态，但随后就产生了 34 667 个大小不一的球状空洞，空洞里的物质开始集中到空洞的中心，80% 的空间都被空洞占据。

这种新的“瑞士奶酪”宇宙的每个“空洞”都是球状的，同时它还可以通过改变初始条件与托尔曼的非均匀宇宙统一起来。一般来说，能找到爱因斯坦方程这样艰深复杂方程的精确解，意味着这个解中一定包含一些简化性的特征来帮助我们理清方程。然而，正如喜剧演员格劳乔·马克斯（Groucho Marx）的名言“我不愿归属于任何愿意接收我的团体”[5]一样，爱因斯坦方程中任何简单到能被人轻易找到的解都不可避免地包含了一些特殊的特征，这些特征让这个解变得非典型且无趣。

爱因斯坦与施特劳斯得出的解很简单，因为他们提出的宇宙是球形的，也因此排除了引力波存在的可能性，这与爱因斯坦和罗森提出的圆柱形宇宙大不相同。有些人会问，如果将各种不同种类的不规则特性结合在一起会发生什么？但这无疑会粉碎解决爱因斯坦方程的任何希望。不过，还是存在一种可以让我们得以一窥这类宇宙的样子的方法的。

扰动的宇宙

你知道吗，华生，有些树长到一定高度以后，就会突然长成难看的古怪形状。

——亚瑟·柯南·道尔（Arthur Conan Doyle）[6]

自从弗里德曼在 20 世纪 20 年代早期发现膨胀的宇宙后，苏联在宇宙学方面再无建树。在苏联，爱因斯坦理论的哲学观被认为是有问题的，因其与辩证唯物主义的要求相违背，[7]而斯大林的独裁统治更是让苏联人人自危。1938—1939 年，苏联最伟大的理论物理学家列夫·朗道（Lev Landau）在“大清洗”运动中因参与反苏联活动的罪名被捕入狱，直到国际著名物理学家彼得·卡皮查（Peter Kapitsa）和尼尔斯·玻尔介入之后才被释放。

1933 年，年仅 27 岁的朗道成了乌克兰物理技术研究所的教授，当时，该研究所刚刚成立于哈尔科夫。他在十多岁时就已经在物理学领域有所建树，并最终于 1962 年因成功解释氦在低温时的超流相变而获得诺贝尔物理学奖。[8] 在这所研究所中，他的盛名吸引了众多的优秀学生，还制定了高等物理教育的新标准。在他的学生中，最著名的就是来自哈尔科夫的年轻人——尤金·利夫希茨（Eugene Lifshitz）。利夫希茨在 18 岁时就完成了物理学与力学的本科学习，在接下来的一年多时间里又掌握了朗道艰深的课程内容，通过了博士结业考试。[9] 几年后，利夫希茨就与朗道合著了一套物理圈人尽皆知的教科书，人称“朗道–利夫希茨十卷”，它用优美、简练又统一的语言风格描述了现代理论物理学研究的核心内容。

利夫希茨与导师朗道的关系非常密切，因此朗道的被捕极有可能使利夫希茨也遭受牵连。[10] 幸好，随着苏联政治氛围的好转，朗道被释放之后与利夫希茨去往了莫斯科的物理问题研究所。然而，不久之后爆发的战争打乱了一切的正常工作。莫斯科战役在 1941 年 9 月爆发，一直持续到 1942 年 1 月，整个城市都面临着沦陷和饥荒的危险，很多人主动或被迫往东撤离，物理学家也大多转移到了喀山。最终，大自然的力量拯救了莫斯科：德国军队遇到了倾盆大雨和寒冷天气，而他们并未能为此做足准备，因而行进缓慢。而就在这种异常艰苦的环境下，利夫希茨开始着手研究一个新的宇宙学问题。跟此前的弗里德曼一样，他最初的研究动机来自数学而非天文学。

我们此前已经看到，科学家们对在空间上呈各向异性且非均匀的宇宙，即类似于弗里德曼、勒梅特和德西特的宇宙产生了兴趣。先是卡斯纳与托尔曼，再有爱因斯坦、罗森和施特劳斯，他们都开始探索这种各个方向和各个位置都具有不同性质的宇宙。而这显然更贴合事实，因为我们所在的真实宇宙就是各向异性且非均匀的。

利夫希茨用了一种物理学中常用的方法来研究这一问题：先找一个简单的精确解，然后一点点地改变它，观察这些微小的变化会产生怎样的影响。看看这些微小的变化是会随着时间的推移逐渐衰减还是逐渐增大？如果这些微小的变化会随着时间逐渐衰减，那就说明这个简单的宇宙是稳定的，不会慢慢演变成完全不同的结构，而如果这些微小的变化随着时间不断增大，则说明这个简单宇宙是不稳定的，未来会变成完全不同的状态。

1946 年，利夫希茨在苏联发表了一篇论文，描述了轻微扰动对弗里德曼宇宙的影响。[11] 他只是把这当作一个纯粹的数学问题，并未考虑宇宙中为什么会存在星系等不规则之物。他描述了三种不规则之物的产生方式：第一种方式是在不同的位置轻微改变物质的密度，第二种方式是缓慢地旋转其中的物质，第三种方式就是向平滑空间内引入一个引力波“涟漪”。它们各自的影响在较小时还可以互相区分出来，但随着影响逐渐增大，这些影响就会搅成一团而变得混乱不堪。不过它们彼此之间是相互独立的，可以简单地分离出来。假设宇宙是个球，那么第一种扰动会改变它的密度和形状，第二种扰动会让它旋转起来，第三种扰动则会把它挤压成一个椭球，但不改变它的体积。

利夫希茨证明，原本细微的密度差异会随着时间推移变得越来越显著。牛顿在 17 世纪末就明白了类似的道理，他在写给长期把持剑桥大学三一学院院长之位的理查德·本特利（Richard Bentley）的信中说，如果在一个完全均匀的物质分布中引入一点细微的不规则之处，密度更大的区域就会吸引更多的物质，变得更致密，周围密度较低的地方则会变得更稀疏，从而使整个分布变得更加不规则。我们将这种现象称为“引力不稳定性”（图 5.3），这种现象在不膨胀的空间内发生得相当迅速。利夫希茨表示，这个过程在膨胀的宇宙中仍然会发生，不过不规则之处的增长会更加缓慢，因为物质粒子不断聚集的过程受到了膨胀趋势的阻碍。他还表明，对很小很小的团簇来说，只要有任何压力阻止不规则的增长，该过程就一定会最终停止。整套理论其实很简单：一个近乎各向同性且完全均匀的宇宙，在随着时间膨胀的过程中会逐渐偏离这种均匀、各向同性的状态。[12] 这是首次有人通过计算表明各向同性的均匀宇宙只是个非常特殊的情况。经过上百亿年的膨胀，我们宇宙中的不均匀之处仍然相对微小，这说明这些不均匀之处在 140 亿年前宇宙刚开始膨胀的时候一定非常非常小。

慢慢地，开始有其他天文学家用这些计算来解释宇宙中星系等结构的存在，然而，这些解释都没什么说服力。为了让这些不规则之物逐渐累积形成星系，天文学家必须要很小心地选择它们在宇宙膨胀伊始时的值。然而，任何时候他们都没有充分的理由证明这种值的存在，也就不能解释任何东西。

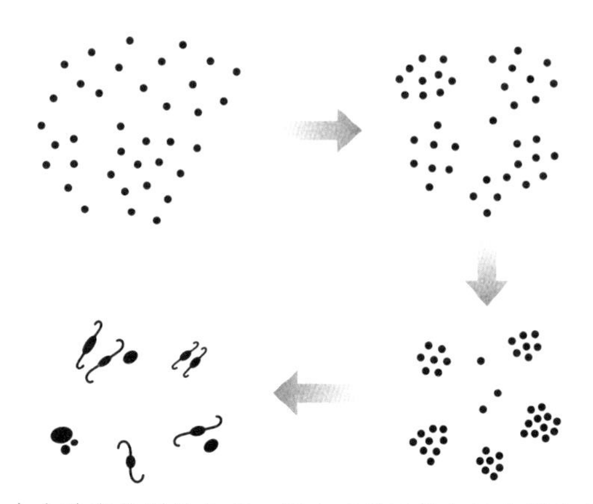

图 5.3　引力会改变物质的分布，原本略微不均匀的物质分布会在引力的作用下变得越来越不均匀，密度高的地方产生的引力更大，从而将更多的物质吸引到自己身边，让密度低的地方变得更稀疏。

而关于利夫希茨提出的其他不规则的类型，我们可以证明：随着宇宙膨胀，任何旋涡的旋转速度都会变得越来越慢。后来，一些宇宙学家认为这意味着它们在遥远的过去一定非常巨大，这也表明，我们今天看到的所有旋转星系一定是由混沌的原始乱流形成的。最后，关于引力波——爱因斯坦与罗森好不容易才正确地描述出来的引力波也是对均匀宇宙产生扰动的因素之一。利夫希茨的计算表明，在宇宙膨胀的过程中，引力波会逐渐向外传播，强度也会逐渐衰减。

尽管利夫希茨只把这一计算当作数学方法，但这并不妨碍它成为宇宙学研究中的一大里程碑。自此，同样的方法被科学家用几十种方式重复多次，科学家也开始从宇宙背景辐射或星系团中寻找三种不同微扰类型的证据，其结果被写成了整本整本的书。利夫希茨提出的方法帮了我们理解不均匀之处是如何从小开始逐渐增大的。

薛定谔的宇宙

> 未来的一切都是波，过去的一切都是粒子。
>
> ——劳伦斯·布拉格（Lawrence Bragg）[13]

爱因斯坦已经在宏观角度上彻底改变了我们对宇宙的认识，而在原子尺度上，我们对物质的理解发生了更为剧烈的转变。量子力学的出现帮助我们以全新的方式理解了物质与光的行为，这要感谢爱因斯坦，但更要感谢尼尔斯·玻尔、维尔纳·海森堡、保罗·狄拉克、马克斯·玻恩、沃尔夫冈·泡利（Wolfgang Pauli）和埃尔温·薛定谔（Erwin Schrödinger）。量子力学逐渐揭示了原子与分子的结构，解释了化学元素在周期表上的分布，并预言了一系列固体材料的性质，然而，它还没能和宇宙学有所交集。狄拉克曾经涉足宇宙学，但他得出引力应当随时间衰减这一结论的推导过程中可没用到量子力学。勒梅特倒是设想过宇宙的开端会是一种超致密的初始态，他称之为“初始原子”（primeval atom）。研究这种初始态需要将量子力学与爱因斯坦引力理论相结合，但勒梅特做不到这一点。物理学家们想知道物质的产生过程可否用新的量子力学来描述，理查德·托尔曼提出了一个猜想，认为星系的中心或许就是物质与辐射源不断互相转换的源头。这些猜想最终都没有得出什么结果，但随后，一位著名物理学家终于第一次提出了关于量子宇宙的真知灼见。

薛定谔在1926年提出并以自己名字命名的方程是整个数学物理学界最重要的方程。该方程的解描述了所有原子和分子的结构，也可以说是整个材料科学和化学的基础。薛定谔是富家独生子，他父母在他小时候就发现了他的才能，并请了私人教师来培养他。他在维也纳大学念书时成绩就很好，并成功留校做了那里的讲师，随后又先后去了苏黎世、柏林、牛津和都柏林当教授。他与保罗·狄拉克共同获得1933年的诺贝尔物理学奖。

薛定谔的个人生活放浪不羁。1933年，他在牛津大学莫德林学院短暂访问，在第二年又试图得到一个在普林斯顿大学终身任职的机会，但由于他想同时与他的妻子和情妇同居（他们三个人简直是轮流与当时的其他物理学家及其配偶谈恋爱）引起了很大的争议，终究没有成行。最终，1936年他去了奥地利的格拉茨，1940年又应爱尔兰总理埃蒙·德瓦莱拉（Éamon de Valera）之邀加入了新成立的都柏林高等研究院，该研究院是仿照爱因斯坦所在的普林斯顿高等研究院建造的。不过，他在都柏林度过的最后时光让他不断地丑闻缠身：不仅跟有夫之妇闹出风流韵事，还搞出几个私生子。如果说30年代的牛津只是“有点”不太能接受他的个人生活风格，那50年代的爱尔兰就更不能接受了。薛定谔去世于1961年，葬在美丽的提洛尔村庄——阿尔卑巴赫村的教堂墓地里，他所喜爱的阿尔卑斯山俯瞰着这个村庄。为了纪念他，人们把薛定谔方程刻在了墓碑上。

薛定谔对爱因斯坦广义相对论所描绘的膨胀宇宙非常感兴趣，他首次涉猎宇宙学就是想看看用量子力学来研究宇宙会产生什么样的结果。他决定对膨胀宇宙中的波进行研究，[14]研究结果不仅帮助我们深刻了解了普通声波和光波的本质，也帮助我们了解了量子波——代表着我们观察到某一特定事件的概率——的传播。[15]

薛定谔提出了一个让当时所有人包括他自己在内都不能完全理解的重大发现：宇宙的膨胀会将它的量子真空能量转变成真实、可测量的粒子。在不膨胀的宇宙中，粒子与反粒子会不断产生又不断消失在辐射里。整个过程是遵守能量守恒的，这幅不断“沸腾”的图景描述的就是量子真空。然而，如果这部分真空膨胀的速度足够快，或者受到了在短距离内变化极大的引力场的影响，这些从真空中产生的粒子与反粒子受到的作用力差别就会变大，以至于无法成对湮没在辐射中。因此，真实存在且可探测的粒子和反粒子就会出现，不断吸收着快速膨胀或者引力变化所产生的能量。20 世纪 70 年代中期，斯蒂芬·霍金（Stephen Hawking）偶然间发现该现象在黑洞的边缘也会发生并最终导致整个黑洞失去质量，[16] 之后，科学家便开始集中研究膨胀宇宙中这一引人注目的粒子的产生现象。

当时，薛定谔并未意识到这一过程对于膨胀宇宙的重要性，这个过程的影响如今已经微小到可以忽略，与我们对宇宙膨胀的了解看似也不相关。然而，在宇宙开始膨胀的初期，膨胀速率极高，辐射密度几乎相当于现在的 10^{128} 倍的时候，薛定谔发现的粒子产生效应就非常显著了，这甚至可能解释为什么宇宙拥有某些特性。20 世纪 70 年代，有人提出，这一粒子的产生过程可以减小甚至完全消除宇宙膨胀过程中的多种非对称性和不规则性，因为它会吸取不同方向和位置的能量差，从而让它们逐渐减小。

不过，1939 年的宇宙学家还没做好迎接量子力学的准备。如果当时的宇宙学家更包容一些，结果或许就大不一样。然而，爱因斯坦坚决反对量子力学（正如他那句名言所说：“上帝不掷骰子”），他自然也不允许把量子力学用在整个宇宙上。

不久之后，粒子的产生过程就成为一个争议不断的课题，我们会在下一章提到它。

哥德尔的旋转宇宙

> 神学的世界观认为，整个世界与其中的所有事物都有着明确的、不容置疑的意义……既然我们地球的存在本身意义十分模糊，我们只能把它看作通往另一种存在目标的手段。神学认为世间万物皆有意义，正如科学认为世间万物皆有原因。
>
> ——库尔特·哥德尔（Kurt Gödel）[17]

当爱因斯坦已经年迈，既不能解决旧问题又无法提出新问题时，他会跟人说，他每次去办公室“只是为了享有和库尔特·哥德尔一起走回家的荣幸”。哥德尔是20世纪最伟大的数学家之一，也是继亚里士多德之后最重要的逻辑学家，他1906年生于奥匈帝国的布尔诺，在这之前的一年中，爱因斯坦刚发表了狭义相对论、布朗运动、光电效应这三项重要研究成果。1924年，哥德尔进入维也纳大学学习物理，但不久就被数学所吸引。他的数学才华惊艳了教授们，并因此被邀请进入著名的“维也纳学派”，在咖啡馆里谈论哲学、逻辑与科学，该学派包含路德维希·维特根斯坦、伯特兰·罗素、卡尔·波普尔等赫赫有名的哲学家。不过，哥德尔却不太合群：在维也纳学派中，只有他不相信经验是知识的唯一来源，以及数学逻辑是解决哲学问题的唯一工具。

哥德尔最著名的贡献就是证明了算术不完备性定理，人们将之称为哥德尔不完备性定理——这在数学家和哲学家之间激起了轩然大波，它表明，即使是像算术系统这样丰富的逻辑系统，也仍然存在不能通过系统本身的规则证实或证伪的命题。这一定理带来了多个意外的后果，例如，没有任何计算机程序能在不改变操作系统的情况下探测到所有改变操作系统的程序，因此，没有哪个杀毒软件能在不介入并改变操作系统的情况下找到所有的电脑病毒。

同爱因斯坦一样，哥德尔背井离乡来到美国普林斯顿高等研究院，是为了逃离家乡日益增长的法西斯势力。他在 1933 ~ 1934 年参观了高等研究院，但次年却因为精神崩溃没能再来，[18] 直到 1939 年秋天他在维也纳大学外面被纳粹分子当作犹太人袭击，才下决心偕妻子离开维也纳，来到美国。然而，他来普林斯顿的路线可能是所有能想到的路线中最长的一条：乘着穿越西伯利亚的火车跨过亚洲，再从日本乘船到旧金山，这时候已经是 1940 年 3 月，最后再坐火车横跨美国到达普林斯顿。

1942 年，哥德尔和爱因斯坦已经成了很好的朋友。两人文化背景相似，又都爱好哲学，与周围的美国科学家截然不同。此外，他们还能直接用德语交谈。

哥德尔多次向爱因斯坦承诺要写下一些他对相对论的想法，但直到 1947 年才有了些激动人心的发现。他在当时写给母亲的信中提到自己在专心致志从事这项工作，而到 1947 年夏天已经有了一些非凡的成果。让所有人都吃惊的是，他一直在致力于找到爱因斯坦方程新的解，而他得出的结果甚至让爱因斯坦都瞠目结舌。

哥德尔的宇宙模型是旋转的（图 5.4），它不会膨胀，其中的所有物质都围绕着一个轴以恒常的速率旋转。它包含了爱因斯坦的宇宙学常数，但宇宙学常数是个负值，因此它反而增强了物质之间的引力，平衡了旋转产生的离心力。这本身就很不寻常了，但哥德尔的宇宙模型还有一个更不寻常的特性：它容许时间旅行的存在。哥德尔认为，宇宙中存在穿过时空的闭合环路，而包括爱因斯坦在内的大多数人都认为时空旅行这种事

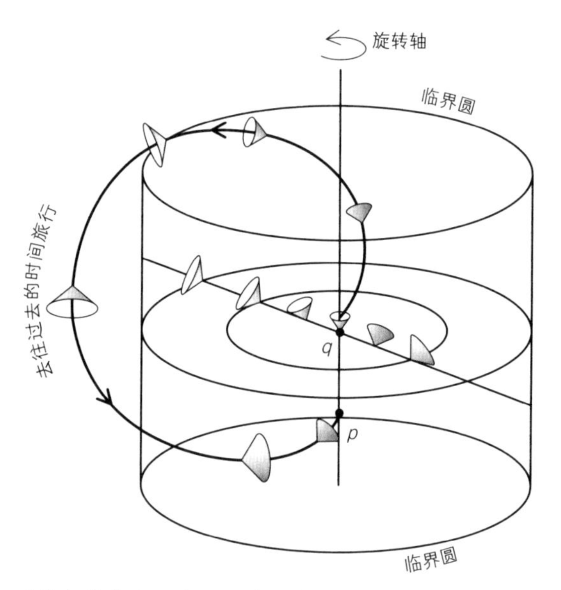

图 5.4 哥德尔的宇宙示意图。宇宙中的物质以恒定的角速度围绕着中心的一个轴转动，旋转影响了光锥（每个点发出的光的传播状况）。离旋转轴越远的点，旋转的线速度越大，其光锥因此越往外倾斜。离旋转轴的距离到达一个特定值时，光锥就会完全翻转过来，与平面的切线平行，最终穿过平面往回走，回到过去。假设你的行星一开始位于 p 点，现在位于 q 点，你可以先加速到达临界圆之外的一点，再向下走，来到比 p 点所在的平面还靠下的位置，到达 p 下方的临界圆，最后将到达 p 点——你以为自己在通往未来，但发现自己又回到了过去。

情会违反其他物理学定律，还会导致“外祖母悖论”一类的矛盾，正如科幻电影里描述的那样。[19] 然而，事实证明，爱因斯坦的相对论也是能容许时间旅行的存在的，这并不违反任何其他的自然定律。1948 年，年轻的弗里曼·戴森（Freeman Dyson）刚刚来到普林斯顿，他在那里第一次见到了哥德尔，后来他回忆起当时的情形时说：

> 那是 1948 年的 9 月，我刚刚以年轻研究者的身份来到普林斯顿，让我吃惊的是，我在这里最先遇到的人之一就是大名鼎鼎的库尔特·哥德尔本人，而更让我震惊的是，他居然邀请我去他家做客。当然，我感到荣幸极了。他本人非常友善，乐于交际，神志清晰，和我想象中的完全不一样。他邀请我去他家，聊了很多物理学的话题，我这才知道他很懂物理，而且自己也在做物理学相关的研究。几年前，爱因斯坦让他研究一下旋转宇宙，而他就在做这方面的工作。我有点惊讶，因为他已经是一名极其出色的数学家了，在数学方面的杰出工作可以称得上是重组了整个数学领域的根基，让这样优秀的数学家去研究一个“旋转宇宙的解是否存在”这样相对“琐细”又不算有趣的物理学工作，看起来有些大材小用。他自己也清楚这一点，他了解物理学，知道这不是目前物理学研究的主流，但他还是决心从事这方面的工作。我每次遇到他，他都要问我：“物理学家找到旋转宇宙了吗？宇宙到底是不是在旋转？”他认为这是可以通过实验观测来解答的问题。我只能告诉他，目前的观测水平离回答这个问题还有十万八千里呢。这时候他就会露出很失望的神情。每次

他给我打电话也都会问："物理学家找到旋转宇宙了吗?"我只好告诉他还没有。[20]

哥德尔将这方面的工作写成了一篇论文并发表，题为"爱因斯坦引力场方程一类新的宇宙学解示例"，这篇论文为我们认识宇宙迈出了重要的一步。[21]它揭示了宇宙可能还拥有的一些特殊的全局性质，只不过这些性质还没有在局部显现出来。我们在太阳系中观测到的现象都很普通，但这并不意味着时空在整个宇宙的尺度范围内不会扭曲成奇怪的形状。尽管哥德尔的宇宙不像我们今天认为的那样是不断膨胀的，但在其他一些不断膨胀的宇宙中，时间仍然可能有着哥德尔宇宙所有的不寻常特征。

图 5.5 爱因斯坦和哥德尔在普林斯顿。

起初，几位著名物理学家不同意哥德尔宇宙允许时间旅行的观点，但这是因为他们没有理解这类时间旅行历史的性质，而最后，哥德尔的推导被证明是正确的。哥德尔还写下了利用时间循环性来避免死亡、达到永生的方法，这个想法不可谓不诱人——有同事看到他在黑板上往反方向写字，似乎在把这个想法付诸实践。然而，要想在哥德尔的宇宙中实现时间旅行，我们必须达到接近光的速度，还需要用非常反常的物质结构才能做到，因此，对时间旅行者来说，这不是个现实的方法。此外我们还要记住，哥德尔的宇宙同科幻电影《回到未来》（*Back to the Future*）完全不一样：你不能改变过去。正如英国作家塞缪尔·巴特勒（Samuel Butler）所说：哪怕是上帝也不能改变过去——只有历史学家可以。

假设我背下了莎士比亚《麦克白》的全文并穿越时空回到过去，见到了还没开始写剧本的年轻莎士比亚，我把整个故事和文本都详细地告诉他，他记住了每个词，把它们全写下来，并发表了《麦克白》，这部剧本到底来自谁呢？我是从莎士比亚那里知道这部剧本的，但他又是从我这儿听来的。它不来自谁，它只是就这么存在了。

类似于“如果我穿越时空回到过去杀死了自己的外祖母怎么办”的这种悖论，被对时间旅行感兴趣的哲学家称为“外祖母悖论”，[22] 对所有想回到过去的时间旅行而言，“外祖母悖论”是难以逾越的障碍。[23] 自1895年H. G. 威尔斯（H. G. Wells）写下了经典的《时间机器》（*The Time Machine*）以来，时间旅行已经成为科幻故事的常见题材。

“外祖母悖论”意味着时间旅行在根本上就是不可能的吗？也不尽然。“改变”过去确实会带来一些不自洽的矛盾，所谓过去，就是已经发生过的事情，如果你改变了过去，你此时经历的现在也就不存在了。不可能有两个过去，如果你回到过去并阻止了自己出生，那么现在的你就不存在了，也就更不可能回到过去阻止自己出生了。

我们通常都把时间的流逝看作是线性的，而在时间旅行中，这条线会闭合成环（如图 5.6 所示）。想象有一群人排成一列纵队往前走，谁在前谁在后一目了然，这就像是线性的时间：你总是可以明确指出某一件事情是发生在你的未来还是过去。

现在假设这列人排成一个圆形，从局部来看你还是可以说出谁先谁后，但纵观全局，在整个圆的尺度上，“先”“后”这样的概念就失去了意义——任何一个人都可以说自己在别人的前面，同时也可以说自己在他们的后面，没有谁一定在谁的前面，他们只是沿着一个确定的规则行走而已。[24]

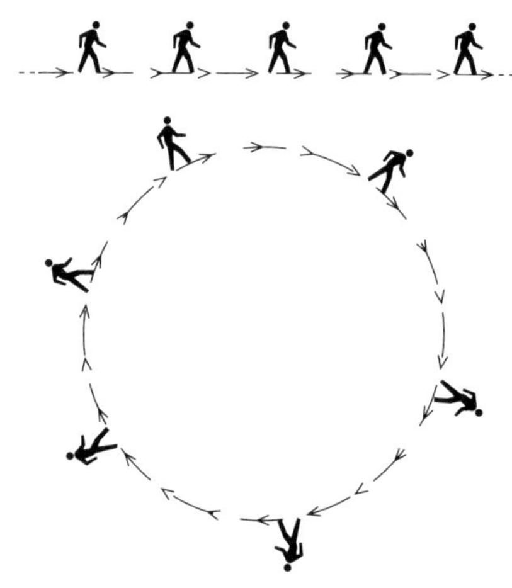

图 5.6 上图为一列人沿直线行进，下图为一队人围成圈行进。在直线队列中，每个人要么就在别人的前面，要么就在别人的后面，但在圆圈中，每个人既在别人的前面，又在别人的后面。

而在时间旅行的历史里也是一样，“过去”和“未来”的概念都已模糊，只有一系列事件在一个闭合的时间环上按照逻辑一致的顺序发生而已，现在是现在，过去是过去，你可以成为过去的一部分，但你无法改变它。如果你活得足够长，你就将落入一个周期性的循环。

举个能让时间旅行历史前后一致的例子：想象一下，你通过时间旅行回到过去想把你自己扼杀在婴儿时期，有意在宇宙中创造一个悖论。正当你瞄准了被母亲抱在臂弯里的自己，准备扣动扳机时，肩膀上的旧伤忽然发作，让你没能射中目标。但枪仍然响了，受惊的母亲失手将襁褓中的你摔在地上——而这正是造成你肩膀上旧伤的原因。这就是一个前后一致且不存在悖论的历史，历史学家可以放心了。

哥德尔之所以发现了这个旋转宇宙，是因为他想证明时间的流逝并不是客观的，绝对的时间标准也并不存在。他的宇宙之所以很奇怪，就是因为这个宇宙在每个时间点上看起来都是一样的——永远都在旋转，没有膨胀，但是没有测量旋转的外部标准（因为整个宇宙本身都在旋转，宇宙之外也就不存在其他的东西了）。哥德尔仔细地计算了完成整个闭环需要的时间，还花了不少精力收集星系在天空中的分布数据，因为他想证明宇宙是旋转的。然而，很可惜，我们所在的宇宙并不是哥德尔宇宙。我们所在的宇宙是不断膨胀的，就算它在旋转，旋转速度也非常缓慢，这很容易就能检验，因为如果宇宙在旋转，从各个方向到达地球的辐射强度就会出现不同的变化，但目前检测到的这类变化不超过十万分之一。[25] 仅仅是地球的自转就导致它变成了赤道半径更大的扁椭球，如果整个宇宙都在旋转，一定会造成入射辐射在整个天空中的温度分布不均——在沿旋转轴的方位温度高，在与旋转轴垂直的方位温度低。

哥德尔的发现或许没有为我们的膨胀宇宙提供可行的描述，但它向我们展示了爱因斯坦方程中还可能藏着的很多很多不同寻常的东西。哪怕宇宙在局部看来平凡无奇，它在全局尺度上也可能拥有奇特的性质。哥德尔的宇宙表明，旋转可能以非常极端的方式影响时空，甚至让时间历史出现闭环，同时也表明，爱因斯坦方程可能允许宇宙拥有完全无法用牛顿力学来解释的特性。

遗憾的是，哥德尔再也没有发表其他的宇宙学论文，他的注意力转向了逻辑学与哲学中更为艰深的问题。宇宙学家花了很长时间试图弄清楚他是如何找出旋转宇宙解的，但他把自己的足迹掩藏得非常好——哥德尔真是个奇怪的人。

第6章

稳恒态宇宙 vs 大爆炸理论

如果能从地球的外面拍一张地球的照片，我们的思想感情或许就能升华一个境界了……一旦让所有人——无论国籍与信仰——都能看到地球是如何孤零零地飘浮在太空中的，那么人类或许会迎来史上最大的一次思想革命。这个在不久的未来可能就会实现的新进展可能会产生有益于人类生存发展的效果，因为它会让民族冲突显得毫无意义。而新的宇宙学甚至可能对整个人类社会的组织结构产生类似的影响……对星际旅行者而言，地球全貌带给他们的震撼想必要大于其他任何行星。

——弗雷德·霍伊尔（Fred Hoyle）[1]

过去、现在、未来始终如一的宇宙

作为一名科学家，我绝对不相信宇宙会始于一场大爆炸。

——亚瑟·S. 爱丁顿（Arthur S. Eddington）[2]

1948 年，整个世界正渐渐从人类历史上最具破坏性的战争中复苏。很多科学家都回到了他们战前的研究课题上，而另外一些科学家则开始思考，应该如何把战时开发出的雷达与核物理等军用技术用于和平的科学目的。战时因共同的科研项目催生出的很多亲密友谊与合作关系也在战后延续了下来。赫尔曼·邦迪（Hermann Bond）、弗雷德·霍伊尔和托马斯·戈尔德（Thomas Gold），这三位现代宇宙学领域举足轻重的科学家便是如此。邦迪和戈尔德都生于维也纳，后来分别前往剑桥深造。1936 年，伟大的天文学家爱丁顿来到奥地利访问，也就在这时，少年时就极具天赋的邦迪被引荐给了爱丁顿认识。爱丁顿震惊于这个 16 岁少年的才华，因此帮助他申请到剑桥三一学院留学。戈尔德对学术就相对没那么上心了，但是在父亲的坚持要求下，他还是在 1937 年来到了剑桥学习工程学。战争爆发后，他俩都因国籍问题被拘留，先是被关押在了英国的伯里圣埃德蒙兹兵营，后来被送往加拿大魁北克关押了 15 个月，二人也正是在那里互相认识的。1942 年被释放并返回英国后，戈尔德便加入了霍伊尔领导的英国海军部雷达研究组，并为盟军做出了重要贡献——设计了诺曼底登陆日登陆艇的雷达制导系统，并发现德国 U 型潜水艇是通过管道来获取氧气的，因而无须浮到水面。

霍伊尔走的则是传统的英式教育之路，他从宾利中学考上了剑桥。他本科阶段的成绩很好，但在研究生阶段却不情愿地被分配给了一位导师，而导师比他更不情愿——他的导师正是以寡言少语而知名的保罗·狄拉克。霍伊尔后来说他俩是天生一对，一个是不想跟导师的学生，一个是不想带学生的导师。尽管一开始短暂涉猎过核物理与量子力学，但后来他的兴趣却被新兴的天体物理学吸引了。他的朋友雷·利特尔顿（Ray Lyttleton）告诉他，天体物理学领域充满着神奇的未解之谜，而且还没有像保罗·狄拉克这样的天才投身其中。

结束了战时工作后，邦迪、戈尔德和霍伊尔都回到了剑桥。邦迪和霍伊尔开始研究天体物理学，在天文学家之间声名鹊起。戈尔德的研究之路则截然不同，他成了一名生物物理学家，利用他在霍伊尔的雷达研究组中做出的一些关于信号的工作解决了人类听力的相关问题。他的研究方式与此前截然不同，他几乎不使用任何数学方法，这也让同行专家们深感困惑。尽管他在这方面的工作[3]让他获得了剑桥的教职，但他对当时的医学界并未产生太大的影响力，直到 20 世纪 70 年代，他关于耳蜗内存在反馈机制以产生声学共振的预测才被证明是正确的。

邦迪、戈尔德、霍伊尔三人此前都从未接触过宇宙学。邦迪对广义相对论产生兴趣之后很快就发现了托尔曼在 30 年代提出的非均匀宇宙，但在查阅了一些文献又经过了用餐与喝茶时的漫长讨论后，他们都发现，尽管勒梅特的膨胀宇宙模型征服了整个天文学界，但它还有很多不尽如人意的地方。他们觉得，宇宙开始于有限的一段时间之前，一直在变化，最终会变成荒无人烟的不毛之地——这种想法也太让人失望了。

他们跟随爱因斯坦一开始的想法，假设宇宙大体上是各处均匀的，但他们认为宇宙在过去、现在和将来应该不会有太大的变化。为此，他们提出了一个新的宇宙模型——在任何时间、任何地点都几乎不变的稳恒态宇宙模型。爱因斯坦经常引用的假设是宇宙在任何地点都是相同的，米尔恩将其称为“宇宙学原理”，而邦迪、戈尔德和霍伊尔则更进一步地将其限制为“宇宙在任何时间、任何地点都相同”，这一假设被称为“完美宇宙学原理”。

他们所描述的这种状态并非“静态”（static），而是“稳恒态”（steady）。三人都知道，观测表明宇宙是在膨胀的，既然在膨胀，肯定不可能是静态的，但非静态并不表明它不可能各处相同啊，比方说一条稳定流动的河流，它在各处就几乎是相同的。宇宙有可能是这样的吗？他们提出了这样的问题。

他们希望，无论何时，宇宙平均而言都是大体相同的。其中可能有一些局部的变化，如恒星与行星不断生成，但宇宙的总体性质——膨胀速率、星系与恒星形成速率、物质密度与辐射温度等，在很长时间内都是恒定不变的，这与当时标准的膨胀宇宙模型大相径庭。标准的膨胀宇宙模型认为，过去的宇宙密度和温度都极高，而随着宇宙年龄的增长，其膨胀速率也越来越低，并逐渐走向越来越冷、毫无生机的结局（它有一个有误导性的名字，叫“热寂”），或是灾难性的“大挤压”（big crunch）。在弗里德曼和勒梅特的宇宙中，宇宙的过去和未来是有实实在在的差别的。

为了满足自己对宇宙提出的要求，邦迪、戈尔德和霍伊尔于 1948 年引入了一个极端的新想法：如果宇宙在膨胀，让它的物质密度保持恒定的方法只有一个，就是不断有新物质生成，以抵消膨胀带来的稀释效应。

这个想法听起来像是天方夜谭，但他们认为，现有的膨胀宇宙理论也并不比这个新想法好到哪儿去：在宇宙膨胀理论中，所有物质都奇迹般地瞬间诞生，这不奇怪吗？他们提出的物质稳定产生的想法，与之相比还不算那么天方夜谭呢。要保持宇宙密度恒定，新物质诞生的速度只要非常非常小就行了——大约每立方米的空间中要经过 100 亿年才诞生一个原子。这一效应微小到无法通过任何实验直接观察到，要知道，甚至没有哪个物理学实验室有能力制造出相当于宇宙平均密度的真空。不过，尽管你无法直接观察到物质持续的创生过程，这一理论还是可以由天文学家来检验，它甚至能产生一系列严格的预测，使其可以被天文学家的观测证伪。

如果宇宙真的在历史上的任何时候都表现出了相同的特性，那么当我们看往更远的距离（即我们看到的光来自宇宙史上更早的时间）时，我们看到的物体应该都是一样的。不可能存在某一时期所有的星系都开始诞生，在此之前不存在星系的情况。20 世纪 50 年代，越来越多的证据反对了这一稳恒态宇宙理论，人们也逐渐对这一理论不抱幻想。射电天文学家表示，在史上不同的时间，发出无线电波的星系数目是不一样的。后来，天文学家又发现了一种新的明亮天体，被称为类星体（quasar，“类星射电源”的简称[4]），它们发出的能量如此之强，就好像从太阳系大小的地方发出了整个星系的能量一样，这也给稳恒态宇宙理论带来了巨大的挑战。类星体似乎只存在于与我们的距离处在一定范围内的位置，这意味着，它们只存在于宇宙的很短一段特定历史时期。这一现象无法用稳恒态理论来解释，却天然地适合弗里德曼和勒梅特的演化宇宙理论：在演化宇宙中，像星系、射电源和类星体这样的物体都只能在宇宙膨胀到适合的条件时才能诞生。

此外，还有一个当时谁都未曾注意到的巧合。在弗里德曼-勒梅特宇宙中，宇宙的膨胀速率大约相当于宇宙年龄的倒数，而在稳恒态宇宙中，膨胀速率与宇宙年龄毫无关系，因为宇宙的年龄是无限长的——宇宙一直存在。稳恒态宇宙的膨胀速率可以取任何值，它的数值完全无关紧要。因此，宇宙膨胀速率的倒数恰好非常接近像太阳这样的典型恒星的年龄，这就只能是个完全的巧合了。然而，在弗里德曼和勒梅特的膨胀宇宙中，这一事实却再自然不过，因为只有恒星诞生以后才能有天文学家存在并开始观察宇宙。因此，他们所观察到的宇宙的年龄自然接近于恒星开始稳定燃烧的时间（大约 100 亿年）——当然，由于恒星开始稳定燃烧之后还要过一段时间生命才能诞生，因此宇宙膨胀的速率应该稍小于恒星年龄的倒数。

邦迪与戈尔德在 1948 年提出了稳恒态理论，其中包含的公式非常少，[5]它的基础是对称性，以及时间与空间上的均匀性。他们坚持认为，不管在哪个时间、哪个地点观察宇宙，看到的景象应该大体上是相同的，这是哥白尼原则的一种延伸，区别在于哥白尼原则只要求任何地点观察到的宇宙都大体相同，但他们还加上了时间的约束。

他们对宇宙施加的这一约束相当严格，只有 4 种类型的宇宙符合这一要求。第一种是不包含任何东西的静态宇宙——没有物质、没有辐射、没有引力，只有时空，这种宇宙自然没什么意思；第二种是爱因斯坦最初提出的静态宇宙，它不会膨胀，因此它在任何时刻、任何地点都相同。邦迪和戈尔德也否定了这一选项，因为它与我们的存在相矛盾：要想让生命诞生，宇宙还是得发生点变化才行。根据著名的热力学第二定律，宇宙总体的无序性和复杂性必须不断上升。第三种宇宙是另一种不会膨胀的宇宙，也就是哥德尔提出的旋转宇宙：它以恒定的速率旋转，只要你在里面，不管具体处于什么位置，看到的东西都完全一样，这种旋转的宇宙显然也不是我们所在的宇宙。而最后一种宇宙符合了邦迪和戈尔德的要求，它就是德西特提出的零曲率宇宙。同其他三种宇宙不一样的是，它是逐渐膨胀的，但它膨胀的速度为常数，不随时间和地点改变，因此，没有哪个天文学家可以仅凭观测就知道他们处在这个稳恒态宇宙的哪个时间阶段，[6]它既无始，亦无终。

在邦迪与戈尔德发表了他们关于稳恒态宇宙的工作[7]后，霍伊尔紧接着也预言了他自己的稳恒态宇宙。他引入了物质稳恒创生过程用以抵消膨胀带来的稀释效应，而这一过程自然而然地带来了德西特宇宙。

物质稳恒创生这一过程有一些有趣的特征。首先，它解释了为什么宇宙在空间上是均匀的，并且在各个方向上的膨胀速率都相等。如果你在稳恒态宇宙中引入任何非对称性，其效应都会迅速减小，膨胀仍然会恢复到原先均匀的各向同状态。因此，我们可以说稳恒态宇宙是稳定的，它不会受到微小扰动的影响。[8]举个例子，如果你把一支铅笔笔尖朝下竖立在桌面上，你就会发现它这一状态是不稳定的，任何小的扰动都会让它倒下。但如果你把一颗小石头放在一个空碗里，小石头就会待在底部，哪怕你手动把它稍稍移动一些，它也会马上回到原来的位置：这种状态是稳定的。

稳恒态宇宙引起了很大的争议，因为它看似违反了爱因斯坦的引力理论，试图只用对称性原理来描述宇宙。不过，邦迪、戈尔德和霍伊尔似乎对此并不担心，因为他们的理论可以做出很多简单的预言供天文学家检验。霍伊尔提出的连续创生现象当时似乎成了广义相对论所未曾覆盖的新物理学理论。不过，几年后，英国天体物理学家威廉·麦克雷（William McCrea）提出，霍伊尔的创生场可以轻松地与爱因斯坦理论结合在一起，同时无须改变其自身性质——它只是爱因斯坦多年前提出的宇宙学常数的另一种表达形式。宇宙学常数只是给出了新物质的产生速率，它是永远不变的常数，也因而推得了德西特宇宙，正如我们早就在图 3.3 中见过的那样。

在整个 20 世纪 50 年代，稳恒态宇宙模型都被视为常规“大爆炸”宇宙的有力竞争者（“大爆炸”这个名字就是霍伊尔 1949 年在 BBC 电台三套讲解天文学宇宙时首次提出的）。当时观测天文学的前沿领域是射电天文学，先锋部队是剑桥大学的马丁・赖尔（Martin Ryle）带领的团队，他们建设了新的望远镜，开发了新的技术，提高了天文学观测的质量。尽管霍伊尔和赖尔在战争期间都进行了雷达的开发工作，但他俩互相看不顺眼，彼此都认为对方拼尽全力要扳倒自己。赖尔一直努力想证明霍伊尔的稳恒态理论假说是错的，而霍伊尔则不断地质疑赖尔对空间射电源的观测精度和对结果的解释。最后，赖尔的数据说服了几乎所有人，并证明了宇宙中自然存在的射电源发出的无线电波并非如稳恒态宇宙理论所预测的在过去的所有时间都相同。从乔治・伽莫夫的妻子芭芭拉・伽莫夫（Barbara Gamow）写的这首诗中，我们可以从局外人的视角体会一下他们的论战：

赖尔辩霍伊尔

赖尔嘲霍伊尔：
“你的数年辛劳，
已经全都白搭。
稳恒态宇宙理论，
如我所见，

已是明日黄花。

我的观测结果，
反驳了你的学说，
摧毁了你的希望。
我们的宇宙，
简单说吧，
正变得越来越稀薄苍茫！”

霍伊尔不服：
“你提到的勒梅特、伽莫夫，
搞什么宇宙大爆炸。
怎可支持他们的理论，
哗众取宠，
惹得他人笑话？

相信我，我的朋友，
宇宙无始亦无终。
不信你问，
邦迪还有戈尔德，
一直到老，
他们都是我坚定的同盟！”

“你们错了！”赖尔大叫，
他的语调逐渐提升，
到达愤怒的边缘。

“我们都能看到，
星系越遥远，
越是紧密抱成团！”

“如此大胆！”
霍伊尔拍案，
他再次重申论证：
“不管是白天还是黑夜，
新的物质都在诞生。
这一图景不变永恒！”

赖尔无所畏惧：
“你就别吹牛了！
我奉陪你到地老天荒。
我将据理力争，
不出多久，
你就会意识到自己有多荒唐！”[9]

面对赖尔的射电天文观测结果，邦迪、戈尔德和霍伊尔丝毫没有动摇，坚决地维护着自己的理论，这场辩论也成了宇宙学的“大爆炸理论与稳恒态理论之争”，尽管它引起的反响主要是在英国国内，几乎没有影响到美国天文学界。[10]这也折射出英国与美国宇宙学家的不同风格：英国宇宙学家非常看重科学方法论及其背后的科学哲学，以深刻理解邦迪、霍伊尔和戈尔德提出的“完美宇宙学原理”等概念的地位与含义，而更务实的美国宇宙学家则回避了这类辩论。[11]这场辩论在英国尽人皆知，部分原因也在于霍伊尔的广播讲座和大众图书实在太受欢迎，以至于直到今天还会有人问起稳恒态理论的现状，以及它与大爆炸理论的辩论进行得怎么样了。

20 世纪 80 年代，我曾与弗雷德・霍伊尔相处过一段时间：我们共同参加了一场在博洛尼亚举行的关于现代宇宙学史的会议，在此期间深入讨论了早期对稳恒态理论的质疑，以及他在这二十年间如何看待反对稳恒态理论的证据。他的担忧主要在于，如果物质是连续创生的，新产生的正物质和反物质[12]应该一样多，但当时科学家还没在我们的宇宙中找到反原子，更不用说反行星、反恒星了。就我们的观察，宇宙几乎全都是由普通物质组成的，没有反物质。当然，我们能通过实验室实验产生反粒子，宇宙射线里也时常能找到反电子，但在宇宙中普通物质还是占了压倒性的优势，至少在我们附近的宇宙中是这样的。

在这里要提醒大家一下，在 1948 年到 1952 年之间，所有膨胀宇宙模型都受到了一个错误计算的影响：科学家算错了最远退行星系的距离，因此大大低估了宇宙的年龄。这导致了一个矛盾的结果——整个膨胀宇宙的年龄竟然比它所包含的最古老的恒星还要小！正是因为膨胀宇宙出现了这个矛盾，才让稳恒态宇宙论盛行一时。与此相对，大爆炸理论此时正处于艰难境地，他们无法精确描述天文学宇宙，因此无法与稳恒态理论相竞争。爱因斯坦对此事的态度很值得玩味（而事后证明，他也是完全正确的），在看到宇宙膨胀理论会导致恒星的年龄比宇宙大时，他认为错的更有可能是恒星演化理论，而非宇宙膨胀理论。他说：“对我而言，与场方程相比，还是恒星演化理论的根基更弱一点。”[13]

1952 年，事情有了改观。于 1931 年来到美国工作的德国物理学家瓦尔特·巴德（Walter Baade）使用帕罗玛山天文台的200英寸[1]望远镜观察了造父变星之后，对它的亮度提出了疑问。造父变星的亮度是用来校正我们与其他星系间距离的标准，科学家使用哈勃-勒梅特定律，通过距离导出退行速度。他的疑惑是由这样一个问题引起的：根据当时的距离标度，距离我们最近的伴星星系——仙女星系，要比银河系小得多，但仙女星系从各方面看都和我们银河系非常相像，怎么会小那么多呢？在追寻到不和谐的蛛丝马迹后，巴德一丝不苟地仔细分析了造父变星的观测数据，发现它实际上比我们原先认为的要亮很多，也就是说，科学家一直以来都大大低估了远处的恒星和星系与我们之间的距离。巴德指出，所有的星系离我们的距离都比我们原先认为的远一倍，因此宇宙膨胀所经历的时间也比我们所设想的长一倍，也就是36亿年，而不是之前估算的18亿年。后来又出现了更精确的天文学距离标度，到1956年时宇宙的年龄已经进一步增加到了540亿年。对宇宙年龄估计的不确定性直到近年来才显著下降，这要归功于新发现的极遥远天体，它们为星系距离的测定提供了新标度，同时还要归功于观测能力的大幅提升，如新的地基望远镜及哈勃、斯皮策空间望远镜的投入使用。如今，对宇宙年龄，即宇宙膨胀时间的最佳估计是137亿年，误差不超过1亿年。

桌上的宇宙

早些年的研究经费很少，我们的工作总是很窘迫。以

---

① 1英寸＝2.54厘米。

我 1941 年发表的那篇论文为例，所有的工作都是我一个人亲力亲为的，包括建造整个实验室，安装电力设备等。这些杂务很费时间，但也会给你带来额外的满足感，让你觉得你一个人能应付一切。如今的科学家就像被宠坏了的孩子一样，在发达国家更是如此。

——埃里克·霍姆伯格（Erik Holmberg）[14]

如今，计算机非常普及，也很易于学习使用，以至于我们很难想象没有了它们会怎么样。天文学家利用大型计算机来模拟恒星与星系形成的物理过程，以及它们在天空中的运行轨迹。1941 年，年轻的瑞典天文学家埃里克·霍姆伯格在瑞典隆德天文台首次对宇宙进行了模拟，他当时没有使用现代意义上的计算机（那时候现代意义上的计算机还没有诞生呢），而是开发出了一种模拟设备，可以模拟引力的行为，然后，他就观察多个恒星在引力的作用下是如何相互作用，一起运动的。

三维世界的一大特征，就是大自然的许多基本相互作用力都与距离的平方成反比，[15]这被称为平方反比律，引力、磁力、静电力和光强莫不如此。霍姆伯格想知道，如果两个由许多恒星组成的星系擦肩而过，恒星之间的引力会对恒星的轨道与星系的形状产生什么影响。在膨胀的宇宙中，星系之间的距离在过去要比现在更近，因此，过去星系与星系擦肩而过的概率要比现在高得多[16]。

霍姆伯格决定利用光强与引力同样随距离的平方反比衰减这一点。他将众多灯泡组装成阵列，用光强来模拟一系列物质产生的引力场。他用两套灯泡同心圆作为两个平面圆盘状星系的模型，每套包含37个灯泡，将它们放在黑色的桌子上。每个灯泡的亮度代表恒星的质量，他会随着它们与星系中心的距离的不同调整亮度，以模拟真正星系的样子。每个灯泡的四面都装有传感器，因此，通过检流计和光电池可以测量出每个灯泡所接收到的从所有其他灯泡发射出来的光强总和。这些灯泡可不是一般的灯泡，都是霍姆伯格找当地一个工厂特别定制的。霍姆伯格让每个灯泡"星系"在整体旋转的同时沿直线向另一个星系运动，然后测量出每个灯泡接收到的光强，计算出总体净效应（包括大小和方向），这就告诉了他恒星是如何运动的。计算出运动趋势后，他再将所有这74个灯泡移动到新的位置，继续根据新的光强变化测量新的"合力"，指导灯泡的下一步运动。用这种独创性的方法，霍姆伯格得到了两个星系在引力作用下相互作用的模型，并一步一步地追踪了它的演化——这个问题在当时是无法用牛顿方程和纸笔计算解决的。[17]

图6.1和6.2摘自霍姆伯格的论文。[18]他测量出，两个互相靠近的星系在引力相互作用最大时会有变形的趋势，且经常会产生类似于银河系旋臂的结构。当两个星系都顺时针旋转时，旋臂向外张开，指向旋转的方向，而当两个星系旋转方向相反时，旋臂则指向与旋转相反的方向。他还发现，中等大小的星系和小型星系经常会被大型星系的强引力俘获，从而并入大星系，形成一个椭圆形，而非螺旋形的更大的星系。

霍姆伯格充满想象力的工作为宇宙学研究引入了一种新的工具。直到20世纪70年代，这种方法才再次出现，先进的计算机让它的规模与效果大大提升。科学家可以建立宇宙的计算机模型，或者至少是宇宙模型的简化版。用简单的牛顿定律编程，计算机就能计算任一膨胀模型中任意两个物体之间的引

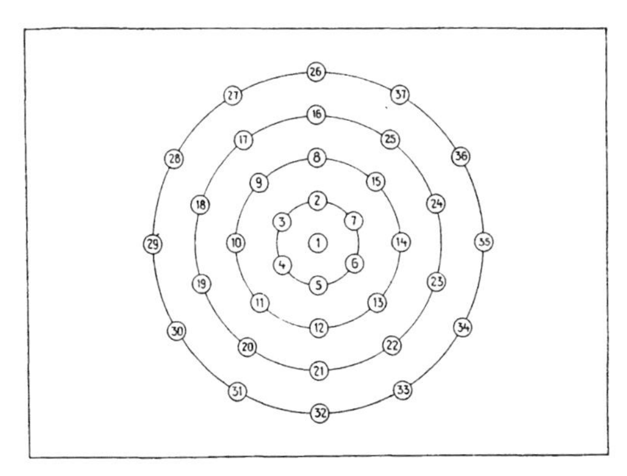

图 6.1　埃里克·霍姆伯格用电灯泡模拟了星系。他将灯泡排列成多重同心圆状的阵列，直径 80 厘米，包含 37 个灯泡，他造出了两个这样的阵列，代表两个由恒星组成的星系。每个灯泡都可以通过电压来调节亮度，而亮度代表恒星的质量。灯泡的直径只有 8 毫米，远小于灯泡之间的距离（10～20 厘米）。

力，还能追踪它们未来的运动轨迹，观察它们如何聚集成团，并预测星系何时形成，是否可能与邻近星系发生碰撞。最终，我们希望能追踪这些星系中恒星形成的种种细节。

如今，宇宙学家正利用全世界最大的计算机来模拟不同类型的宇宙，预测我们可能会在望远镜中观测到的现象，或是从数据统计分析中推出的结论。从前天文学家只分两种：理论天文学家和观测天文学家，但现在出现了第三种——计算天文学家。计算天文学家的技能与理论和观测学家都不一样，他们可以写出复杂的计算机代码，生成令人惊叹的图像或视频，以向我们展示各种可能的宇宙图景。[19] 理论学家的预言不仅可以让观测学家用望远镜来检验，也可以让建模的研究者通过模拟来检验。

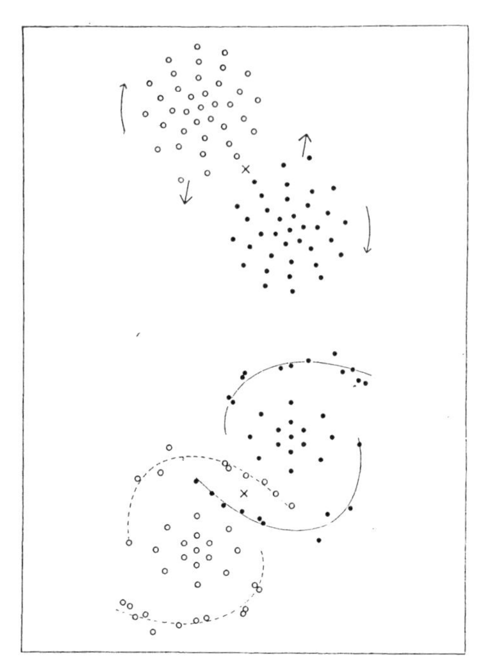

图 6.2 图为埃里克·霍姆伯格的两个“灯泡星系”。两个星系都顺时针旋转，并互相靠近，直到它们之间的距离与它们自己的直径相当。引力相互作用让它们产生了旋臂，指向了星系旋转的方向。短箭头指出了星系靠近最近点时的运动，弯曲的箭头则指出了星系旋转的方向。

带电的宇宙

……我可谓掌握了很多与电相关的实际知识：像换电灯泡和调节晶体管收音机，等等，这种事我都很擅长，但我对电远称不上完全了解——我至今都不知道，为什么电吉他不能把鸡蛋煮熟？

——基思·沃特豪斯（Keith Waterhouse）[20]

1948 年，赫尔曼·邦迪在研究稳恒态理论的同时还提出了另外一种完全不同的宇宙理论：它可能在表面上是稳恒态的形式，却完全不依赖于稳恒态宇宙所需的膨胀源。邦迪与他在剑桥的同事雷·利特尔顿一同提出了这一理论的设想，该理论基于这样一个事实：两个带同种电荷的粒子之间的静电斥力要远大于它们之间的万有引力——具体来讲，静电力是引力的 10^{39} 倍。

每个氢原子通常都是电中性的，它拥有一个质子和一个电子，两者电荷大小相等、符号相反：质子的电荷是 +e，电子的电荷是−e，它们的和为零，因此原子是电中性的。不过邦迪和利特尔顿提出，或许质子和电子携带的电荷大小有非常非常微小，以至于我们无法探测到的差异。这样，氢原子就有了一个非常微弱的净电荷，如果这使氢原子与氢原子之间的静电斥力大于万有引力，就可能会导致氢原子彼此之间发生排斥（图 6.3）。

由于电斥力比引力强太多，因此只要原子带一点点净电荷就足以让它们之间的斥力大到足以解释宇宙膨胀的程度。邦迪和利特尔顿的计算结果表明，只要质子的电荷比电子的电荷 e 高出 10^{18} 分之一就可以达到这个结果。

在他们刚提出这个新奇想法[21]的时候，实验表明质子电荷和电子电荷的差异不大于 10^{-16}，这比邦迪和利特尔顿提出的 10^{-18} 高两个数量级，也就是说，他们的想法是有可能成立的。然而，此后，更灵敏的实验将质子电荷和电子电荷的差异缩小到了 10^{-20} 以内。起初，邦迪和利特尔顿拒绝接受这一实验结果，他们认为电荷不平衡会对原子结构和上述实验中的电磁场产生一些细微的影响，从而让实验者得出了错误的结论。

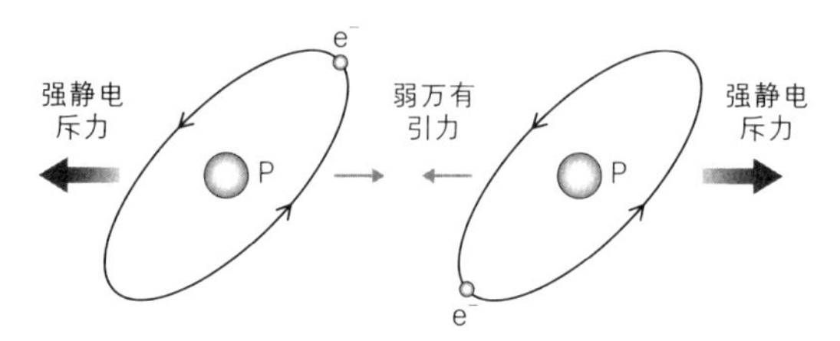

图 6.3 两个氢原子之间的万有引力非常弱，但如果质子 P 的电荷与围绕着它运动的电子 e^-的电荷量不完全相等，每个原子就会带一个微弱的非零净电荷。两个带同种电荷的原子之间就会产生比引力强得多的经典斥力。

但随着时间推移，这些怀疑也渐渐平息，邦迪和利特尔顿的假说在实验证据面前无从立足。[22] 最终，1960 年，美国科学家约翰·金（John King）通过对氢分子（由两个氢原子组成）电荷的研究，发现氢原子中实际电荷不平衡的数值最多不超过造成宇宙膨胀所需阈值的 1/40。[23]

邦迪和利特尔顿的这一理论从未引起过主流宇宙学家的兴趣，但它体现了当时新兴的亚原子物理学对爱因斯坦引力理论所主导的膨胀宇宙学的影响。

而此时，在大西洋另一侧的美国，一小群宇宙学家提出了一个完全不同的宇宙模型。他们关注的是，根据爱因斯坦方程的解，膨胀宇宙的最早期发生了怎样的物理学过程。

炽热的宇宙

热情似火。

——比利·威尔德与伊切克·戴蒙德[24]

稳恒态宇宙论在英国吸引了太多注意，以至于它的竞争理论几乎淡出了公众视野。不过，1948 年之后，越来越多人开始对大爆炸模型感兴趣，他们想知道在宇宙更热、更稠密时发生了些什么。一直以来，天文学家的研究重点都在于寻找爱因斯坦理论所预言的各种各样的宇宙。但现在，物理学家开始探索早期宇宙异乎寻常的环境。勒梅特最早设想过“胚胎期”宇宙的物理状态，但真正踏实可靠地引领我们走上探索早期宇宙之路的，是俄裔物理学家乔治·伽莫夫及他的学生。

伽莫夫是个多姿多彩的人物，他在传奇的历史时期经历了传奇的人生。在俄国（苏联）革命的动荡时期，他在今属乌克兰的港口城市敖德萨长大，并赴圣彼得堡学习，师从亚历山大·弗里德曼，他在 20 岁出头时就在核物理领域取得了重要成果。他外向健谈，不走寻常路，因此与各种各样的人都相谈甚欢，这当中不仅包括苏联前总理、斯大林亲信莫洛托夫，后期因与斯大林产生分歧而被处决的布哈林，以及与斯大林相对立的托洛茨基，也包括爱因斯坦、玻尔和弗朗西斯·克里克，而且伽莫夫与他们的交往通常都包含了非常有纪念意义的时刻。[25]

伽莫夫离开家乡敖德萨去往美国的方式也有些不同寻常。1932 年，随着苏联当局对知识分子的干预越来越严重，他与妻子罗（Rho）决定越过防备最松懈的边境线离开苏联。他们选择从克里米亚半岛的最南端走，希望能跟着走私者穿过黑海，去往仅仅 270 千米之外的土耳其。他们制订了严密的计划，弄到一艘探险队用的可折叠橡胶划艇与一对折叠划桨，将它们塞在帆布背包里。尽管当时苏联粮食严重短缺，他们还是攒下了足够一星期用的粮食，还带上了可供临时使用的漂浮用具（未充气的足球等）和一个水泵。他们没有土耳其的身份证明，所以打算到达土耳其后假装自己是丹麦人（伽莫夫有个旧的丹麦驾照），并最终到达伊斯坦布尔的丹麦大使馆。1932年的初夏，他们订下了克里米亚海岸边的苏联科学院度假公寓，把橡胶划艇拿出来，开始操练划桨技术。

他们原先打算等到满月那天再实施计划，但到了之后临时决定看到海面平静的时候就出发。头两天他们的旅途还算顺利，但到了第三天，风浪越来越大，如果不是妻子一直开着水泵排水，他们的划艇早就沉没了。当风浪渐渐平息时，他们看到了陆地的影子和一群渔民。可惜的是，他们并没有到达土耳其——这里离伽莫夫夫妇的出发地点仅仅10千米。热情友善的苏联渔民把他们送回了出发地点，好在没人怀疑他们此行的目的，都把他们当作想玩玩划艇却不小心遇到恶劣天气的游客，毕竟真相实在太疯狂，太让人难以置信了。

不过，伽莫夫夫妇并没有就此放弃出逃。两年后，他们受尼尔斯·玻尔之邀，去比利时参加了一场物理学会议，之后就再也没有回到苏联。美国密歇根大学安阿伯分校给他提供了一个职位，他的余生一直在美国度过。[26]

借助自己在核物理方面的深厚背景，伽莫夫将刚刚诞生几分钟以内的宇宙想象成一个巨大的核反应堆。在经过几次失败后，伽莫夫的两位学生——拉尔夫·阿尔弗（Ralph Alpher，1921—2007）和罗伯特·赫尔曼（Robert Hermann，1914—1997）终于在1948年将几个关键思想正确地结合在了一起。

1948年夏天，伽莫夫已经证明了在宇宙诞生100秒时一个质子和一个中子是如何产生氘核的。[27]6个月后，阿尔弗和赫尔曼在《自然》杂志上发表了一篇短论文，进一步发展了伽莫夫的想法，计算出了宇宙发展过程中温度和密度的变化，由此对比了如今宇宙的数值与宇宙历史早期任意时间的数值。[28]

阿尔弗与赫尔曼表明，如果宇宙膨胀是均匀且各向同性的，那么从大爆炸时起的任意时刻，宇宙的物质密度与热辐射温度的三次方之比都应该是个不变的常数。这意味着，我们可以推算在宇宙诞生了两分钟、温度高达 10 亿摄氏度时，为了让我们如今的宇宙不至于产生比我们目前观测到的更多的氦，这个比值需要在什么样的范围之内；知道了这个比值与如今宇宙的物质密度，就能推算出当前的辐射温度应该是多少。他们估算这个值约为 5 K（K 即开尔文，5 K 即比绝对零度高 5 摄氏度，也即零下 268.15 摄氏度）——这是整个科学界有史以来最重大的预言之一，它给天文学家提供了一个实实在在的可以检验的方法，也能够告诉我们宇宙起源之初是不是真的如大爆炸理论所说的那样炽热又稠密。它告诉我们，如果宇宙真的拥有一个极高温度的过去，那宇宙的余温会一直以“辐射尘埃”的形式保留到今天。

可惜，当时没有任何人注意到了这篇论文。1948 年，稳恒态宇宙的争议吸引了公众全部的注意力，没有人关心其他的宇宙理论，甚至，整个欧洲都没人听说过阿尔弗和赫尔曼的名字。而美国的情况也好不了多少：20 世纪 60 年代中期，普林斯顿大学一名声望显著的物理学家罗伯特·迪克（Robert Dicke）正要开始一项观测辐射的研究项目，但他竟完全没读过伽莫夫、阿尔弗和赫尔曼在世界顶级学术期刊《自然》上发表的这篇论文，以及论文中的早期预言。

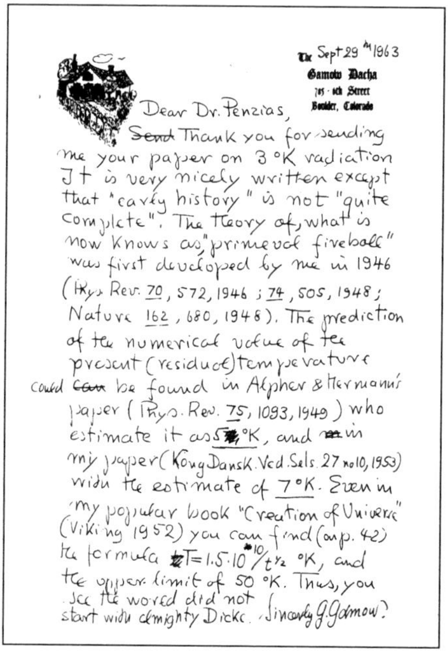

The Sept 29th 1963
Gamow Dacha
785 - 6th Street
Boulder, Colorado

Dear Dr. Penzias,

~~Send~~ Thank you for sending me your paper on 3 °K radiation It is very nicely written except that "early history" is not "quite complete". The theory of, what is now known as "primeval fireball" was first developed by me in 1946 (Phys. Rev. 70, 572, 1946; 74, 505, 1948; Nature 162, 680, 1948). The prediction of the numerical value of the present (residual) temperature could ~~can~~ be found in Alpher & Herman's paper (Phys. Rev. 75, 1093, 1949) who estimate it as 5 °K, and in my paper (Kong Dansk. Ved. Sels. 27 no 10, 1953) with the estimate of 7 °K. Even in my popular book "Creation of Universe" (Viking 1952) you can find (on p. 42) the formula $T = 1.5 \cdot 10^{10} / t^{1/2}$ °K, and the upper limit of 50 °K. Thus, you see the world did not start with almighty Dicke. Sincerely G. Gamow

图 6.4 图为在彭齐亚斯和威尔逊宣布他们的发现，并且由罗伯特·迪克给出了理论解释之后，乔治·伽莫夫 1965 年寄给阿诺·彭齐亚斯的信（伽莫夫写下的日期却是 1963 年），信中指出自己早先就曾预言过背景辐射。[29]

直到 1965 年，两位顶级的无线电工程师阿诺·彭齐亚斯（Arno Penzias）和罗伯特·威尔逊（Robert Wilson）才第一次探测到了宇宙微波背景辐射。不过，他们是在为新泽西州霍姆德尔的贝尔实验室校准回波卫星接收器时意外探测到的，完全不知道这种辐射是什么，更不知道阿尔弗、赫尔曼和伽莫夫曾经预言过这种辐射的存在。他们在 7.35 厘米波长处探测到了一种无线电噪音，刚好相当于 3.5 ± 1.0 K 的热辐射温度。正在研究这类辐射温度的迪克及其团队马上知道了他们的这一结果，迪克曾经的学生詹姆斯·皮布尔斯（James Peebles）投稿了一篇论文，估算辐射温度为 10 K 左右，但这篇论文被匿名评审拒稿了，理由是没有原创性——类似的计算阿尔弗和赫尔曼早就做过了（匿名评审其实就是阿尔弗本人）。然而，迪克的团队没把评审意见当回事，转而写了一篇分析性的文章，与彭齐亚斯和威尔森低调宣布探测到辐射的文章一道发表在了《天体物理学杂志》（*Astrophysical Journal*）上。关于这件被学界集体遗忘的事件，科学史学家已经有过很多论述。1975 年，迪克在自己的自传笔记中写道：

> 在我们关于大爆炸辐射研究的过程中，出现了一件非常不幸又尴尬的事：我们在研究前查阅文献不够仔细，漏掉了伽莫夫、阿尔弗和赫尔曼的重要工作。这事我要负主要责任，毕竟我们组里的其他人都太年轻了，不知道这么老的文献也可以理解的。多年之前我的确在普林斯顿听过伽莫夫的报告，但我一直以为他提出的宇宙开端是冷的，且其中充满了中子。[30]

阿尔弗和赫尔曼对他们受到的冷遇终生闷闷不乐，他们后来进入了工业界工作，再没对宇宙学做出太大的贡献。[31] 1955 年，阿尔弗离开约翰斯霍普金斯大学，去了通用电气公司，在 2007 年去世；赫尔曼则在 1956 年成为通用汽车实验室物理学部门的主任，后来又去得克萨斯大学担任教授，他在那里因为对交通车流的数学理论的研究工作而获奖，还成为一位小有名气的微型木雕家，相关作品在美国几家美术馆陈列展览。他于 1997 年去世。

尽管被忽视了这么长时间，阿尔弗和赫尔曼最终还是因为背景辐射和大爆炸相关的工作获得了众多奖项。阿尔弗在2005年被授予了美国国家科学奖章，这距离他去世仅仅两年。颁奖词如此写道：

> 因其在核合成方面史无前例的工作，以及对宇宙膨胀会留下背景辐射的预言，最终证明了大爆炸理论。

彭齐亚斯和威尔逊对辐射的探测成了我们理解宇宙过程中的转折点，也大大提高了我们对用爱因斯坦方程来预测宇宙行为的信心。勒梅特与弗里德曼最简单的膨胀宇宙模型，就告诉了我们宇宙在每个时期的温度都是怎样的。有了大爆炸理论这一有力武器，物理学家就能描绘出宇宙的膨胀衰老以及宇宙诞生几秒钟以来到现在所经历的一系列事件。当然，我们还远远没有达到对所有细节都了如指掌的程度，但我们已经清楚了宇宙温度与密度是如何不断下降的、核反应是何时发生的，以及辐射何时冷却到容许原子与分子生成的程度。

大爆炸残留热辐射的发现，也为稳恒态宇宙理论敲响了丧钟。此前天文学界还在争论星系发出的射电信号是否在宇宙历史上的各个时期都相同，但宇宙背景辐射可以由大爆炸理论自然地导出并预测，却无法用稳恒态理论来解释。霍伊尔及其他的支持者尝试用各种手段维护稳恒态理论，如称该背景辐射是由我们的星系在更近一点的时间内产生的，但这些辩护无一例外都失败了：相比于宇宙中任何已知的辐射源产生的物质密度，背景辐射中实在有太多的光子了。1967年，观测已经表明，背景辐射在整个天空中的强度差异最大不超过千分之一，如果这一背景辐射是由多个本地辐射源所叠加能产生的，那么要达到这种平滑程度，辐射源就不可能是很少的几个，必须多到能让我们找到才行。

神奇的是，霍伊尔在建立热大爆炸理论的过程中也发挥了关键作用。他利用自己核物理学方面的知识，比伽莫夫、阿尔弗和赫尔曼更深入一步地预测了大爆炸开始的最初几分钟之后，宇宙所产生的轻元素的丰度。他在 1964 年与剑桥大学的罗杰·泰勒（Roger Tayler）一同发表了一篇先驱性的论文，[32] 又在 1967 年与加州理工学院的威利·福勒（Willie Fowler）及其学生罗伯特·瓦戈纳（Robert Wagoner）合作，预测了不同大爆炸宇宙中轻元素（尤其是氘与氦、锂的同位素）的全光谱。

这些卓越的预言在 1953 年被日本物理学家林忠四郎（1920—2010）通过一项规模较小但极其重要的观测证实，林忠四郎最重要的工作就是在恒星演化方面。所有尝试预测大爆炸初期宇宙元素含量的物理学家，包括伽莫夫，都遇到了一个主要难题：宇宙刚诞生时的质子数与中子数之比是多少？所有原子核都由这两种核子组成，如氦-4 就是由两个质子与两个中子所构成，因此，最终元素的含量一定与宇宙开端的质子-中子比有关，比如如果宇宙刚开始时只有质子，没有中子，得到的元素就百分之百都是氢，但如果不清楚宇宙开端的质子与中子的比值，你就无法预测元素丰度会发生什么样的变化了。

林忠四郎指出，大自然中的弱相互作用力解决了这一难题。在宇宙诞生不到一秒钟，温度高于 100 亿摄氏度的时候，这种力会使质子与中子之间产生放射性相互作用，让质子与中子的数量相等。在完全平衡状态下，一个质子所对应的中子数只由温度决定。因此，你无须知道宇宙的“开端”是什么样的，就可以计算质子与中子的比值。其实，中子要比质子稍微重一点点，而在大爆炸后一秒，宇宙温度降到100亿摄氏度的时候，如果制造一个中子所需的能量比制造一个质子稍多一点点，就意味着质子数要稍微超出中子数了。不过，这一不平衡现象不会进一步发展下去，因为质子与中子之间至关重要的弱相互作用太慢了，无法与宇宙膨胀的步伐保持一致，

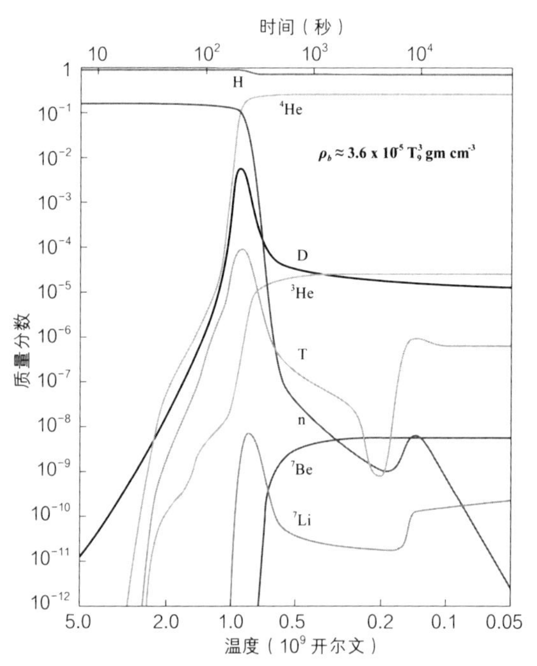

图6.5 宇宙中各元素质量分数随着时间的增长和温度的下降而变化的图像。曲线表明了最轻的几种元素——氢（H）、氦-4（^{4}He）、氘（D）、氦-3（^{3}He）、氚（T）、铍-7（^{7}Be）和锂-7（^{7}Li）在宇宙前三分钟里的丰度变化。标有n的曲线表示未束缚到原子核内的自由衰变中子的变化轨迹。

也就不得不停滞下来，因而中子与质子的比值就停留在 1∶6 这个比例上。

在膨胀开始 100 秒、温度下降到 10 亿度后，核反应突然就开始了。中子开始发生衰变，进一步将中子与质子的比值降低至 1∶7，这时，几乎所有剩下的中子都快速形成了氦-4 核，只留下极少的氘、氦-3 和锂。宇宙物质的 23% 是氦-4，剩下 77% 都是氢，还有极少数的氘（0.001%）、氦-3（0.001%）和锂-7（10^{-8}）。这就是我们今天在银河系乃至银河系之外所观测到的元素丰度——你看，只需对宇宙开始的前几分钟做一个简单的核物理推导，就能与天文学观测完美符合（图 6.5）。

1975 年以来，利用我们对高能物理学和基本粒子物理学不断增长的了解来重构宇宙的遥远过去已经成了一个主要的新研究领域，被称为“粒子宇宙学”，而粒子宇宙学必将完全颠覆我们对宇宙最初阶段的认识。

第 7 章

毫无保留的宇宙

我是一只独来独往的猫，任何地方对我来说都是一个样。

——拉迪亚德·吉卜林《原来如此》

湍流宇宙

当我死后去了天堂，我有两件事情想向上帝讨教，一个是量子电动力学，另一个就是液体的湍流。对前者，我还是比较乐观的。

——霍勒斯·兰姆（Horace Lamb）[1]

从爱因斯坦广义相对论衍生出来的对宇宙的早期研究，大多数都假设宇宙是平滑均匀的，且在各个方向上的膨胀速率相同。为什么要这样假设呢？这背后有两个充足的理由。其一，它非常符合我们目前从天文望远镜中观测到的现象：目前，没有任何证据可以表明宇宙在不同方向上的膨胀速率有差别，星系在整个天空里成团的分布也非常接近随机分布。早先，测量遥远星系的红移是一个非常费时费力的过程，天文学家经常要花差不多一整夜的时间才能测量少数几个红移数据，但随着 20 世纪 70 年代以摄像机中使用的基于电荷耦合器件技术（CCD 技术，该技术获得了 2009 年诺贝尔物理学奖）为基础开发了光度探测器，天文学家终于可以快速测量红移了。如今，大型巡天测量可以测量星系的红移（进而推算出我们与它们的距离），据此绘制出星系分布的三维图像。这一三维图像让我们大为震惊：我们从天空中看到的星系位置的投影其实是很有误导性的，星系真正的团簇分布比我们在地球上看到的丰富得多，也精妙得多，呈现为一系列线和面所构成的宇宙“网”。[2]

我们已经看到，引入像宇宙学或完美宇宙学这样的原理，可以为我们简化条件的假设赋予一些哲学上的理念（如果需要的话），但我们也需要沿着更现实主义的路径来描绘宇宙，毕竟，真实的宇宙确实包含了星系和其他分布不规律的物质。这些不规则之处从何而来，又为什么会呈现出如今的形状和大小呢？尽管真实的宇宙与完全各向同性的宇宙模型差别并不大，但既然我们承认自己在宇宙中所处的位置并不特别，它就不可能完全为零。既然空间是非均匀的，它就不可能在每一点上都是各向同性的。

勒梅特是第一个严肃考虑星系起源的人，利夫希茨在关于膨胀宇宙稳定性的论文中也讨论了宇宙相对完全均匀状态的偏离，对于为什么宇宙中存在这么多恒星、星系这种“物质团块”，他给出了一个重要的解释：如果某一个区域的物质密度偶然地比平均值高了一点点，在万有引力的作用下它们就会吸引越来越多的物质，使这里的密度更高，使周边地区的密度更低。牛顿本人就已经意识到了这个现象。1902 年，英国物理学家詹姆斯 · 金斯爵士（Sir James Jeans）首次详细计算了这一过程，他发现，这种现象在既不膨胀也不收缩的空间中的作用速度非常快。但利夫希茨发现，如果该区域所处的空间在不断膨胀，不规则性增长的过程就会放慢，因为物质的聚集必须与空间的膨胀趋势相抗争，后者倾向于把物质向外拉而分散开，所以它会让不规则性增长速度放缓也就不足为奇了。

宇宙学家想知道这种简单的过程能否最终解释宇宙中星系的存在。或许宇宙从“一开始”就不是完全平滑的，而是存在一些“随机”的变化，又或者它们是在之后的某些过程中才产生，并变得越来越大，从而脱离整体膨胀的影响，稳定下来，形成我们今天称之为“星系”的结构。当然，还有很多问题没有得到解释，如为什么大多数星系包含的恒星数目都在一千亿到一万亿之间呢？为什么它们大多都呈椭圆形或螺旋形？以及最重要的问题：为什么这么多星系都在旋转呢？

1944 年到 1951 年的这段时期，德国物理学家卡尔 · 冯 · 魏茨泽克（Carl von Weizsäcker）开始思考，宇宙中的这些结构，会不会是过去历史上一些湍流活动留下的产物？这是个很有吸引力的想法。湍流是我们很熟悉且无处不在的一个概念：打开浴缸上的水龙头流出的水、拍打海岸的浪花、汽车开走后将落叶从地上掀起的气流都是湍流（见图 7.1）。但令人惊讶的是，这一司空见惯的现象对流体力学家来说却是数学上无法解决的难题。在流速不是特别快、湍流没有特别紊乱的时候还有希望，但在流速很快、旋涡很多的时候，计算机的计算能力就无法胜任系统的超高复杂度了。2000 年，克莱数学研究所提出了七个问题，悬赏 100 万美元，这七个问题又称千禧数学难题，其中一个问题就是如何找出湍流问题的解。[3]

冯·魏茨泽克起初感兴趣的问题是如何解释太阳系的起源[4]与星系中的恒星运动，[5]随后，螺旋星系的结构吸引了他的注意力。他觉得螺旋星系的旋涡状运动或许是宇宙历史上经历过的一个湍流时期留下的痕迹，湍流或许正是了解星系起源的关键线索。[6]这一想法得到了量子力学先驱维尔纳·海森堡的支持，海森堡曾建立了一套湍流的数学理论，并在整个学术生涯中持续关注着湍流现象。[7]

乔治·伽莫夫也一度被湍流宇宙的图像吸引，并在 1952 年提出了一套类似的理论。[8]然而，虽然想象星系从湍流物质中生成的图景很容易，但将这种图景变成严格的理论却并不容易。科学家连实验室中的湍流都没怎么了解，更不用说在膨胀

图 7.1　喷气式飞机后面的湍流气流。

宇宙中的湍流了。不过，在膨胀宇宙中研究湍流也有一些好处：在膨胀的空间中，湍流会发生得更慢，物质旋涡也不受边界、水管和排水口等条件的影响——后者正是让湍流问题如此复杂的关键因素。

利夫希茨已经表明，在后期的宇宙中，弱的旋涡会逐渐消失，但在热辐射主导的早期阶段旋涡速度是不变的。我们都见过花样滑冰运动员在冰上的旋转动作，他们伸开手臂时旋转速度较慢，收拢手臂时旋转速度则会变快，这也是出于同一原因。在膨胀的宇宙中，旋涡越大，它的旋臂就越伸展，其中物质的旋转速度就会随之下降。[9]

湍流虽然复杂，但它也有一个简单的特征：如果它是由液体中的大型旋涡的搅动所引起的，它的能量就会在旋涡变得越来越小的时候变低，直到小到无法克服液体的摩擦力而消失。如果你在一杯水中滴入一滴墨水，并轻轻地向一个方向搅动这杯水，你就能看到它能量逐渐变低最后消失的全过程。1941 年，伟大的苏联数学家尼古拉·柯尔莫哥洛夫（Nikolai Kolmogorov）提出，旋涡在从刚诞生时的最大状态到被液体黏性阻滞变小的过程中，能量转移的速度应当始终相同[10]。因此，湍流中旋涡的旋转速度就应该在很大的范围内与它们直径的三次方根[11]成正比关系，与湍流的产生原因和受摩擦消散的机制都无关。这一规律很有吸引力，因为它讨论的是旋涡大小与旋转速度的关系，这个规律可能会与不同大小星系的旋转速度产生关联，但湍流宇宙的历史显然要比一盆水中产生的旋涡复杂得多。

宇宙膨胀的前 30 万年中，声速非常快，旋涡的旋转速度应该低于声速，但此后，随着电子与质子捆绑在一起形成了原子，辐射不再作用于电子，这就让声速大幅下降，旋涡的速度也就突然超过了声速。这也带来了灾难般的效应：巨大的冲击波出现，物质以不规则的方式疯狂堆积。旋转的物质星系就在这一冲击波导致的物质累积中形成，一切平息下来后，我们就能看到巨大的旋转着的星系了。

这一图景为我们提供了星系存在及旋转的一种可能解释，即它们形成于特殊的柯尔莫哥洛夫湍流模式，接下来只需解释宇宙湍流的起源与物质超声累积的机制就可以了。

伽莫夫支持湍流宇宙的这一理论并没有吸引多少支持者，随即被搁置下来。但到了 20 世纪 60 年代中期，日本物理学家成相秀一和苏联物理学家列昂尼德·奥泽尔诺伊（Leonid Ozernoy）各自带领的很强的研究小组，都分别开始发展这一理论。从 1964 年到 1978 年，他们在此倾注了很多精力，将它发展成了一个可行的星系起源理论。这种宇宙图景其实相当难处理，因为从爱因斯坦方程的解出发是很难找出一个真正的湍流宇宙的，他们能做的就只有追踪宇宙开始不久后出现的旋涡的命运演变，检验它们是否能存留下来并产生密度与压力的不规则之处，形成旋转的物质“岛屿”，最终变成我们在夜空中看到的星系。

事实最终证明，这整个想法是不可行的。它存在两个大问题：其一，它要求湍流旋涡对宇宙的整体膨胀不能产生太大的影响，但这是不对的。尽管时间往前回溯时旋涡的速度保持不变，但他们在引力上对宇宙膨胀的影响是随着时间回溯而不断增加的。最终，在某个时间之前，整个宇宙都是一团混乱的湍流状态。为了让旋涡的旋转速度快到足以产生今天的旋转星系，整个湍流混沌发生的时间需要离我们今天很近，但这又与微波背景辐射的观测结果不相符，还会与氦的合成过程产生冲突——氦大概在宇宙诞生3分钟时形成，有了它才产生了如今我们观测到的物质丰度。[12]

第二个大问题在于，后来我们对旋转星系的理解发生了很大的变化。直到1974年，天文学家还认为所有椭圆星系都在旋转，且旋转得越快，它们的形状就越扁。然而，1974年，牛津大学一位名叫詹姆斯·宾尼（James Binney）的研究生却发现，椭圆星系的扁平形状无须用旋转来解释。[13]椭圆星系中的恒星很可能只是沿着随机轨道运动，整体的形状是星系形成过程的结果，与恒星运动无关。随后的一些观测结果也开始支持这种观点：很多椭圆星系的旋转速度都太低了，并不足以解释它们的扁平外形，有的椭圆星系的旋转轴甚至都与外形的对称轴不一样，这两个致命的新发现让星系形成的湍流理论迅速消亡。总的来说，如果宇宙膨胀的过程中的确有湍流现象，其产生的效应会非常激烈，以至于让宇宙变得极为扭曲和不规则，这与我们今天见到的平滑、各向同性膨胀的宇宙无法吻合。

扭曲的宇宙：从1到9

> 一切宇宙理论的目标都是找到这个世界诞生所需的最理想的、最简单的条件，以及这个复杂世界在已知的相互作用下诞生的源头。
>
> ——乔治·勒梅特[14]

直到1950年，科学家研究的宇宙还以各处都相同、在不同方向上的膨胀速率也相同的宇宙为主导，这被称为均匀

（各处都相同）的各向同性（各个方向都相同）宇宙，这类宇宙的对称性最强，因此作为爱因斯坦方程的解来说也就最容易找到和理解。不过，偶尔也会有人发现一些其他类型的宇宙，如卡斯纳宇宙，爱因斯坦-罗森宇宙，或者施特劳斯、托尔曼和哥德尔的宇宙，也有人研究过宇宙小小地偏离完全均匀与各向同性状态的行为，如乔治·勒梅特和叶夫根尼·利夫希茨。不过这些超出常规的宇宙都是在偶然的情况下被发现的，对于它们到底有多少种，能分为哪几类，科学家毫无思路。但这种情况在 1951 年有了变化——数学家、物理学家亚伯拉罕·陶布（Abraham Taub，1911—1999）在那一年系统地研究了所有均匀但各向异性膨胀的宇宙。[15] 无论你处在这类均匀宇宙的哪个位置，你观察到的宇宙历史都是相同的，所有位置在天文学家看来都是同等的，就像独自行走的猫一样，但如果你向不同的方向看，你就能看到变化。这类宇宙中最简单的就是爱德华·卡斯纳在 20 世纪 20 年代发现的宇宙，但这个世界上究竟存在着多少均匀但各向异性的宇宙呢？

1977 年，我刚刚来到美国加利福尼亚大学伯克利分校当博士后研究员，当时亚伯拉罕·陶布（我们都称他为“阿贝”）是数学系广义相对论研究组的组长。我当时在天文学系，但经常去数学系参加陶布组的组会和学术午餐会。陶布这个人可能会让年轻科学家感到畏惧，因为他的学识和经验极为广博，经常以批评的态度对别人的想法刨根问底纠缠不放，又不爱跟人闲聊，所以就不会有人愿意和他讨论不成熟的想法。他是伯克利计算机实验室的创始人，在普林斯顿与冯·诺伊曼共事过，还与爱因斯坦和哥德尔有过交流，他是冲击波和流体力学领域的世界权威，也是广义相对论与宇宙学的专家——

他于 1935 年在普林斯顿博士毕业，导师是罗伯逊。他的组会采取的是老式的问询形式，他对演讲者的论述哪怕有一丝丝疑问都不会放过——不管你是诺奖得主还是研究生。一开始你会觉得他脾气很差，但你慢慢就会意识到，这其实是他乐于助人的表现：他对待所有的研究者都像一位严父对待一大家子不守规矩的孩子一样，他觉得他有责任让他们走向正轨。

1951 年，陶布意识到，早在 1898 年，意大利伟大的几何学家路易吉·比安基就已经解决了如何找出所有身处其中的人看来各处都一样的宇宙这一难题。[16] 在这类宇宙中，从每个视角看各个方向之间的差异都应该相同。比安基的全部学术生涯都以教授的身份在意大利比萨的几个精英数学研究所中度过，他表明，这类宇宙共有 9 种，并用罗马数字 I 到 IX 来标明。

陶布用比安基分类法找到了膨胀宇宙中所有均匀的宇宙种类。[17] 比安基提出的从 I 到 IX 的 9 种空间包含了简单平直欧几里得几何空间（如卡斯纳宇宙）、呈各向同性的弯曲空间（如黎曼与罗巴切夫斯基几何空间），还包含了其他在不同方向上弯曲程度不同的新空间：有些空间甚至还会在膨胀的同时改变曲率——哪怕大多数时候这些空间都为负曲率的开放空间，它们偶尔也会翻转为正曲率空间，而有些空间就像哥德尔的宇宙一样会旋转，其他则可以一边旋转一边以扭曲的方式膨胀。

陶布无法从爱因斯坦方程出发得到所有这九种宇宙，但他可以找出其中的一些——比如最简单形式的卡斯纳宇宙。这 9 种宇宙中最复杂的几种至今都未曾由科学家解出，但在过去的 50 年里，科学家已经逐渐能够定性地揭示出它们整体的行为。20 世纪 60 年代，科学家开始大力研究比安基宇宙，一直到 80 年代末都未停止，因为科学家想弄清楚为什么宇宙背景辐射的各向同性如此强。

陶布的非各向同性膨胀宇宙包含了四个关键特征，这使它们比弗里德曼、勒梅特与德西特的宇宙更为复杂。这四个关键特征分别为：

1. 剪切形变
2. 旋转
3. 除球状哈勃膨胀之外的速度
4. 非各向同性的曲率

第一个特征可以理解为将一个球体压扁成鸡蛋一般的椭球。如果说各向同性膨胀的宇宙就像不断变大的球体，那么剪切宇宙就像体积不断增大的椭球（图 7.2）。旋转的宇宙在膨

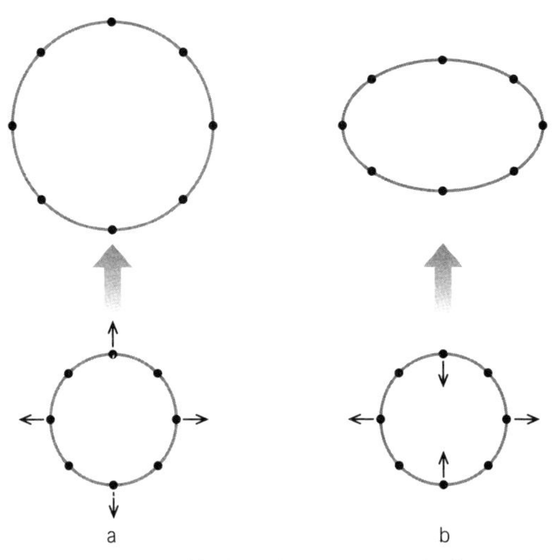

图 7.2　剪切形变将球变成椭球的过程：（a）没有剪切的膨胀；（b）有剪切形变的膨胀。

胀的同时一定会带有剪切形变（图 7.3），这两种特性的组合很好描绘。但第三种特征就更微妙了：想象有一个正在膨胀的球，追踪它的膨胀的一种方法是画出从中心指向外面的线段，测量这些线段（如图 7.4 中的 AB 和 BC）的长度，就能将其作为判断膨胀开始了多久的依据。

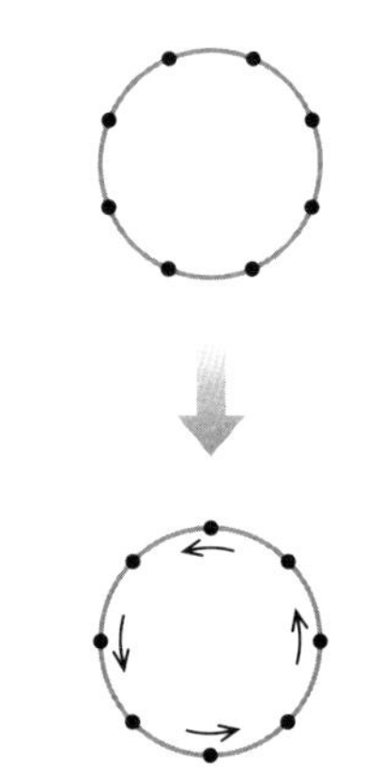

图 7.3 旋转扭曲的过程。

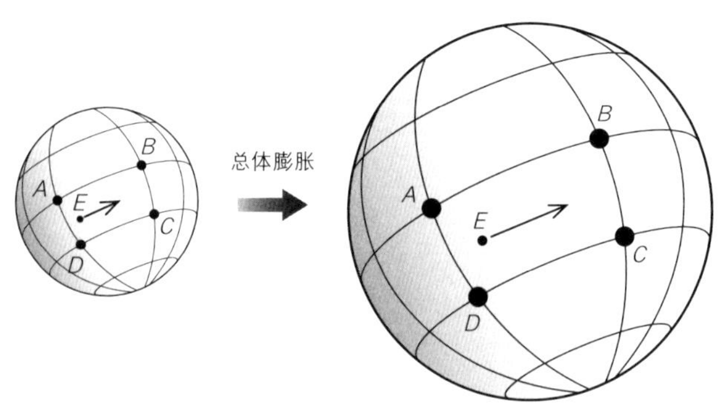

图 7.4 图中的宇宙处于各向同性膨胀中，但其中 E 点的星系除了随整体膨胀过程一起运动以外，还有一个额外的位移。

我们一直假设自己（以及其他星系中的观察者）是沿着假想中的膨胀径向轨迹运动的，然而，它们其实并没有理由完全只随着膨胀的大流（宇宙学家称之为“哈勃流”）运动。我们所在的星系团可能沿着与膨胀方向完全不同的方向运动，甚至还可能有一系列其他的随机运动。如果这些“其他运动”相对较慢，就像地球在太阳系中的运动和太阳系在银河系中的运动一样，或者参与这些“其他运动”的物质总量较小，它们就不会对整个宇宙的膨胀效应产生可见的影响。然而，如果有大量物质相对平均的哈勃流做急速运动，这些物质就会反过来影响宇宙的膨胀并产生剪切形变。

为了把这件事情解释得更清楚，让我们来做个简单的类比：假设膨胀的宇宙只有两个维度，就像一个气球表面一样，如果我们把两只睡着的蚂蚁放到正在膨胀的气球表面上，在膨胀的过程中它们之间的距离就会越来越大。但如果蚂蚁醒了并且开始在气球表面爬行，那么它们彼此之间的相对运动除了气球膨胀带来的效果以外就又加上了一个额外的运动，而如果在同一个位置上有许多许多蚂蚁，它们就会在气球表面形成一个凹坑，改变原本的膨胀方向。

而第四个也是最后一个特征，就是爱因斯坦理论带来的崭新特性了——它无法在牛顿力学的超大膨胀宇宙中找到对应。如果膨胀在不同的方向上速率不同，我们刚刚描述的三种特征都可以出现，就像在不同方向上膨胀速度不同的气球一样。

爱因斯坦的广义相对论已经告诉我们，引力的产生是由于物质与能量的运动改变了空间的几何形状，给空间赋予了曲率。在弗里德曼与勒梅特发现的简单的各向同性宇宙中，曲率和膨胀一样，都是呈各向同性的，然而，在陶布发现的一些宇宙中，空间曲率在不同的方向上是可以不一样的（图 7.5）。最简单的一种各向异性宇宙就是爱德华·卡斯纳发现的宇宙，不过它的空间在任何时候都是平直的，也即曲率是呈各向同性的（都为 0）。事实证明，这只是一种特殊情况，最复杂的比安基空间在每个时候的曲率和膨胀速率都是呈各向异性的。

这些曲率呈各向异性的新宇宙看起来与曲率呈各向同性的宇宙没有太大区别——除了多出来的引力波能量以外。引力波向不同的方向运动的强度不同，在不同的方向上可以产生不同的曲率变化。有了这么多复杂的变化还想让它在各处看来都相同，这是个很强的限制条件，这就是为什么比安基宇宙总共也就那么 9 种。如果这类宇宙在各处看起来可以不一样，那能存在的宇宙种类就有无限多了。陶布所研究的宇宙，就像一位画家用画框限制住了自己的创意，或是一位雕刻家强迫自己只能用石头雕刻出作品一样——自我施加的限制反倒带来了专注。

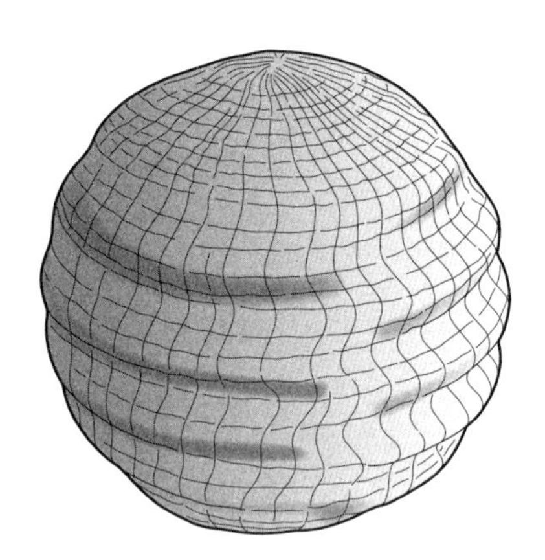

图 7.5 具有各向异性曲率的空间在某些方向上的行为可能类似于开放宇宙，而在其他方向上的行为类似于封闭宇宙。随着时间的流逝，这些方向上的曲率可能会由正变负，反之亦然。

平滑的宇宙与崭新的观测窗口

世界永远是黑暗的，光明只是暂时掩盖了黑暗。

——丹尼尔·麦基尔南（Daniel McKiernan）

在上一章，我们了解了宇宙形成早期留下的宇宙微波背景辐射被偶然发现的神奇故事。经宇宙学家推导，宇宙微波背景辐射的平均温度接近2.7开尔文，但普林斯顿大学的射电天文学家很快意识到，他们可以采取另外一种完全不同但更为准确的测量方法。温度是很难准确测量的，因为你需要一个绝对的参考温度与之相比较。如今，最精确的背景辐射温度测量由太空中的卫星完成，但它们必须带上一个绝缘的细颈烧瓶，里面装着温度接近2.7开尔文的液氦作为对照。液氦会汽化，这就限制了能用于测量的时间。

1967年，戴维·威尔金森（David Wilkinson）与布鲁斯·帕特里奇（Bruce Patridge）采用了罗伯特·迪克发明的一种巧妙的电子仪器，以前所未有的精度测量了天空中不同方向的温度差异，其精度比任何人测量的平均温度都高。这种电子仪器之所以可以将温度差测量得这么精准，就是因为它不需要标准的温度参照。威尔金森与帕特里奇寻找了背景辐射在不同方向上的强度变化，发现以他们的仪器精度找不出任何变化，因此，他们证明，宇宙在不同方向上的温度差小于0.1%：背景辐射的各向同性极高，宇宙中并不存在足以大幅扭曲其膨胀过程的大块物质。[18]

这是一项惊人的发现。它表明，我们的宇宙在各个方向上的膨胀速度极为接近，其接近程度甚至开始让宇宙学家反思他们对宇宙如此高对称性的看法。此前，宇宙学家仅仅是**假设**宇宙非常接近均匀及各向同性，而现在，问题来了：如此平滑的宇宙中为何会产生小的不规则之处，并发展成为星系与星系团呢？在威尔金森和帕特里奇发现宇宙精确的各向同性之后，宇宙学家就将宇宙如此极端的平滑性和各向同性列为一个重要谜题。毕竟，如果我们从爱因斯坦方程的众多解里随机选择一个宇宙，或是从比安基分类的 9 种宇宙里随机选择一个宇宙，那么我们选择的宇宙有很大概率是不规则的，而非我们如今所处的平滑、呈各向同性的宇宙。我们的宇宙本有更多的机会是不规则的，那么它为什么偏偏如此平滑又对称呢？

混沌的宇宙

条条大路通罗马。

——让·德·拉封丹（Jean de la Fontaine）[19]

受到 1967 年微波背景辐射观测的启发，美国马里兰大学的查尔斯·米斯纳（Charles Misner）提出了一个崭新的想法。[20] 他提出，为什么我们一定要假设宇宙一开始就是均匀、各向异性的呢？为什么不能证明无论宇宙一开始有多混乱，最终都会归于有秩序的状态呢？

米斯纳的“混沌宇宙学”试图证明爱因斯坦的宇宙方程拥有这样的性质：无论宇宙开始膨胀时多么混乱，只要时间足够长（目前宇宙的年龄接近 140 亿年），宇宙总是能变得均匀且具有各向同性。

这个想法很吸引人，它有着深远的哲学含义。如果这个想法是真的，也就意味着我们无须了解宇宙的开端也能理解它如今的结构。米斯纳的想法是，如果宇宙开始于一种混乱的膨胀态，早期宇宙就会不可避免地产生无穷无尽的摩擦力，这反过来会抚平不规则点，保证宇宙最终均匀、各向同性地膨胀，就像你狠狠地搅拌一桶油，再闭上眼睛，不去看它产生的旋涡，但你也知道，一分钟以后它一定会恢复平静的状态。油的运动会随着摩擦阻力逐渐减小，最终完全均匀平静，那么宇宙也会一样吗？

混沌宇宙学是一套野心勃勃的理论。此前，天文学家一旦能找到一个既符合爱因斯坦方程，又能精确地描述观测结果的宇宙模型就很满意了，而最简单、最对称的宇宙模型效果又特别好。然后问题来了，背景辐射的观测结果表明，这种最简单、最对称的宇宙模型效果不仅仅是特别好——简直是好得惊人。为什么？这就是米斯纳提出的问题。有些物理学家认为现在的宇宙这么高度对称很好啊，因为它一开始就是这样的——托马斯·戈尔德就说："事情现在是这样，是因为它们过去是那样。"[21]但这不能算是真正的解释，而米斯纳正想要找出更好的解释。如果他可以证明，宇宙从任何起始状态（至少是一大部分起始状态）开始都能达到如今的对称性，他就能为如今宇宙的结构提供一个令人满意的解释。

起初，米斯纳的思路看起来进展良好，卡斯纳与陶布找到的比安基分类中最简单的各向异性宇宙，在膨胀的过程中都会变得越来越趋各向同性。然而，出现概率更大的复杂宇宙却没能复制这一特点：仅仅是宇宙膨胀的话，无法让不规则点变得越来越平滑。在有些宇宙中，它们完全不会被抚平，除非有一些特定的比宇宙膨胀还快的物理过程发挥作用，而米斯纳接下来的工作，就是寻找这类物理过程。

不走运的是，他的寻找一无所获。美国得克萨斯大学奥斯汀分校的物理学家理查德·马茨纳（Richard Matzner）和本书作者一同表明，背景辐射就是告诉我们，宇宙从未发生过产生不规则性又被抚平的过程。[22]一切摩擦耗散过程都会产生热量——也就是说，根据热力学第二定律，不规则能量最终都会变成热量，而微波背景辐射正是残留到今天的热量。摩擦过程发生得越早，产生的热量就越多，而如今宇宙残留的热量（大约每个原子携带着 10 亿个光子的热量）极为严格地限制了宇宙在过去曾被“抚平”并消除的不规则性。事实上，在宇宙历史上，仅有极少数的不规则性通过摩擦而耗散了。宇宙不可能像米斯纳描述的那样，起始于混乱态，再被慢慢抚平到如今呈各向同性均匀膨胀的状态，否则它不该只产生这么点儿热量。

米斯纳还指出了到当时为止所有被研究过的宇宙（无论对称与否）都共有的一个非常特征：光速是有限的，它为摩擦与任何信号传递的速度设立了一个极限。当宇宙年龄增长 t 秒时，光只能越过 $10^5 \times t$ 千米的“视界”距离，这一距离影响的质量相当于 10 万个太阳质量，因此 10 秒之后光走的距离只有 100 万千米（从地球到太阳的距离都有 1.5 亿千米），影响的质量只有 100 万个太阳质量。然而，我们观测到的均匀宇宙部分比这大 10^{15} 倍。

这一结论又给混沌宇宙哲学蒙上了巨大的阴影。任何可以抹平早期宇宙不同位置温度、密度和膨胀速率差异的过程，其作用范围都非常小，这些过程也完全无法解释为什么这么大尺度的宇宙各处竟如此均匀，以及为什么背景辐射温度在全天范围内都如此相似。

如果天空中背景辐射几乎完全相同的两个位置的角度相差超过2°，就意味着在宇宙开始膨胀25万年后，光信号就来不及在光子到达我们眼睛之前在这两个位置之间传送能量、减小温度差了。我们观测到的背景辐射就是那一瞬间的状态。

这一简单的推导意味着，要么你就得创造出一种崭新的物理学过程，后者能超过宇宙速度极限并抚平凹凸区域；要么你就得找出宇宙起始的特殊条件，后者在一开始就把那些不规则、太奇怪的宇宙排除在外。

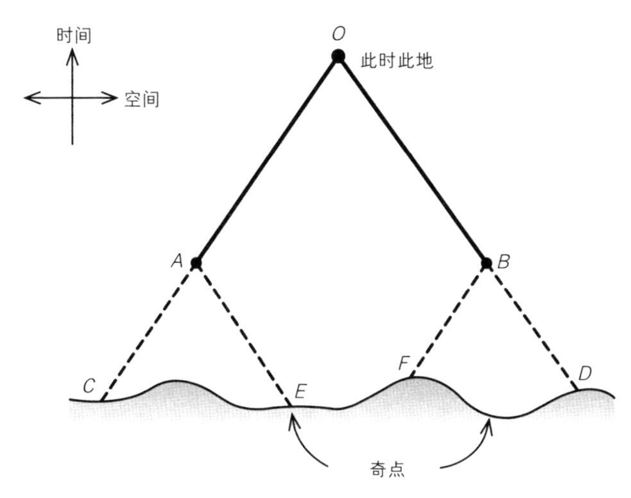

图7.6 光线在时空中沿着“光锥”运动，如图中所示，它界定了我们的视觉视界。对我们而言，光锥*OCD*之外的宇宙是不可观测的。在光锥上的*A*、*B*两点处的光子刚刚能够自由地飞向我们（当时的宇宙年龄才几百万年），以它们为顶点可以找到过去的光锥（*ACE*和*BFD*），它们在从宇宙诞生到*A*、*B*点的时间内不相交，这意味着在宇宙历史内，没有光信号来得及从*A*传送到*B*：*A*与*B*的状态不可能通过以光速传播的物理过程协调。然而，*A*与*B*两点的温度与密度几乎完全相同——差异不超过0.001%。

搅拌器宇宙

和声混音是全世界顶级 DJ 都会使用的先进技术……很明显，学习按调性混音是一项先进的 DJ 技术，如果你没有学得很精深就开始混音，也是可以的，但至少要记住，如果你想要成为真正世界级的 DJ，和声混音是未来必须要掌握的一步。

——DJ 大师课[23]

1969 年，米斯纳提出了爱因斯坦方程的一类新的解，解释了对宇宙早期耗散过程作用范围限制的问题。[24]这类宇宙的空间是比安基分类中最复杂的一种，其体积是有限的。这是一种“闭合”宇宙，始于大爆炸，它在膨胀到一个最大的大小后就会往回收缩进入大挤压过程。然而，它膨胀的过程极其复杂，以至于我们无法通过爱因斯坦方程得到确切的解，只能大概描绘出其整体行为，并用计算机研究它的各部分。后来，科学家发现这类宇宙的行为是混沌、不可预测的[25]——这种特征正是科学家在 70 年代末期特别感兴趣的一方面。

米斯纳给了这种新型宇宙一个美国食品搅拌器品牌的名字：Mixmaster，[26]他觉得这种高度扭曲、快速变化的几何特征能让光在整个宇宙间穿梭，并使其均匀化。然而，更深入的研究表明，尽管光确实可以在搅拌器宇宙很大的范围内穿梭，但这种情况发生的概率非常低，完全不足以将整个宇宙有效地“搅拌”均匀。

搅拌器宇宙是我们至今看到的爱因斯坦宇宙中最复杂的一种（见图 7.7）。如果你沿着时间回溯至它的开端，你会经历无数次振荡。在任何时候，该宇宙中都有两个维度在膨胀，一个维度在收缩，就像卡斯纳的宇宙一样。然而，收缩的方向会不断地随机转换，在你沿时间回溯的过程中，它膨胀和收缩的方向会转换无数次，就像一块不断摇晃的果冻。[27]

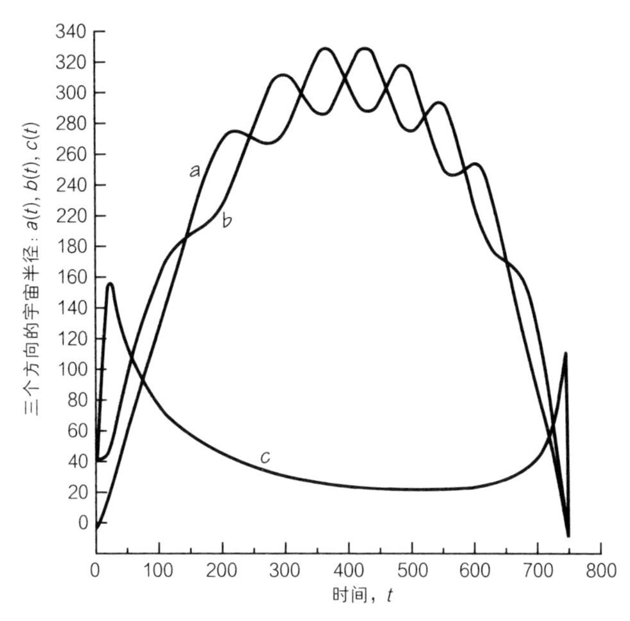

图 7.7　搅拌机振荡示意图。在宇宙寿命的前半段，宇宙体积增大，在两个方向上膨胀，一个方向上收缩，而在宇宙寿命的后半段，总体积又逐渐减小到 0，回到大爆炸时的状态。这类宇宙可以在不同方向上无规则地膨胀收缩，就像一块不断摇晃的果冻。在某一个周期中，宇宙在两个方向上以固定的周期振荡，而在第三个方向上稳定地变化，而在下一个周期中，这三个方向的角色又会互换。图中只画出了无限个振荡周期中的一小部分，互相垂直的三个方向的直径分别用 $a(t)$，$b(t)$，$c(t)$ 来表示。

为何这类宇宙会如此复杂？归根结底还是爱因斯坦理论独特的引力图像导致的——牛顿引力理论中不可能出现类似这样的宇宙。这类宇宙在不同方向上的膨胀速率不同，因此，它会在每个不同的方向产生时空的涟漪——引力波，引力波会在传播的过程中将空间扭曲。向内传播的波让空间曲率变大，最终扭转了波的方向，将向内收缩变为向外膨胀，而向外膨胀的波则变为向内收缩。从宇宙开始到现在，这一变化已经反复交替了无穷次。

这就涉及了公元前5世纪古希腊哲学家埃利亚的芝诺（Zeno of Elea）曾提到的一个问题：你能在有限的时间内做无限多的事情吗？芝诺喜欢提出关于无穷的精巧悖论来考验当时的哲学家，而这些问题在古代从未被解决。他提出了这样一个悖论：如果你与门之间的距离是1米，那么要想到达门口你就得先走1/2米，然后再走1/4米，再走1/8米，1/16米……芝诺认为，虽然整个要走的距离加起来还是1米，但你要迈无穷多步，[28]因此你永远到不了门口。

要驳斥芝诺悖论，你可以说这些无数细分的步数并不是在物理上独立的事件，但米斯纳认为，搅拌器宇宙经过了无数次物理上独立的振荡，因此，要想透过这无数次振荡追溯到 $t = 0$ 的宇宙开端时期，必须经过无限长的时间才行。[29]

从物理上看，这好像很奇怪。不过，数学家其实早就习惯这种形式了：如果你能画出函数 $y = x^2\sin(1/x)$ 的图像（这需要无限细的铅笔），它就包含无数的振荡——不管你取的 x 的区间有多么小，y 的值总是会包含无数次振荡（图7.8）。

宇宙学家极力避免将这个 $t = 0$ 的"宇宙开端"理解得太字面化。我们认为，在宇宙开始后的 10^{-43} 秒内，量子理论就开始强烈地影响整个宇宙了，这也是搅拌器振荡开始产生物理意义的最早时间。不过宇宙膨胀的速度比振荡频率还快得多，以至于即使那些振荡一直持续到今天，也不过会多发生几十次。在现实的宇宙中，振荡次数远远不及让光使宇宙变得均匀所需要的次数。几乎所有的振荡都发生在 $t = 0$ 附近，正如图 7.8 所描绘的那样。这一无穷大，在宇宙刚开端的时候可“忙”得很哪。

虽然后来证明搅拌机宇宙并不是理解宇宙目前结构的关键，但科学家一直对它保持着很强的兴趣。它到如今依然是爱因斯坦方程的解中最通用，也最复杂的模型之一，科学家也仍然在努力地探寻它能否代表着爱因斯坦方程所能导出的最通用的宇宙类型。

可惜的是，到了 1980 年，该领域的研究已经令宇宙学家确定无疑地相信，宇宙历史早期发生的某些物理过程能够保证

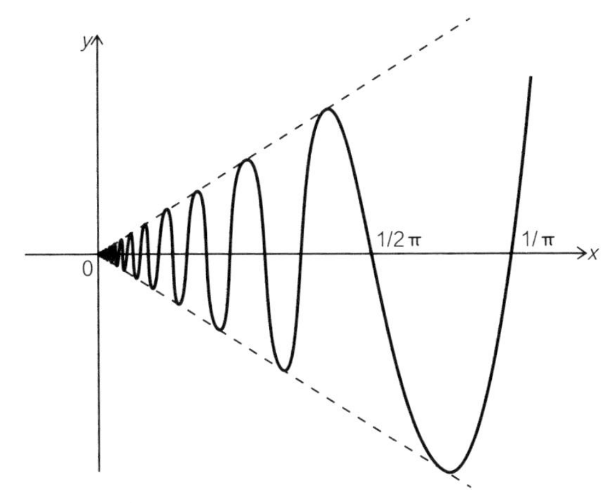

图 7.8　函数 $y = x^2\sin(1/x)$ 的图像。它在接近 $x = 0$ 的时候会发生无数次振荡，我们只能画出其中一部分。

之后的膨胀永远是各向同性且均匀的，无须光再飞来飞去。如果早期宇宙是不规则的，它的不规则性种类实在太多，在光速和如今宇宙辐射熵的严格限制之下，之后再抚平这些不规则处的可能性微乎其微。

磁性的宇宙

考官：什么是电？

考生：哦，我保证我学过什么是电——我本来知道的，可是我忘了。

考官：真不巧啊。世界上原本只有两个人知道什么是电，一个是造物主，一个是你，可惜其中一个已经忘了。

——牛津大学自然科学口试，1890 年[30]

宇宙学家突然对膨胀速率呈各向异性的宇宙感兴趣之后，又开始思考这类宇宙中的能量形式。此前，他们只专注于研究极为简单的能量形式：黑体辐射以及“尘埃”（组成星系或行星的物质，没有任何压力，因为它们并不经常彼此相遇），但它们并不能涵盖宇宙中一切的能量与物质。而宇宙中最大的谜团，莫过于磁的存在了。

磁场遍布于整个宇宙，行星、恒星和星系中都有它们的身影，可它们是从哪里来的呢？会不会存在一个遍布全宇宙的整体性磁场，所有的这些小型磁场都起源于它？科学家曾严肃考虑过：是否所有磁场都来自宇宙开端，同物质与辐射一样，受膨胀影响而被拉伸、削弱，再被引力压缩进星系中，又通过旋转而加强，产生我们如今所见到的恒星中与恒星间的强磁场。

我们如今仍然不知道磁场到底是不是这样起源的，又或者是来自比这更复杂甚至随机的过程，产生于早期宇宙的某一个时间点。

如果磁场从宇宙一开始就存在，那不同方向上的宇宙膨胀速率就必须不同，唯有这样，遍布整个宇宙的磁场所产生的各向异性的压力和张力才能维持。从1965年到1967年，美国天体物理学家基普·索恩（Kip Thorne）、苏联宇宙学家雅·泽尔多维奇（Ya Zeldovich）和安德烈·多罗什克维奇（Andre Doroshkevich）陆续找到了爱因斯坦方程的新解。新的解包含普通物质和辐射，也包含磁场。他们确认，要让宇宙一开始就拥有磁场，宇宙的开端必须是各向异性的，但磁场的存在对宇宙后期演化的影响出人意料：它强烈地阻止了膨胀各向异性的消减，同时，如果早期整体性磁场过强的话，磁场还会在微波背景辐射上留下独特的标记，而宇宙学家并没有在背景辐射中找到这样的标记，这就表明，哪怕这种整体性磁场存在，它的强度也受到了很严格的限制。[31]

布兰斯-迪克宇宙

不要相信任何实验结果，除非它是理论预言过的。

——佚名

20世纪60年代，物理学界渐渐开始质疑爱因斯坦的广义相对论：搞不好它从一开始就错了呢？水星轨道的观测结果与爱因斯坦所预言的有些不同，这让大家很担心。不过最终，在科学家们更精确地了解了太阳表面的湍流活动及太阳真正的直径与形状后，这一问题也迎刃而解，但同时，一个新的大问题出现了。迪克当时正处在用地质学与古生物学证据结合天文学观测来检测引力理论的研究前沿，他在 1966 年测量了太阳的形状，而这与广义相对论的预测并不相符，直到 1973 年，这一困难才被其他观测结果解决。[32]

1961 年，迪克及其研究生卡尔·布兰斯（Carl Brans）回顾了狄拉克 20 多年前关于大数的工作，重新考虑了牛顿引力“常数”G 并非常数的可能性，对爱因斯坦理论做出了令人瞩目的推广（图 7.9a）[33]。他们将引力“常数”从常数变为一个可变的量，就像密度与温度一样可以随空间与时间改变。如果他们不像狄拉克一样仅仅将爱因斯坦方程中的常数换成变量，而是考虑更多因素，他们就会得到一个被约束得很紧的新理论。G 的变化不是任意的，它要遵守能量与动量守恒，引力的变化也要和其他形式的能量一样让空间弯曲，并改变时间的流逝。如果将布兰斯-迪克理论中的 G 变成常数，它就会变成爱因斯坦理论，但只要引入一点小小的变化，布兰斯-迪克理论就能解释水星轨道运动中爱因斯坦理论所不能解释的地方（可惜的是，布兰斯-迪克的解释后来被证明是错误的）。

布兰斯-迪克的宇宙与爱因斯坦理论中的宇宙很像，他的宇宙其中有些会永恒膨胀，有些会在到达最大体积之后往回收缩，不过他们二者的宇宙还是有一些微小的区别：引力常数减小得要比狄拉克原先的理论中的慢得多。如果 G 正比于 $1/t^n$，那么宇宙膨胀的速度就会与 $t^{(2-n)/3}$ 成正比；当 $n = 0$，即 G 不随时间改变时，我们就能得到爱因斯坦与德西特的宇宙，其膨胀速度与 $t^{2/3}$ 成正比（图 7.9a）。[34]

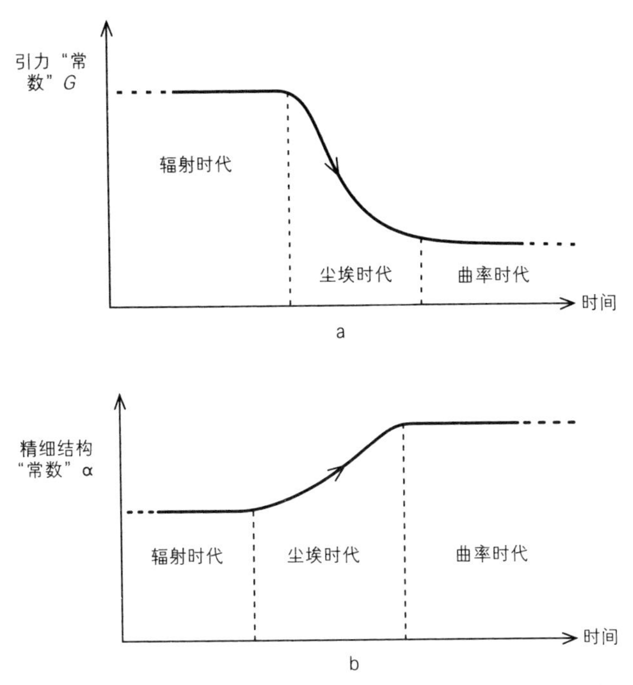

图 7.9 （a）根据卡尔·布兰斯和罗伯特·迪克提出的引力“常数”G可变的引力理论，推导出G在宇宙演变各时期的变化轨迹图。G的值只会在无压力的物质中（即“尘埃”）占据整个宇宙密度的绝大部分时期才会发生显著的变化。不管是在辐射主导的早期还是后来曲率主导的开放宇宙，G均不会发生太大的变化。（b）桑维克、巴罗（本书作者）与马盖若提出的宇宙学理论中，精细结构“常数”α随着时间的变化曲线。α在辐射时代和曲率主导的宇宙历史时期不会发生变化，而在尘埃时代则会与宇宙年龄的对数成正比而非常缓慢地增大。

一系列天文观测数据和太阳系内的引力检测表明，爱因斯坦关于水星运动的预言其实是正确的，因此，n也就越来越接近 0。到了 1976 年，学界对布兰斯–迪克这类理论的兴趣已经衰落，但 25 年之后，又出现了让其他传统大自然“常数”可变，从而推广爱因斯坦理论的自洽理论。

自 1999 年开始，一系列重要的天文学观测研究逐渐兴起。科学家从脉冲星光谱推知，主宰着原子物理学的大自然的常数（如电子电荷、光速或电子质量等）的组合值，在 100 亿年前可能与现在有细微的不同。[35] 这一结果也与另一项观测结果一致：科学家发现，精细结构常数——也是大自然常数的一种组合——在近期的宇宙历史中非常缓慢地增大了一点点，[36] 而它的增大速率大概是宇宙膨胀速率的百万分之一。人们之所以要在 1999 年做脉冲星观测，就是因为它们对精细结构常数的变化比任何实验室中进行的实验都要敏感。

这些观测结果表明，我们迫切需要一个广义的爱因斯坦引力理论，以将变化的精细结构常数包含在内，毕竟精细结构常数主宰了电磁相互作用的强度。2002 年，雅各布・贝肯施泰因（Jacob Bekenstein）[37]、霍瓦德・桑维克（Håvard Sandvik）、若昂・马盖若（João Magueijo）与笔者[38] 共同提出了一套与布兰斯-迪克类似的理论，并简单预言了精细结构常数随宇宙演变的变化情况（见图 7.9b）。电和磁在天文学尺度上起不了太大的作用，因此这一理论对宇宙膨胀本身不产生可测量的影响，只是在宇宙膨胀的同时会观测到“常数”随着时间缓慢增加而已。

物质-反物质宇宙

噢亲爱的，那会是什么呢？（Oh dear, what can the matter be?）

——英国童谣[39]

1965 年微波背景辐射的发现，一下子把大爆炸宇宙模型推向万众瞩目的焦点，而其他的宇宙模型，如稳恒态宇宙也就此被抛弃。关于我们到底居住在什么样的宇宙之中，最主要的问题集中于：宇宙在早期炽热的时候到底是各向同性的，还是各向异性的，甚或是完全混乱的。不过，也有人完全不赞同大爆炸的图景，并仍然出于哲学的角度偏爱稳恒态理论，因为它无始无终：它是所有宇宙模型中最对称的一种，不仅在空间上对称，在时间上也对称。也有其他人既不赞成大爆炸模型，也不赞成稳恒态模型，而是提出了其他的宇宙模型，描述了膨胀宇宙早期历史中其他不同的现象，其中一个有趣的模型就是由反物质启发而产生的。

狄拉克在 1928 年预言了反物质在大自然中的存在，[40] 1932 年卡尔·安德森（Carl Anderson）就在空间中发现了反电子（正电子）。后来，1955 年，加利福尼亚大学伯克利分校的欧文·张伯伦（Owen Chainberlain）、埃米利奥·塞格雷（Emilio Segre）、克莱德·威甘德（Clyde Wiegand）和汤姆·伊普西兰蒂斯（Tom Ypsilantis）又制造并鉴定出了反质子。

很快，反物质在宇宙历史中的重要性就成了物理学家争论的焦点。60 年代中期，两位著名瑞典物理学家汉内斯·阿尔文（Hannes Alfvén）和奥斯卡·克莱因（Oskar Klein）提出，宇宙应当开始于一种物质与反物质数量相等的弥散而稀薄的状态——完全与大爆炸相反。物质与反物质逐渐在引力的作用下相互靠近，最终正粒子与反粒子相撞并湮灭，产生大量辐射的同时让宇宙碰撞，正反粒子又开始相互远离。这一现象或许不会在所有地方都发生，但他们认为，我们如今能观察到宇宙膨胀，就是因为我们处于粒子–反粒子湮灭带来的膨胀区域中。

阿尔文其实并不是宇宙学家，而是研究等离子物理与磁场的专家，他还因该领域的研究获得了1970年的诺贝尔物理学奖。他关于物质-反物质的宇宙学理论只吸引了很少一部分人的注意，且很快就被发现与一系列观测结果不符。[41]他的理论需要宇宙总体的物质与反物质完全对称，有一个原子就要有一个反原子与其对应，有一颗恒星就要有一颗反物质构成的恒星与其对应，但我们从未在宇宙中看到自然存在的反原子，更不用说反行星和反恒星了，这就意味着湮灭过程必须让所有的物质与所有的反物质相隔得非常非常远——但这要怎么做到呢？不仅如此，在阿尔文的理论中，宇宙从收缩转换为膨胀时的密度经计算仅为我们如今宇宙的百分之一，这说明这类宇宙反弹在我们过去从未发生过。

我们对高能物理学的了解逐渐加深之后，还有人提出了其他的正反物质宇宙理论，如60年代罗兰·翁内斯（Roland Omnès）在大爆炸的背景下提出的一种物质-反物质宇宙理论，其前提也是宇宙拥有等量的正反物质，而这一对称性一直保持至今。但如今，物质-反物质的不平衡现象已经被学界公认为一条不可动摇的自然定律，[42]为了符合这条定律并能解释我们在附近的宇宙从未找到任何反物质的现象，我们必须假设宇宙分别拥有由物质和反物质构成的“岛屿”，且彼此间隔非常远。

然而，当我们回溯这类宇宙的过去，就会发现这些正反物质“岛屿”会越来越靠近，并最终撞到一起。也就是说，在这类宇宙开始的前几毫秒，正反物质粒子必须与宇宙早期的辐射混合在一起，即一个粒子与反粒子不断产生和湮灭在辐射海洋中的平衡态。如果这种情况真的发生了，科学家可以计算出来等量的物质与反物质停止湮灭时会发生什么。不幸的是，根据 1965 年泽尔多维奇与丘宏义的计算，正反物质相撞湮灭的过程十分高效，在 10^{18} 对质子与反质子相撞湮灭后才会留下一个质子或反质子，[43] 但我们如今在宇宙中平均每 10^9 个光子中就能看到一个质子。对翁内斯的理论而言，我们宇宙拥有的质子和原子太多，热辐射又太少，所以不可能由物质与反物质膨胀而产生。

自此，反物质从宇宙学的议题中消失了。但宇宙学终究需要改变，于是在 20 世纪 70 年代，宇宙学发生了一场革命，这场革命让宇宙学重回物理学的舞台中央，并带来了让所有人都大吃一惊的宇宙观念。

第8章

最简单的宇宙开端

要想完全地从头开始做一个苹果派，你必须先创造出一个宇宙。

——卡尔·萨根（Carl Sagan）

奇点宇宙

奇怪的东西永远能成为线索。而没有特征、司空见惯的东西则……

——亚瑟·柯南·道尔

我们此前描绘的几乎所有宇宙都有一个显著的特征：它们都“开始”于一段有限的时间之前，且开端密度无穷大。正是这样的开端让稳恒态宇宙的提出者非常不快，这也促使他们极力寻找其他的宇宙模型。早在他们以前，理查德·托尔曼就尝试通过想象闭合宇宙膨胀与收缩的循环来避免让宇宙拥有一个

“开端”，让它就像一个弹弹球一样循环往复永无止息。不过，由于爱因斯坦理论不适用密度与温度无穷大的情况，每次宇宙收缩成一点的时候，他的理论都只能搁置怀疑并假设它会进入反弹，毕竟你不能让宇宙继续处于大小为零、密度无穷大的状态，同时又期望其他什么都不改变。

当首个符合爱因斯坦方程的宇宙被发现时，科学家对拥有无穷密度的宇宙开端看法不一，但总的来说是怀疑的。一开始，爱因斯坦认为这只是宇宙中的物质压力被忽略所导致的结果，如果考虑压力，在时间回溯时，宇宙在缩小的同时压力终究会越来越大，并最终阻止自身进一步压缩，让宇宙开始反弹，就像你努力想把一个气球压缩得越来越小，但最终，气球中气体的压力会阻止你进一步压缩。

然而，爱因斯坦的直觉在这里出了错。在他的引力理论中，一切能量形式都有引力，其中也包括压力。因此，讽刺的是，如果你把压力考虑在内，它不仅不会阻止宇宙压缩到零体积，反倒会加剧压缩，让体积为零的时刻加速到来：压力本身的引力效应增强了引力压缩。

知道压力无法阻止宇宙压缩之后，爱因斯坦转而开始思考，无穷密度会不会只是假设宇宙以完美对称方式膨胀才会导致的结果。如果宇宙被假设以完美的球形膨胀，那回溯到最后，所有方向必然同时收束于一点。但如果膨胀并非完美的球状，会不会各个方向的收缩就会有一个时间差，从而避免了各方向同时收束于密度无穷大一点的结果呢？爱因斯坦认为密度无穷大的初始态是个“幻觉”，[1] 20 世纪 30 年代初的其他著名宇宙学家，如罗伯逊[2]和德西特也是这么想的。[3]

然而，这一继承了牛顿世界观的简单直觉也被证明是错误的。1932年，勒梅特研究了一种非球状的各向异性宇宙，发现它的开端同球状宇宙一样，也是密度无穷大的。[4] 卡斯纳与托尔曼的非均匀各向异性宇宙在过去都开始于一场密度无穷大的大爆炸。[5] 或许更复杂的非对称性，如旋转，可以避免宇宙经历密度无穷大的过去——后来我们称之为初始“奇点”(singularity)。

奇点可是非常奇怪的。在地球上十分古老的遗址中，你或许能找到存在超过40亿年的岩石，最早的细菌生命形式年龄约为30亿年，而我们现代人的祖先诞生在20万年之前。地球与太阳系的年龄不比最老的岩石老多少——约46亿年，而惊人的是，如果你将时间回溯到它的3倍之前，也就是138亿年前，[6] 一切时间都不存在了——不仅不存在时间，也不存在宇宙，什么都没有。这个结论太惊人了，它让我们感觉到，我们离一切事物的起点其实很近。

尽管压力和非对称性都不能避免初始奇点的发生，但20世纪60年代初有一种流行的看法认为，奇点并不属于宇宙模型中的物理特征，所以我们无须担心它的物理实体是什么样子，受朗道的启发和叶夫根尼·利夫希茨的领导，当时一群苏联物理学家认为，大爆炸奇点无穷大的密度和时间的开端完全是虚构的，无须担心。[7] 作为类比，我们可以再次设想一下地理学家的地球仪，上面布满了经线和纬线构成的网络，用来一对一地标定地球上的每一个点。我们管它叫坐标，因为它帮助我们定位地球上的不同位置。如果我们的视线向南北极移动，我们就会发现所有的经线都渐渐靠近，最终交汇在南北极点，也可以说，地图坐标在此出现了某种“奇点”。但这并不意味着地球表面出现了什么奇怪的事——这是由我们选取坐标的方式决定的，我们随时可以在南北极点附近选取别的坐标系，使它不会再在两极点崩溃。

利夫希茨及他的同事们认为，宇宙起点附近发生的也是类似的情况。大爆炸的奇点只是个无伤大雅的坐标极点，是由于我们为描述宇宙而选取的坐标不合适引起的，[8] 因此，当我们看到这个虚假的奇点的时候就应当换一种新的描述方式，如果新的描述方式也不行了，就再换。这位苏联科学家随后推论出，所谓的大爆炸奇点，在物理上根本就不存在，宇宙并没有开端。但他之后的科学家意识到，用这种改换坐标系的方法来避免奇点的办法也是虚幻的：它没有仔细探求在一系列的坐标变换后会发生什么，而事实证明：无论怎样，这个真实的、物理的奇点都会存在，就如同地面上有个真实的洞，我们不可能用转换地图坐标的方式来消解它。

这给 20 世纪 60 年代初带来了令人非常困惑的局面，也促使宇宙学家更仔细地思考，奇点这东西究竟代表着什么。如果我们把宇宙模型当成任意时刻的一块宇宙空间，那么我们就可以把奇点安放在密度为无穷大的地方。现在，想象我们要把这些点周围的地方都挖掉扔出去，我们就有了一张（带孔的）完美宇宙，不包含任何奇点。这看起来有点像是作弊，打孔的宇宙难道不是在某种程度上也相当于包含了奇点的宇宙吗？但如果我们找到了一个没有奇点的宇宙，我们怎么才能知道它没有在我们不注意的情况下以人为的方式“挖掉”了真正的奇点呢？

查尔斯·米斯纳在 1963 年提出了一个回答，这一回答后来改变了宇宙学家看待奇点的方式。[9] 他提出的想法抛弃了传统的奇点定义，不再将奇点看作密度或其他物理量达到无穷大的地方，而是将奇点看作任一粒子或一束光（这个粒子的“路径”）在时空中到达尽头无法继续的地方。

如果一个旅行者沿着这类到达尽头的路径行进，他还会经历那些像爱丽丝仙境一样奇怪的事吗？他只是跟随光束到达了时空边缘而已，没别的了。

米斯纳定义奇点的这种方式真是简洁优雅。如果某一项物理属性，如密度或物质能量达到无穷，光束在这里当然就要停止，因为这里的时空已经被摧毁了。但如果这类危险的地方已经通过改变坐标系等方法被“挖去”了，光束路径到了这里还是会停止，因为它到达了洞的边缘（见图 8.1）。

将奇点定义为时空的边缘的这一图像极为实用。它绕过了令爱因斯坦都极为头疼的关于宇宙形状的问题，也防止了坐标系转换所带来的模糊性。如果宇宙没有奇点，就意味着我们可以无限制地去往过去，追踪所有粒子和光的历史路径，而不可

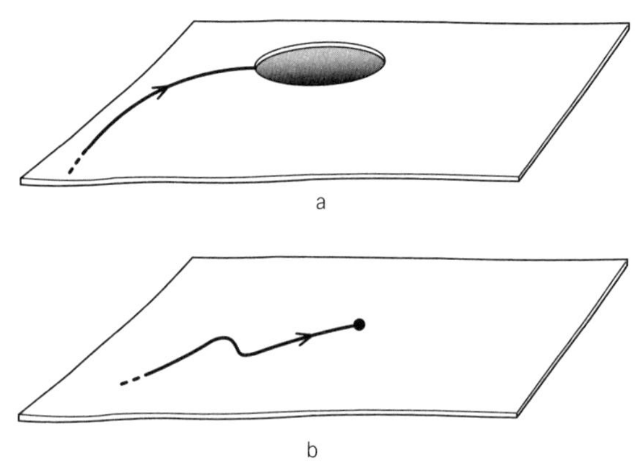

图 8.1 两张纸都代表着一束光到达了尽头。图 a 中的纸上有一个洞，光束到达了它的边缘，而图 b 中这束光则到达了一个物质密度无穷大的地方，这里时空被摧毁，它也无法逃出。

能遇到一个过去的终点。无奇点的宇宙就是既没有洞，也没有边缘，没有消失的点的宇宙。

尽管这个想法很简单，它却带来了很多极为艰深的问题。或许追寻任何一段过去的历史总会到达一个终点，总会遇到一个密度、能量或温度达到无穷大并摧毁时空的地方，就像弗里德曼-勒梅特在早期就想到他们的宇宙有个大爆炸的起始一样。但我们并不知道宇宙是不是真的如此——直到今天，这个问题都还没有确切的答案，尽管在各种各样的膨胀的宇宙中，物理量达到无穷大看起来像是一个普遍的特征。

这一关于奇点的新观念还给我们对宇宙开端的理解带来了其他显著的改变。奇点不必是普遍存在的：并不是所有过去的历史都得有个开端，有些可能有个开端，有些则可能无限往过去回溯。不仅如此，哪怕所有的历史都有开端，它们的开端也不非得是同时的一个开端。最令人惊讶的是，有些历史的开端可能被其他历史路径中的天文学家观察到（见图 8.2）。

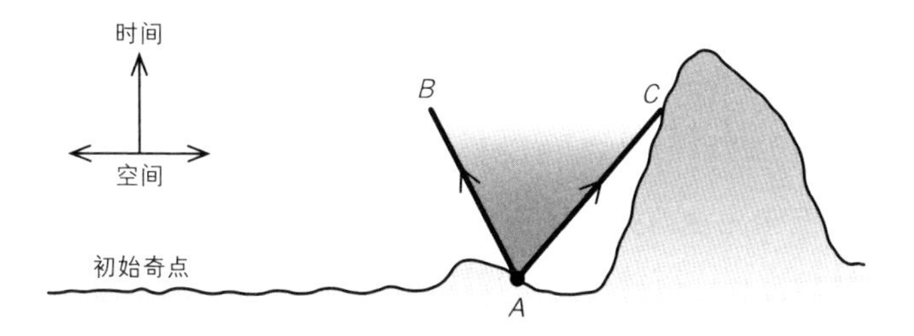

图 8.2　初始奇点并不非得是同时的。宇宙早期的某时某地，如 *A*，也许可以在很久之后在 *C* 点被一束光观察到。*AB* 和 *AC* 都是从 *A* 发出的光线。

哪些宇宙是有奇点的

奇点这东西性质如此奇怪，甚至不存在一个精确的定义……这是我们总有一天要认真面对的问题。

——罗伯特·杰罗奇（Robert Geroch）

20 世纪 60 年代初，天文学家在研究奇点到底是什么以及能否避免奇点的问题上经历了众多令人困惑和模棱两可的答案之后，想要找到一个对整个宇宙都通用的清晰划分标准，而不用对每个解都检查一遍看看它是否有一个确定的开端，或是拥有如米斯纳定义的奇点。1953 年，在加尔各答工作的印度数学家阿马尔库马尔·瑞查德符里（Amalkumaer Raychaudhuri）已经做出了开创性的工作，[10] 只是几乎没有人注意到，1956 年美国理论物理学家阿瑟·科马尔（Arthur Komar）[11] 也提出了一种方法。瑞查德符里和科马尔都不喜欢奇点的概念，尤其是瑞查德符里，或许是因为他没有受到基督教的宗教基础影响，他甚至没有刻意寻求有开端的宇宙。即使他发现在过去的某个时候密度达到了无穷大，他也没有把这一现象与宇宙的开端联系起来，他认为，或许可以通过某种方式把这种无穷态继续延续到再往前的时刻。不过，他认为，更可能的是爱因斯坦方程并不能完全地描述宇宙，尤其是它们的密度过大的时候。爱因斯坦方程中可能还需要加入新的项，它的解也会变化，或许这样一来它们就不会产生奇点了。

爱因斯坦本人对奇点的看法也是如此。他同 2000 年前的亚里士多德一样，认为宇宙应该没有任何物理性质达到无穷大的点。一旦哪个数学模型中出现了奇点，那它一定是在描述宇宙的过程中做了过于理想化的近似带来了人工产物，或者是整个模型所基于的假设不成立了。

不过，科马尔和瑞查德符里在研究爱因斯坦方程的时候发现，在非常一般的条件下，非对称、非旋转的宇宙与各向同性的弗里德曼与勒梅特宇宙一样，都会经历密度无穷大的奇点。

旋转宇宙被排除有些不太凑巧，因为它可以消除牛顿引力理论中产生的无穷密度点。但这块空白，连同早期关于坐标系会产生奇点的问题，都被 1965 年的一项突破解决了，这项突破给我们带来了看待宇宙的崭新视角。

罗杰 · 彭罗斯（Roger Penrose）是一位年轻的纯数学家，他的研究方向是代数几何。他受曾经的研究生同学，也是哥哥奥利弗 · 彭罗斯好朋友的丹尼斯 · 夏默（Dennis Sciama）影响，也开始思考爱因斯坦理论与奇点问题。夏默在 50 年代曾与霍伊尔、邦迪和戈尔德共同研究过稳恒态宇宙，但 1965 年宇宙微波背景辐射的观测结果支持了大爆炸理论，此后他就迅速转向大爆炸理论研究了。

彭罗斯在纯数学方面的技巧很熟练，因此，他是第一个把这方面的技巧应用到了对宇宙的研究中的科学家，他能以崭新的角度研究奇点。他并没有像科马尔和瑞查德符里那样尝试证明爱因斯坦方程会导致宇宙在过去出现密度无穷大的点，也没有试图研究每一个解所对应的宇宙，更没有像利夫希茨及他的同事那样运用包含不确定性的近似，他采取了完全不同的策略。利用米斯纳的定义，他专门研究了描述粒子与光束历史的方程，并证明，在非常一般的条件下，至少存在一个这样的历史：一定会拥有一个开端，无论宇宙的细节特征是什么样。

1965 年，彭罗斯建立了革命性的第一“奇点定理”，表明如果一颗死去的恒星在它自身引力的作用下坍缩成一个黑洞，其中必定会产生一个奇点。[12] 随后，1965 年到 1966 年，斯蒂芬·霍金、乔治·埃利斯（George Ellis）和罗伯特·杰罗奇利用彭罗斯的方法，把结论外推到了整个宇宙。[13]

当宇宙学家尝试将旧的直觉性的大爆炸概念（其中物理量达到无穷的点为奇点）与新的数学奇点图像（奇点代表历史路径的开端）联系起来的时候，就有一种微妙的情况需要他们仔细考虑了。尽管在最简单的弗里德曼、勒梅特、卡斯纳和陶布宇宙中这两种图像能够一致共存，即无法继续前推的历史是由物理无穷处的时空破坏导致的，但并不是所有类型的宇宙都这样。

彭罗斯引入的数学方法最终得到了一个强有力的结果。1970 年，霍金与彭罗斯共同给出了证明。[14] 该结果的吸引人之处在于，虽然要用到艰深的数学方法，但它得出的假设在理论上可以通过天文学观测来证实。他们表明，如果：

1. 时空足够平滑（因此我们不会在一开始就遇到让历史终结的小故障）；

2. 时间旅行无法实现（这样你沿着历史回溯时就不可避免地会来到宇宙开端，而不会通过时间循环又回到未来）；

3. 宇宙中的物质与辐射足够多（这样它整体的引力就能达到足够大）；

4. 引力总是吸引性的（而非排斥性的）；

5. 爱因斯坦的广义相对论永远正确。

那么，宇宙中总有一个历史会拥有开端。

注意这里的逻辑：它是一个定理，而非理论。如果这五条假设都成立，那么结论就一定成立。而如果其中一条或几条假设不成立，[15] 也并不意味着宇宙就没有开端了，只是意味着这条定理不成立了，意味着宇宙不一定有开端。实际上，如果其中一些假设不成立，我们仍然有可能找到存在奇点的宇宙，也有可能找到不存在奇点、没有开端的宇宙。[16]

学界对这五条假设的反应不一。前两条是没有太多疑议的，毕竟对大多数人来说，能容许时间旅行的宇宙比用于开端的宇宙还可怕呢。

但第三条假设就需要天文学家来检验了。不过，光是计算一下彭齐亚斯和威尔逊刚刚发现的背景辐射能量的引力效应就足够使这条假设成立了。

第四条假设在当时被认为是正确的，它等价于宇宙压力 p 和物质密度 ρ 永远满足以下条件：

$$\rho + 3p/c^2 > 0 \quad (*)$$

其中 c 代表光速。举个例子，组成宇宙微波背景辐射的黑体辐射，即热辐射（远不是宇宙中主流的辐射形式）就满足 $\rho = 3p/c^2$，而 ρ 又永远是正的，那么 (*) 式对辐射自然永远成立，而它所带来的引力场也自然是吸引性的（见图 8.3）。从这些定理刚刚被证明的时候到 1977 年前后，科学家相信 (*) 式对所有形式的物质都成立，并且没有任何理由质疑它的正确性，除非你天生要怀疑一切。

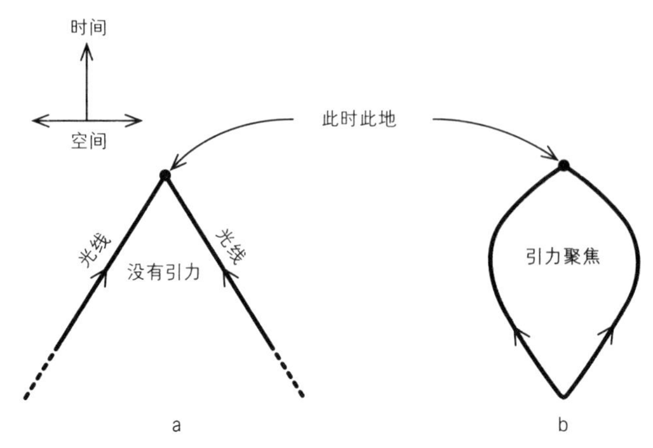

图 8.3 （a）在没有引力作用的情况下，光线会以不变的速度穿过时空，图为光线的传播路径。（b）宇宙中的物质和辐射产生的引力会使光线偏离直线发生弯曲，如果宇宙中的物质足够多，且引力总是吸引性的，这些光线就会在引力的作用下聚焦，聚到一个过去的奇点。

第五条假设就有点不一样了，它很有可能就不成立。爱因斯坦的广义相对论在什么时候、什么地方会不成立呢？牛顿的引力理论统治了科学界两百多年，但最终被爱因斯坦的广义相对论代替。说“代替”也不严格，因为爱因斯坦和牛顿的引力理论有很大的重合之处：在引力较弱、速度较低的情况下，爱因斯坦的引力理论在多个方面都很接近牛顿理论，但爱因斯坦理论的适用范围要比牛顿理论大得多，在速度接近光速、引力大到能影响到光速移动的物体的时候，[17] 爱因斯坦理论仍然成立，并且内在一致，而牛顿理论就失效了。

如果我们继续研究各种不同的极端情况，那么爱因斯坦的理论可能最终也会失效。玻尔、爱因斯坦、普朗克和海森堡在 20 世纪的前 20 多年发现的物质与能量量子化现象表明，能量只能以特定大小的一小份一小份的形式传播，不是什么值都能取的，而物理学中传统意义上的粒子也拥有与之互补的波的特性。这种波动性与其说像水波（water wave），不如说更像犯罪浪潮（crime wave），它是一种信息之波。如果你家周围出现了犯罪浪潮，就意味着你家周围出现犯罪的可能性变大了，而一道电子波穿过你的仪器也就意味着你探测到这个电子的可能性变大了。质量为 m 的物体的量子波长与 m 成反比，因此，一个物体的质量越大，它的波长就越小，它在空间中的延展程度就越低，远小于它们自己的尺寸，因此我们无须担心它无法捉摸。但如果一个物体的质量很小，它的量子波长就会变得很大，能够轻易超过它自身的体积。在这种情况下，物体的行为在牛顿力学的角度下看起来就很奇怪了：它会表现出量子的本质——像波一样。

然而，爱因斯坦对引力的描述并没有包含这类量子效应。自从约翰 · A. 惠勒（John A. Wheeler）于 1957 年首次提出爱因斯坦理论在宇宙的极早期阶段可能并不成立，此后的物理学家都认为在这种时刻需要有一个量子力学版的广义相对论——“量子引力”（quantum gravity）——来代替广义相对论。为了找出这一理论的适用条件，物理学家只需要考虑从宇宙膨胀开始光穿过的距离（即“可观测宇宙”的大小），并研究在哪一个时刻以前可观测宇宙的大小小于其所包含物质的量子波长，在那之前，宇宙就必定会表现出爱因斯坦理论无法描述的量子波行为：结果表明，这一新的量子引力时期存在于宇宙诞生后的 10^{-43} 秒之前，在这段时间里，整个时空的本质都是不确定的。

假设我们沿着膨胀宇宙的历史回溯到奇点定理预言的那个

历史性开端，并假设它在所有地点都同时发生，方便起见，我们将这个过去的时间标为 $t=0$。我们知道，在接近 $t=0$ 的时候，精确来讲，在 $t=10^{-43}$ 秒之前，爱因斯坦理论不成立，我们根据物理学家马克斯·普朗克把这个时刻叫作“普朗克时间”。[18] 既然在这段时间里广义相对论不成立，霍金和彭罗斯定理的好几个条件就不适用了，因为此时的时空不再平滑，而且量子引力效应也使第四条假设不再成立。此时，引力可以变成排斥性的，让整个宇宙进入“反弹”状态，体积逐渐增大，而非继续收缩成一个密度无穷大的点。不过，关于此时宇宙的行为还有其他的想象图景（图 8.4），这些图景都与我们观测到的宇宙之后的行为相吻合，我们无法从中选择。

这听起来有点像 20 世纪 30 年代理查德·托尔曼提出的旧循环宇宙。奇点定理表明，宇宙不可能在进入奇点之后再反弹回来，因为在奇点处整个时空就被摧毁了，你不可能闭着眼睛经过这一让爱因斯坦理论失效的阶段。因此，反弹必须发生在宇宙到达某个很小但非零的体积之后，而这就要求奇点定理的第四个假设不成立。

尽管广义相对论在去往奇点的路上可能失效，但在 1966 年到 1972 年之间，宇宙学家仍然认为奇点定理预言了宇宙初期曾不可避免地经历过难以想象的高温高密度过程。即使爱因斯坦理论的失效表明宇宙不可能从一个无穷密度的点大爆炸出来，宇宙初期的密度可能也曾达到水密度的 10^{94} 倍那么高，这么高的密度对我们的想象而言也已经几乎是奇点了。

到此为止讨论的奇点都是发生在我们过去的，但其实，奇点也可能在未来等着我们——如果我们居住的宇宙像弗里德曼最初发现的宇宙那样是“闭合”的话，它的膨胀最终会变

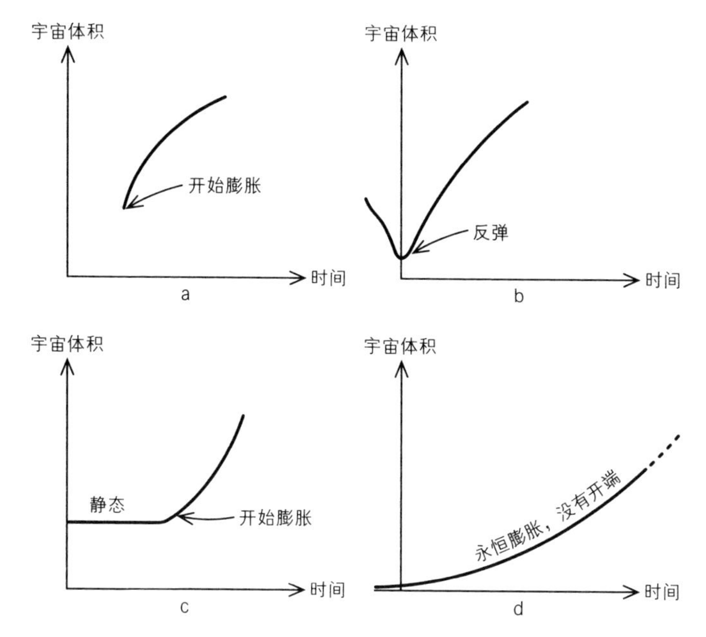

图 8.4　有些理论假想了宇宙并非始于奇点，但仍然如我们所观测到的膨胀至今的过程：（a）宇宙起始于某个确定的时间，但并非起始于密度无穷大的奇点；（b）宇宙起始于一个“反弹”，在此之前宇宙收缩达到了一个有限的密度；（c）宇宙在一个永恒的静态过程之后开始膨胀；（d）宇宙一直在膨胀，就如一条指数曲线一样，其大小永远不会在一段有限的时间之前达到 0。

成收缩。在这一最终奇点临近之时，宇宙会不可避免地变得非常不规则，因为随着时间的流逝，不规则性会不可避免地一直增加，黑洞会一个接一个地生成，最终并合在一起，宇宙的一些部分会抢先进入大挤压（图 8.5），有些观察者甚至能看到其他地区抢先进入大挤压的过程。大挤压——亦即一切的终结，它在不同的地方发生的时间会不同吗？它意味着什么？“终结”意味着什么？“一切”又意味着什么？带来这些难以回答的棘手问题的，可不仅仅是宇宙的开端。

过去的奇点也带来了一系列元科学问题，如发生在奇点“之前”的又是什么？宇宙在从奇点涌现出来之后呈现出来的样子由什么决定？如果时空在奇点出现之前根本不存在，物理定律又怎么解释呢？它们在奇点出现之前存在吗？怎么能把通常的科学方法应用在奇点这么独一无二的事件上呢？

这些都是关于宇宙开端的研究所催生出来的非比寻常的问题。宇宙学家关心的是更加具体的问题，这些问题更容易解答一些。我们可以证明过去有限的历史总是会以一个密度和温度无穷大的奇点来终结吗，就像在我们膨胀的宇宙中沿着时间回溯一样？关键问题在于我们是否应该相信奇点定理的假设在

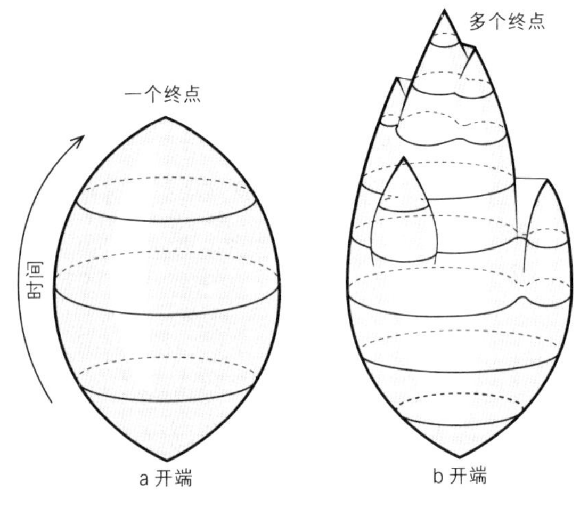

图 8.5 （a）只有在一个完全平滑的闭合宇宙中，所有时空才会同时收束到同一个最终奇点；（b）但在实际的宇宙中，有的区域密度会比别的区域更大，密度大的区域更早到达奇点，其过程就有可能被其他区域的观察者看到。

大自然中总是成立，如果总是成立的话，我们的宇宙中必定存在过奇点，而如果不成立的话，一切结论都不作数了。

冷宇宙与温热的宇宙

> 我知道你的行为，你也不冷也不热。我巴不得你或冷或热。你既如温水，也不冷也不热，所以我必从我口中把你吐出去。
>
> ——《新约·启示录》[19]

现在大家都认可了宇宙过去曾有一个极热极致密的过去，正如大爆炸理论的拥护者从一开始就坚持的那样。但在 20 世纪 70 年代末期，这又带来了一个新的问题：科学家集中讨论了宇宙的形状，它的均匀程度和各向同性程度，它是起始于混沌态还是有序态，但很少有人讨论过它是由什么组成的。背景热辐射的发现带来了一个新的大自然常数：宇宙中每个质子（也即原子）所对应的光子数。这个数很大，约有 10 亿。[20]

如果要把宇宙中所有的物质都抹均匀，以至于没有任何恒星和行星，只有一片完全均匀散布着的单个原子，每立方米大概会有一个原子。这个密度可以说非常低了，比地球上任何实验室能制造出的人工真空还要空。在同样的一立方米体积中，大约有 10 亿个宇宙微波背景辐射光子，因此，宇宙辐射与宇宙内容的比值大概也就是 10 亿比 1。10 亿这个值是很大的，如今的宇宙中不管是爆炸的超新星还是其他非常激烈的过程都不可能产生这么大的光子质子比，这也是稳恒态宇宙模型无法解释微波背景辐射的原因之一。不过，大爆炸理论也没能解释为什么每个原子都刚好对应着10亿个光子，既不太多又不太少。

不久以后，科学家发现这个数字在热大爆炸宇宙的历史中起了至关重要的作用。它决定了宇宙环境能否降温到足以让原子，乃至恒星与星系生成，也决定了生成的恒星与星系的大小。但到底为什么每个原子都对应着10亿个原子呢？这个谜还没有被解开。有人尝试设想：如果我们的大爆炸宇宙是“冷”的，也即每个质子只对应几个光子，或是“温热”的，即每个质子对应10 000个光子，看看宇宙中的爆炸性事件能否让这个比例升高到10亿，[21]但都没有成功。同此前的湍流宇宙论一样，这些设想无法解释宇宙中氦的数目——宇宙中产生的氦比这些理论推导出的多太多，而如果要让激烈的宇宙事件后来再产生这些辐射的话，又会在宇宙微波背景辐射上留下痕迹，超过天文学家通过观测给背景辐射所下的千分之一的限制。热宇宙必须从一开始就是热的。

意外简单的宇宙

在整五幕中，他扮演的李尔王好像随时都处于恐惧之中，担心被别人谋权篡位。

——尤金·菲尔德（Eugene Field，戏剧评论家）[22]

这些研究带来的副产物之一，就是促使我们提出更多探索性的问题，以研究大爆炸极早期的宇宙中充满的基本粒子。这个问题是勒梅特首次提出的，但他无法回答，此后，阿尔弗、赫尔曼和詹姆斯·福林都向着研究大爆炸宇宙中高温物理学的问题迈出了第一步。[23]

你可能会想，宇宙学家只要同核物理及粒子物理学家联手，就能解决宇宙年轻时看起来是什么样这一问题了。然而，1973 年之前，高能物理学家实在帮不上什么忙。原因很简单：没有哪种理论能成功地描述温度超过 1 000 亿摄氏度的物质，这远远超过了地球上任何实验所能模拟的极限。而理论学家也帮不了什么忙：每次他们试图创造出一个强相互作用基本粒子理论，理论都会预言粒子之间的相互作用在能量升高时会增强，进而变成一团完全无法控制的混乱状态，无法进行可靠的计算。[24] 这听起来似乎给我们了解极早期的宇宙判了死刑：时间越早，宇宙的状态就注定变得越复杂、越难以控制，因此，这类宇宙的“开端”，即霍金与彭罗斯定理中的奇点，似乎远远超出了我们对自然定律的了解。

但 1973 年，一个描述高能基本粒子的新理论诞生了，戴维·波利策（David Gross）、戴维·格罗斯（David Gross）、弗兰克·维尔切克（Frank Wilczek）、徐一鸿（Tony Zee）和赫拉尔杜斯·特胡夫特（Gerardus t’Hooft）颠覆了我们此前关于高能基本粒子相互作用的观念。他们认为，我们周围的量子真空中的能量海洋会对其中运动的基本粒子的性质产生影响。量子场论认为，真空中存在无数对不断产生又湮灭的粒子，它们拥有“借来”的能量。如果将带电的粒子，如电子放在量子真空中，它就会吸引一圈相反电荷的真空粒子，因此，如果此时另一个电子以很低的能量向它运动，它受到的斥力就小于完全由这个电子的负电荷带来的斥力，因为电子周围的真空正粒子起到了一些屏蔽效应（图 8.6a），而如果另一个电子能量比较高，它就会径直穿过真空粒子组成的“云”，感受到电子原本的“裸”负电荷带来的斥力（图 8.6b）。

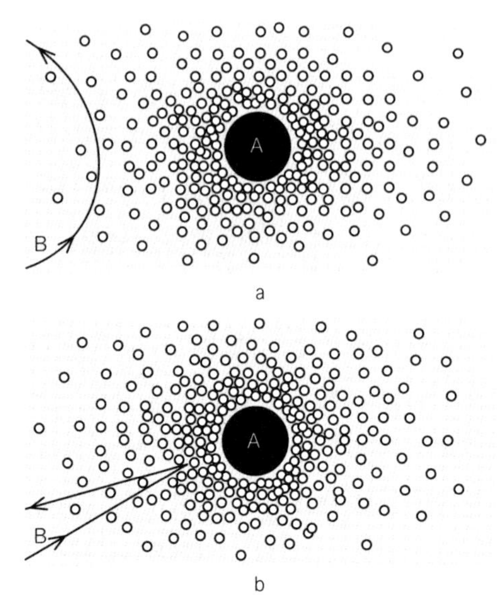

图 8.6 （a）靶电子A带负电，因此它周围吸引了一圈带正电的虚粒子。如果入射电子B能量较低，受到这一圈正电虚粒子的影响，它与靶电子A的散射作用就会被削弱。（b）如果入射电子的能量较高，它会径直穿过这一圈虚粒子“云”，因此，它受到的来自靶粒子A的负电荷的斥力就会相对较强。

这意味着什么呢？这意味着，电子与电子之间的相互作用依赖于它们所处的环境的能量。对电子这样的粒子来说，参与电磁相互作用所感受到的力会随着环境能量的升高而增大，这都是因为量子真空能的作用。而对夸克和胶子这样相互作用如此之强的基本粒子来说，量子真空能的升高却会意想不到地削弱它们之间的相互作用。这一获得了诺贝尔奖的发现被称为“渐进自由”（asymptotic freedom），因为它提出了，能量最高的粒子会处于一种没有任何相互作用的状态，它也提示宇宙学家摆脱过去想法的束缚：早期宇宙中的基本粒子状态，可能意想不到地简单。

大统一思想

一是唯一永恒，

一切理当如此。

——《青青小草》(英国民歌)[25]

这一系列令人意想不到的理论发现，在短短几年间就改变了粒子物理领域的研究方向。它改变了我们对能量和温度升高时粒子间有效相互作用强度的认识，还有望帮助我们解答一个古老的问题：既然大自然的四种基本相互作用力相差这么大，我们怎么才能把它们协调到一个统一的理论中去呢？从表面上看，较强的相互作用和较弱的相互作用就完全不一样，它们不仅强度不同，作用的粒子种类也完全不同。

如果在能量升高的时候，弱的相互作用（即电磁力和弱相互作用）的有效强度逐渐增加，强相互作用逐渐减弱，它们三者在高能区就可能发生重叠——电磁力、弱相互作用和强相互作用的有效强度都相等。这一想法就是后来我们所知的“大统一理论”（Grand Unified Theory，简称 GUT），它的首个版本也是最简单的模型，由霍华德·乔吉（Howard Georgi）和谢尔登·格拉肖（Sheldon Glashow）于 1975 年提出（图 8.7）。[26]

这一切都改变了宇宙学家的宇宙观，并将宇宙学研究引入了一个完全不同的方向。仿佛在突然之间，重构宇宙刚诞生的极早期物质与能量的行为在宇宙学家眼中不再是一个无望解答的难题。渐进自由意味着在宇宙膨胀史上极早期的高温环境

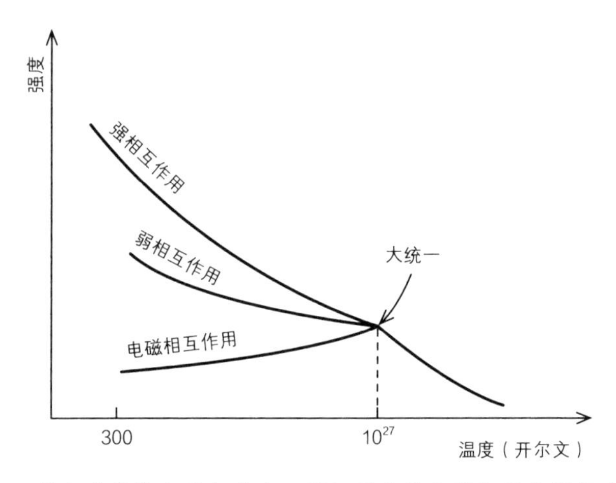

图 8.7 真空涨落影响了电磁力、弱相互作用和强相互作用的有效强度，科学家预言它们在极高的能量下将会聚在一点，让大自然的这三种相互作用实现“大统一”。而在宇宙如今的低能量状态中，这三种作用力的强度大相径庭。

中，粒子之间的相互作用会更弱，系统也会变得更简单（或者说至少不会更复杂）。因此，宇宙学研究也随之改变。此前的宇宙学更偏重研究宇宙的几何形状和不同的膨胀类型，探索它们能否演化成我们如今的宇宙，并尝试了解宇宙是如何从一个奇点产生出来的。粒子物理学家偶尔会进来插一脚，很少会认真地参与研究，但如今，早期宇宙的环境为粒子物理学家提供了施展才华的新空间，他们可以计算出自己理论的结果，并在观测中寻找证据。

对宇宙这一最宏大的事物的研究，与对基本粒子这一最微小的事物的研究之间竟然产生了关联，而且这一关联对两边的研究都有所助益。粒子物理学家可以在宇宙早期模型上测试他们的新理论，看看会不会产生好的或者灾难性的天文学后果，宇宙学家则开始研究高能物理不寻常的新理论能否帮助他们揭开关于宇宙的一些棘手问题，比如空间中的不发光物质有可能是由新的基本粒子组成的吗？为什么可观测宇宙是由物质构成的，而非反物质？

诸如此类的问题或许都能在深入了解早期热宇宙的情况下得到解决。随着粒子物理学的新进展，科学家意识到，有些量，例如宇宙中物质与反物质的数量比例等并不是一成不变的，而对这些新问题的研究又产生了一系列新的宇宙，甚至使粒子物理学家和天文学家都大跌眼镜。

第9章

美丽新世界

想象中的宇宙相较我们如今所处的这个愚蠢的“真实”宇宙，真是美丽太多了。

——G. H. 哈代（G. H. Hardy）

不对称的宇宙

评论员不仅没把事情讲明白，反倒把我们弄得更云里雾里了。如果他们还不闭嘴的话，我们马上就什么都不知道了。

——马克·吐温

20世纪70年代后半期，粒子物理学家加入了宇宙学领域的研究，这也引起了一轮新的热潮：新的大统一理论被用于解决宇宙物质-反物质非对称问题，科学家也开始探索为何宇宙中每个质子都对应了高达10亿个光子的问题。这些理论告诉我们，尽管大自然的这三种基本相互作用强度差异如此之大，它们还是有希望统一起来的。在环境温度升高的过程中，不同相互作用力的有效强度会以不同的方向和速率改变：弱相互作用会变强，强相互作用会变弱，进而在很高的能量处会聚到一点——这大概发生在宇宙诞生刚 10^{-35} 秒的时候。

这一会聚现象也为关于“统一”的另一个问题提供了解决思路。此前的理论都只把这几种相互作用孤立地看待，不允许粒子与其他粒子之间存在相互作用，比如夸克就不能变成电子，反过来也一样。把基本粒子划分成泾渭分明的几大类，不同类别之间无法产生相互作用，这样的理论似乎有点不尽如人意。类别的划分主要是基于粒子是否拥有某种属性，如电荷或“色荷”（根据强相互作用来划分的一种属性，与电荷类似，但比电荷更复杂），而大统一理论又预言了新类型的基本粒子，它们既带电荷，又带色荷，并能在此前泾渭分明的不同类别粒子之间承担中介任务。这些中介粒子很重，而且只能在能量接近三种相互作用的有效强度相似的时候大量产生。它们被称为“X 粒子”，可以在极早期的宇宙中促进不同类别基本粒子的“平等”交流。

粒子之间新的相互作用带来了两个直接结果，这引起了物理学家的注意：既然带有色荷的粒子（如夸克）可以转化成不带色荷的粒子（如电子和中微子），这就意味着由三个夸克组成的质子有可能衰变。质子可能是不稳定的。

我们能否观测到质子衰变？为了探测质子衰变，我们需要把仪器建在很深的地下，以屏蔽宇宙射线和其他影响。经计算，质子的平均寿命约为 10^{30} 年，虽然单个质子的平均寿命比宇宙年龄（14×10^{9} 年）还要长得多，但不要忘记我们所处的环境中有大量的质子。一吨水或者岩石中有多达 10^{30} 个质子，如果用灵敏的探测器探测 1 000 吨的水或者岩石，我们就有很高的概率可以观察到质子衰变的痕迹。[1]

1980 年在印度科拉尔金矿区建成的一套探测装置早先曾宣称观测到了质子衰变，这让科学家激动不已，但后来事实证明这只是场空欢喜。[2] 随着时间的推移，观测结果表明质子的寿命要比研究人员一开始乐观的预测（大于 6.6×10^{33} 年[3]）长很多。尽管在所有大统一理论中，质子都注定是不稳定的，但如今的研究表明，质子寿命很可能长到远远超过我们能观测到的极限，至少让我们无法把衰变事件与宇宙射线带来的"假衰变"区分开。[4]

除了质子衰变之外，新的相互作用带来的第二个结果，就是夸克和它们的反粒子——反夸克的衰变速率不一样。这一性质，再加上夸克可能衰变成电子和中微子的性质，意味着宇宙中的物质-反物质比例可能发生变化。这样一来，我们就有可能计算出这个值，而且它如今的值可能与宇宙刚诞生时并无关系。

宇宙中的物质-反物质比例跟三个值有关系：[5] 一是宇宙中能带来改变夸克-反夸克含量的衰变的物质含量，二是夸克与反夸克的衰变速率差，三是它们的衰变速率。为什么夸克与反夸克衰变速率的绝对值会产生影响呢？这是因为衰变速率必须快于宇宙膨胀速率，这样才能阻止逆向过程的发生，让物质-反物质比例回到初始值。

很多物理学家都做过这类计算，计算变得越来越复杂，也加入了越来越多的细节。[6] 然而计算结论都是一致的：不管宇宙最初的物质-反物质比如何，宇宙如今的物质与反物质不平衡的现象是有可能被解释清楚的。不仅如此，夸克与反夸克之间的非对称还可以与光子质子比联系起来。假设 10 亿加 1 个质子对应着 10 亿个反质子，那么当宇宙冷却到 10^{13} 摄氏度时，10 亿个质子将与 10 亿个反质子湮灭成 20 亿个光子[7]，只剩下一个质子，这样宇宙中每个质子就对应着 20 亿个光子，同观测现象基本一致。这样看来，物质–反物质对称和光子–原子比就是紧密联系的，可以一同被解释。

这些研究最重要的意义并不在于它们找到了某种特定形式的大统一物理理论，也不在于它准确解释了我们宇宙中物质–反物质非对称性的来源，而在于它告诉我们可以轻易找到多种理论来解释这类现象，只要我们找到了正确的大统一理论，就能解释或预言物质–反物质非对称性，以及光子–质子比。这些比值不再只是因为存在所以存在的数字，它们可以通过理论来解释。

有问题的宇宙

愉快、自信的晨光，永不再来！

——罗伯特·布朗宁（Robert Browning）[8]

但没过多久，宇宙学研究中就出现了一个致命的问题，这个问题足以动摇整个大统一理论思想[9]的根基。如果弱相互作用、强相互作用和电磁力在接近宇宙膨胀开端的高温处合而为一，就会带来一个不可避免的副作用：如果电磁力在宇宙早期就产生了，那么同时产生的应该还有大量的一种新的重粒子——磁单极子。这种粒子由保罗·狄拉克在 1931 年首先提出，[10]类似于电子，但比电子重得多（质量是电子的 10^{20} 倍），电子带电荷，而磁单极子带的则是“磁荷”，就类似于磁铁的一极。同电荷一样，磁荷在大自然中是守恒的，有正有负，只有在碰上它的反粒子的时候才会湮灭消失。但磁单极子一旦形成，碰上反磁单极子的概率极低，因此宇宙中就应该充满了大量的磁单极子。

这可是个灾难。按照这个推论，我们现在的宇宙应该充满了磁单极子，它们对宇宙总体密度的贡献会达到恒星和星系的 10^{26} 倍，在这样的宇宙中我们就看不到恒星和星系了，也不会有人类来为之担忧了。这个问题被称为“磁单极子问题”。[11]

借高能物理的他山之石来研究宇宙早期历史的脚步，就被这个难题阻碍了。[12]宇宙学研究受限于基本物质粒子的理论研究，而非天文学观测结果或是爱因斯坦方程的解法，这还是有史以来第一次。

暴胀的宇宙

虽然只是初期的小小轮廓，

可是因小观大，可以预测出将来的发展局势。

——威廉·莎士比亚（William Shakespeare）[13]

磁单极子的问题确实对当时的宇宙学研究造成了一定冲击，但物理学家依旧把我们所在的宇宙当成粒子物理学的广袤实验室，而不再把它看作恒星与星系膨胀的几何模型。粒子物理学家只对最简单的膨胀类型有兴趣，即处处均匀、呈各向同性的空间，既不包含旋转，也不包含其他不同寻常的特征。[14]

但在 1980 年，各大高校的物理系信箱忽然收到了一条崭新的消息，来自斯坦福直线加速器中心年轻的粒子物理学家阿兰·古斯（Alan Guth）。阿兰·古斯这个名字在当时鲜有人知，当时美国学术界就业情况惨淡，他博士毕业后一直做着临时的博士后助理研究员职位。[15] 古斯意识到，有一类膨胀宇宙可以同时解决令宇宙学家困扰已久的几个大问题，不过他产生这个想法只是出于意外：他原先只是在尝试解决磁单极子问题。

古斯的提议很快就被其他物理学家和宇宙学家采纳。他的想法其实很简单：他认为在宇宙刚开始的极早期，在磁单极子产生和物质-反物质非对称建立之前，宇宙的膨胀经历了一次短暂的加速。这一过程被古斯本人称为“暴胀”（inflation，见图 9.1）。讽刺的是，这一单词在英文中也有“通货膨胀”之意，而通货膨胀正是让 80 年代初的美国学术界不景气，以至于科研工作者们难以找到稳定工作的原因。

这个想法非比寻常。此前物理学家已经发现了加速膨胀的宇宙，如我们曾经讲过的德西特的宇宙及稳恒态宇宙，这些宇宙会永恒地膨胀下去，从开始到无穷远的未来。但也有刚开始减速膨胀，当排斥性的宇宙学常数越来越强，超过万有引力后开始加速膨胀的宇宙，如勒梅特的宇宙，但一旦它们开始加速膨胀，加速就再也不可能停止。

但从未有人发现这样一种永恒膨胀的宇宙：膨胀开始加速后还能回到减速膨胀的状态（见图 9.1），而古斯恰恰发明了这样一种宇宙。他创造出了一种新的压力，在很短的时间里能产生一种“万有斥力”，就像爱因斯坦著名的宇宙学常数一样。

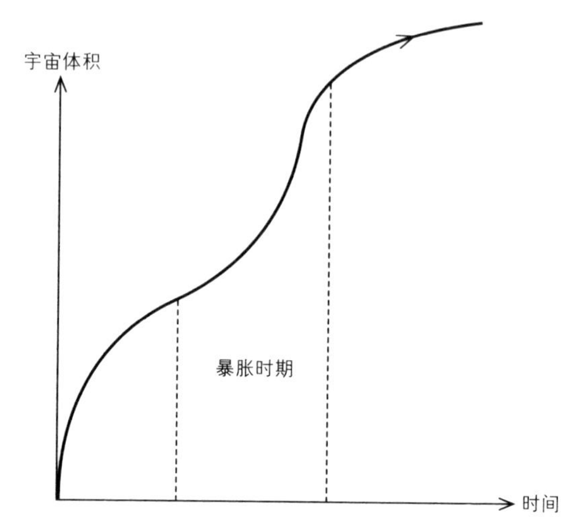

图 9.1　一个简单暴胀宇宙模型中距离随时间的演化关系。如果膨胀经历的加速时间是有限的，这种膨胀就被称为暴胀。和没有暴胀的情况相比，暴胀会让宇宙膨胀的程度大大增加，且接近临界膨胀速率的时间更长。

新的高能物质统一理论包含了一种新的粒子，这种粒子后来被称为“标量场”（scalar field），[16] 这种能量形式改变得非常缓慢，比宇宙膨胀的速度缓慢得多，也因此，它们会产生“万有斥力”，而非万有引力。在最极端和最常见的情况下，它们几乎就是爱因斯坦宇宙学常数的一种体现。它们在宇宙中产生了一种负压，即张力，但与宇宙学常数不同的是，它们的作用是暂时的：标量场会逐渐衰减，或快或慢，但最终会变成施加正向压力、互相吸引的基本粒子和普通辐射。暴胀宇宙的大小和温度随时间的变化见图 9.2。

新的粒子物理学研究可以稍许解释这样的过程是如何发生的。在粒子物理学家眼中，宇宙学常数其实就是宇宙的“真空能”——宇宙所能拥有的最低能量。真空能指的是局部的最低

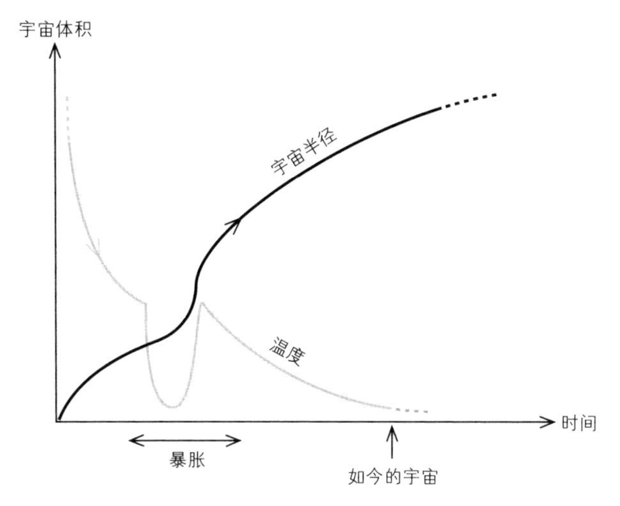

图 9.2　在暴胀时期，膨胀速率的剧增也带来了温度的快速下降。暴胀结束后，驱动暴胀的粒子衰变会使能量陡然上升，让宇宙温度重新升高，随后又像暴胀开始之前那样渐渐冷却。和没有暴胀的情况相比，暴胀大大增加了宇宙膨胀的程度。

能量状态，就像当你把一块小石头放到碗里，它会停在碗底一样。基本粒子可以在几个能级各不同的这种“临时落脚地”中选择一个待着，而在宇宙冷却的过程中，其他粒子产生的随机振动也可能让它从一个态移动到另一个态（见图 9.3）

如果宇宙中的某些物质偏离了平衡态，开始向能量更低的平衡态移动，它就会激发真空能的万有斥力，并让物质开始急剧加速。[17] 古斯意识到这一改变可能带来灾难性的后果：它会在不同的地方同时产生大量的真空泡泡，泡泡迅速膨胀并与其他泡泡相撞，继而产生大量的不规则形状，让宇宙中不同位置的密度与膨胀速率产生巨大的差异——我们所居住的宇宙可不是这样的。

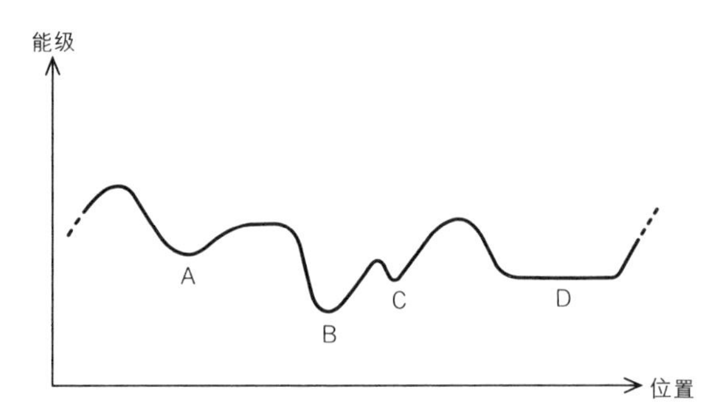

图 9.3 早期宇宙包含的物质可能拥有多个最低能态，即真空能，能量高低不同。在这张图中，A、B、C、D 代表了 4 个不同的真空能态，B 的能量最低，因此原本栖息于极小点 A 或 C 的粒子在受到扰动后可能会翻过“小山”，掉进 B。

然而，尽管有这一突出的问题，古斯仍然提出了他的新暴胀理论，因为它在其他方面能带来很多简单而优美的结果。不久后，其他物理学家发现，从宇宙的一个真空态跃迁到另一个真空态的过程可以是非常缓慢的，而且我们整个可观测宇宙都处在一个新的真空泡泡中，因此就不会出现泡泡相撞的情况，也不会在我们的可观测宇宙中产生废墟。如果能产生万有斥力的物质形式在宇宙中出现得够早，它就会驱动这一加速过程，但也会迅速衰变为普通的物质与辐射形式，这样一来，膨胀加速就会停止，宇宙恢复到减速膨胀状态。

如果宇宙经过了这一简短的加速膨胀阶段，就会产生几个显著的结果，并能够解释好几个关于宇宙的古老问题。首先，经历了暴胀的宇宙会变得更大，膨胀得更快。在暴胀过程中，宇宙的膨胀会非常接近一个临界点，这个临界点将持续膨胀的宇宙与最终走向衰退直至崩溃的宇宙区分开来。同时，暴胀会让宇宙变得更均匀，更具有各向同性（见图 9.4），这些都是

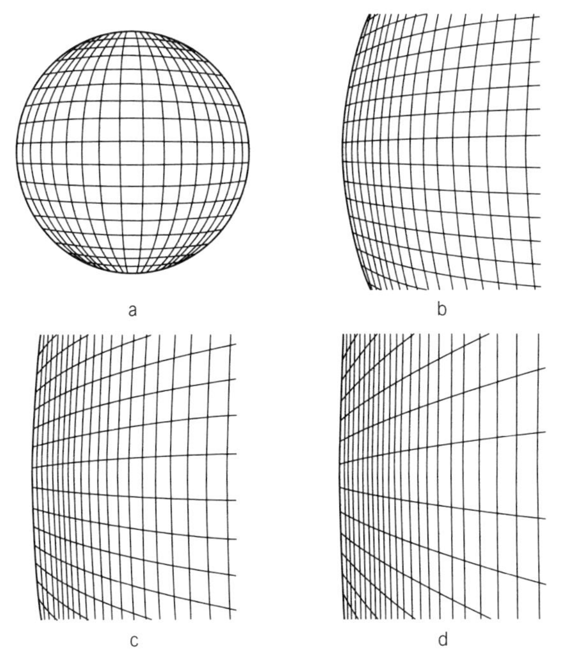

图 9.4 从图（a）到（d）可以看出，如果一个球面不断膨胀，它在局部看起来就显得越来越平坦。

可观测宇宙此前未被解释的性质，而短时间的暴胀自然而然地解释了它们。

而暴胀带来的最有趣的结果则是告诉我们，整个可观测宇宙（如今直径超过 140 亿光年）都是从一块小得超出我们想象的原初物质能量涨落膨胀而来的。这一团物质足够小，因此光线能够在里面从一头快速穿梭到另一头，把能量从热的地方传递到冷的地方，使它变得均匀、各向同性。[18] 我们如今观察到的宇宙之所以如此均匀，就是因为它由一小团高度均匀的物质暴胀而成（见图 9.5）。

最后，不可忽视的一点是，暴胀也解决了磁单极子问题。

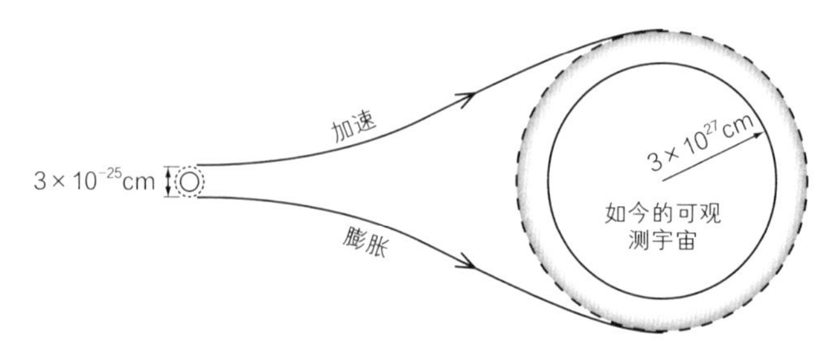

图 9.5 暴胀让宇宙从一块极小的空间（足以让光线在任何时刻从里面横穿而过抚平所有凹凸不平之处）膨胀到了比如今整个可观测宇宙都大的一片区域。在图中，我们让暴胀开始于 10^{-35} 秒，在这段时间内，光以 3×10^{10} cm/s 的速度走了 3×10^{-25} 厘米，这大概就是那一小片区域的直径。当时宇宙的温度高达 3×10^{28} K，现在则降到了 3 K，整个宇宙的温度降低了 28 个数量级，尺度则从 3×10^{-25} 厘米增加到了 3×10^{27} 厘米，这就解释了为什么我们如今见到的宇宙如此均匀：我们见到的宇宙，是由一块均匀的极小区域膨胀而来的。如果暴胀没有发生，我们的宇宙在膨胀之前的直径可能有 3 厘米之大，这远远超出了光线所能自由行走、消除不均匀之处的尺寸，因而宇宙也就不可能像现在这样均匀。

磁单极子之所以会产生，是因为磁力所指的方向不匹配。但在暴胀宇宙中，宇宙开始膨胀之前的体积如此之小，以至于磁力不匹配的现象不可能出现，自然也就不会有磁单极子了。反过来，如果宇宙没有早早加速膨胀，在磁力出现时，宇宙的大小可能达到暴胀情况的 10^{25} 倍（直径约 1cm），这个大小已经足以产生海量的磁力不匹配，从而产生极多的磁单极子——毕竟光线的“抚平”效应只能在 10^{-25}cm 尺度上才能生效。

暴胀自然而然地同时解决了三个问题：可观测宇宙为何如此均匀并具有各向同性、为何磁单极子没有大量产生，以及为何我们的宇宙膨胀速率如此接近永恒膨胀与膨胀再收缩之间的临界极限。它与我们已经遇到的众多问题和宇宙类型都有着有趣的关联。它多多少少让我们联想到稳恒态宇宙，但它的“稳恒态”时期是短暂的——这很重要，因为如果暴胀不停止，加速膨胀一直继续下去，那宇宙中的一切事物势必都要被不断地平均和稀释，宇宙中就不再会有星系和恒星了。

暴胀理论也解决了混沌宇宙理论遇到的一些困难。暴胀能成功地解释宇宙的均匀性和各向同性，无须引入不规则性的耗散过程，也就自然而然地避免了随之而来的问题。暴胀并没有“消除”不均匀性，而是把它们排除到可观测宇宙之外。不均匀性也许仍然存在于某个遥远的地方，但我们现在的可观测宇宙拥有高度的各向同性和均匀性，这正是一小团空间经过了暴胀的体现。

早先，米斯纳和“混沌宇宙学家”们曾试图证明，宇宙的初始膨胀是各向异性的，但这种各向异性在后来的过程中被迅速削弱了，也因此，大爆炸合成的氦和如今背景辐射的各向同性才能符合观测结果。但他们的尝试从未成功。结果表明，初始的各向异性过大，要想之后削弱抚平它们就会产生太多的热辐射，更不妙的是，某些类型的各向异性，如空间曲率的各向异性过于顽固，无法通过这种简单的过程消除。宇宙学家曾坚信，宇宙早期的万有引力一直是相互吸引的（这一假设十分合理），只是在后来可能会产生排斥作用，因为正的宇宙学常数也是可能存在的。1980年，科学家不认为这种情况很可能发生，但也没有完全排除这种可能性。然而，一旦容许万有斥力在宇宙早期发生了，顽固的各向异性马上就会被消除，因为暴胀发生得实在太快。

混乱的暴胀宇宙

> 要是你们能够洞察时间所播的种子，
> 知道哪一颗会长成，哪一颗不会长成……
> ——威廉·莎士比亚[19]

暴胀宇宙学可以容许宇宙始于混乱、复杂的状态（混沌宇宙学家坚信这是可能性最大的，因为从概率上讲，混乱的状态总数要高于简单的状态总数），但只要混乱态能发生暴胀，它就会不断变大，同时变得越来越均匀、各向同性，并且快速地将其他也在膨胀的区域挤出我们的可见范围之外。注意一点：暴胀理论从来都没有告诉我们关于整个宇宙的整体性质，我们并不知道可见范围之外的宇宙是什么样子，无论它们是完全均匀的还是高度混乱的。

但后来，暴胀出整个可观测宇宙的一小片区域也不是完全平滑的，这片区域不可避免地会有一些小的统计涨落与量子涨落，这在后来的暴胀过程中就成了大尺度密度涨落，如我们见到的星系。如果没有暴胀过程把它们拉伸扩大，这些统计涨落的强度就太弱了，光凭引力的不稳定性无法解释星系的形成。所有这些解释均成型于一场为期两周的研讨会上，这场关于暴胀宇宙理论的研讨会于 1982 年 6 月到 7 月间在剑桥召开。[20]

参加研讨会的研究者很快发现，暴胀产生了某一种特定模式的涨落。这种涨落模式在此前就被天文学家归类出来，但那只是出于方便——因为这是最简单的一种涨落类型：在宇宙中每隔同样的尺度就会出现一个团簇，且强度相同。[21]这很神奇，只有这种涨落能让宇宙看起来像是弗里德曼-勒梅特的宇宙加上一个无时无刻不在的微小扰动。

暴胀相当于创造出了一个暂时性的稳恒态宇宙，意识到这一点，或许可以帮助我们一探它的起源。在稳恒态宇宙中，我们无法分辨过去与未来，而德西特的指数膨胀宇宙则能保证过去与未来有区别。如果有个自然过程会一直不停地产生小的不规则之处，你也会无法区分未来和过去：如果所有的涨落在观察者看来都是一样的大小，那过去和未来看起来自然也是毫无分别的。

因此，暴胀在无意间为星系的来源和宇宙中一些小的密度不均匀之处存在模式的起源提供了一个可能的解释。这会在宇宙微波背景辐射的温度上产生一个特殊的角变化，让我们能够用观测来检验暴胀是否真实发生过。

宇宙学家一直在留意暴胀留下的这类“蛛丝马迹”，而不断累积的证据也在逐渐支持暴胀宇宙论。美国航空航天局（NASA）发射的 COBE 和 WMAP 卫星，就是通过比较天空中不同方向的温度，来寻找宇宙微波背景辐射温度变化的模式，以检验暴胀理论。卫星在这方面比地面上的观测设备更有优势，因为它们不会受到变化莫测的地球大气的影响，也没有地球的遮挡，它们能观测到全天的方向，从而积累海量的温度对比数据，这能显著降低任何数据集都可能产生的偶然误差。

接下来我们将看到这些观测结果以及它们所检验的理论预言，这些观测结果体现了背景辐射温度在全天中的角差异所具有的巨大威力。标准的暴胀宇宙模型所预言的温度随角度的变化在图 9.6 中以实线画出，它具有显而易见的特征：随着角度差异越来越小，振荡也逐渐减弱，整个曲线就如同被敲响后声音越来越小的钟一样。随着横坐标往右，我们观测的角度越来越精密，最终，当尺度小到一定程度，能量就能够从密度高的区域传到相邻密度低的区域，涨落也就被填平了。如果我们将实线延伸到左边，它就会变得相对平缓，这与早先 COBE 卫星的观测结果能很好地符合，COBE 卫星的观测精度只能容许它比较相差 10°以上的两个点之间的温度差异，与理论预测几乎重合的数据点主要来自 WMAP 卫星。[22] 我们可以注意到，在图线的前几个峰值处，观测值与理论预言很接近，但在

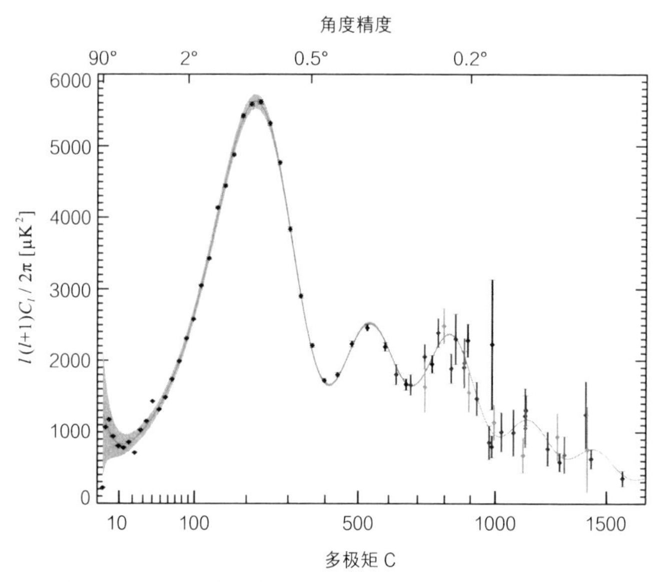

图 9.6 实线表示的是暴胀宇宙理论所预言的温度涨落水平（以微开尔文的平方为单位）随天空中角度差异的变化，图中的点表示的则是多个地面实验及气球实验实际测量到的数据。作为比较基准，满月在天空中所占的角度范围约为 0.5°。角度差异较大的数据来自 WMAP 卫星在 7 年间收集到的数据（用黑点表示），图线左侧的带状阴影表示的是无法降低的统计不确定性，因为在可观测宇宙中如此大尺度的样本区域数量太有限了。

角度差异越来越精细的情况下，观测结果的不确定性就越来越大，因为仪器的灵敏度快要达到极限了。而在角度差异越来越大时，图线则出现了奇特的下降现象，这在天文学家之间也引起了广泛的讨论。[23]

2009 年夏天，欧洲空间局发射了一颗新的卫星，这颗新卫星被称为“普朗克”（Planck），“普朗克”的观测结果进一步提高了小角差处的观测精度。同时，地面观测实验的天文学家也在建造更灵敏的探测器，他们期望利用日益先进的电子仪器技术，早日构建出一个完整、详细的宇宙初期辐射信号图谱。暴胀究竟真的发生过吗？图 9.6 的升级版或许能成为说服天文学家的最终证据。它揭示了暴胀的“节奏”，让我们得以看到宇宙诞生 10^{-35} 秒之内的情景。这张图频繁地出现在介绍现代宇宙学最新进展的科学新闻媒体、科学报告与公众讲座中，终有一天它会成为我们描画宇宙最早瞬间的第一手证据——它就是宇宙的婴儿照。

永恒暴胀的宇宙

整个世界都无法满足我。

——詹姆斯·邦德的家训

宇宙早期历史的暴胀图景带来了两个完全出乎意料的结果。暴胀理论提出，宇宙在形成的极早期经历了一个短暂的加速膨胀阶段，暴胀前的宇宙尺度极小，光线可以在其中自由奔走，消除不均匀性，这就是我们目前看到的整个可观测宇宙如此均匀的原因。起初，我们的注意力几乎完全集中在这一简单的想法如何解释了可观测宇宙如此多的性质上：总体的均匀性，伴有一些小的不规则之处（这些不规则之处在后来成了星系），它特殊的膨胀速率，以及膨胀速率在各个方向上惊人的相似性——所有这些性质都被暴胀理论一个简单的假说解决了。

然而，这一简单的图景马上就带来了一些出乎意料的复杂情况。考虑我们所在的可观测宇宙是由一小块原初区域平稳地膨胀而成的倒没问题，但这一小块原初区域之外的相邻区域呢？其他每个区域可能都会经历一次略微不同的暴胀，也会产生一大片平滑的宇宙，只不过其性质与我们的宇宙有所不同。我们看不到它们，因为它们发出的光无法到达我们的视野，[24]但总有一天，或许是在数万亿年后，我们的子孙就有可能看到它们，看到与我们的宇宙不同的另外一个宇宙。在极广的尺度上，整个宇宙的结构可能是极端复杂而不规则的，尽管我们所能观察到的可观测宇宙在尺度上十分均匀而简单。暴胀理论告诉我们，我们所见到的局部宇宙或许并不能代表整个（很可能是无穷大的）宇宙。宇宙的形状，或许比我们设想的复杂得多（图 9.7）。

如果你觉得这一想法还不算吓人，亚历克斯·维连金

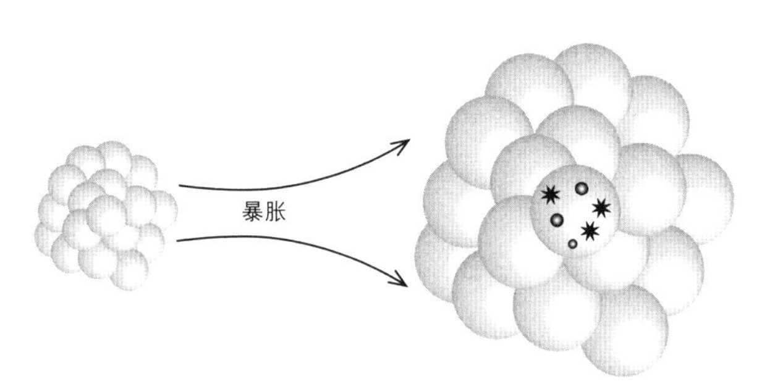

图 9.7 混沌暴胀的宇宙图景。多个不同的早期宇宙以随机方式各自经历了不同的暴胀过程，我们就在其中的一个小块里，这个小块膨胀得足够大，演化得足够久，以至于孕育出了恒星以及像我们这样的碳基生命。[25]

（Alex Vilenkin）和安德烈·林德（Andrei Linde）又发现，暴胀宇宙还拥有一个更诡异的性质：自我复制（图 9.8）。一旦暴胀在宇宙的一个小区域里发生，使其加速膨胀，这个宇宙就会创造出合适的条件，让暴胀区域内的子区域继续进一步暴胀，结果就是暴胀区域孕育了新的暴胀区域，不断自我复制，子子孙孙无穷尽也。然而，如果这个过程能够在未来无止境地发生，那它为什么不能一直回溯到无止境的过去呢？

永恒自我复制的暴胀意味着，尽管我们这个小小的暴胀"泡泡"宇宙可能有一个开端，但所有这些"多元宇宙"并不需要有个开端，而且不会有终结。我们住在其中的一个（可能比

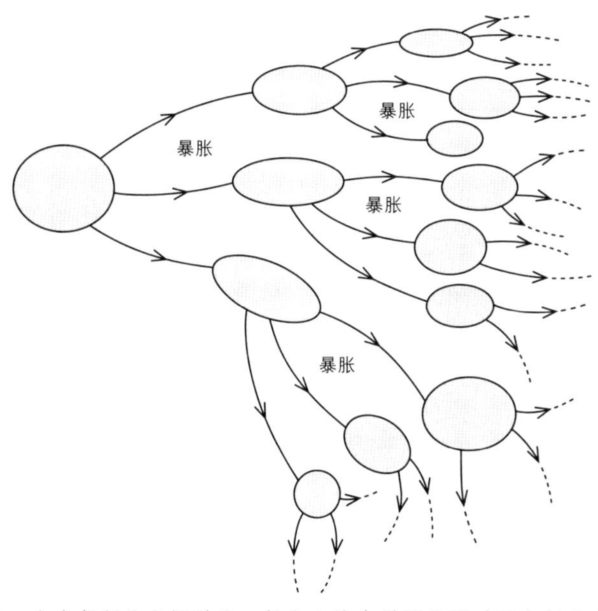

图 9.8　自我复制的永恒暴胀。每个小块在暴胀的同时还会创造出合适的条件，让它的各个部分继续经历暴胀，这一过程永无止境，或许甚至连开端都没有。

较罕见的）泡泡里，它膨胀的时间足够久，能够容许恒星、行星乃至生命的诞生。在这样的图景之下，“历史”的定义也比我们之前所想的要复杂多了。

这一“永恒膨胀”的图像为我们了解宇宙历史带来了新的复杂问题。“永恒膨胀”的想法很有诱惑力，因为一旦意识到暴胀宇宙的形状有多繁复，我们就会发现自己所处的宇宙包含着极为多样化的形态和错综复杂的历史，其中大部分都是我们无缘得见的，而我们就居住在这块精美宇宙挂毯中的一个简单的时空小块里。

安德烈·林德就是永恒暴胀宇宙的拥护者之一，他描绘了

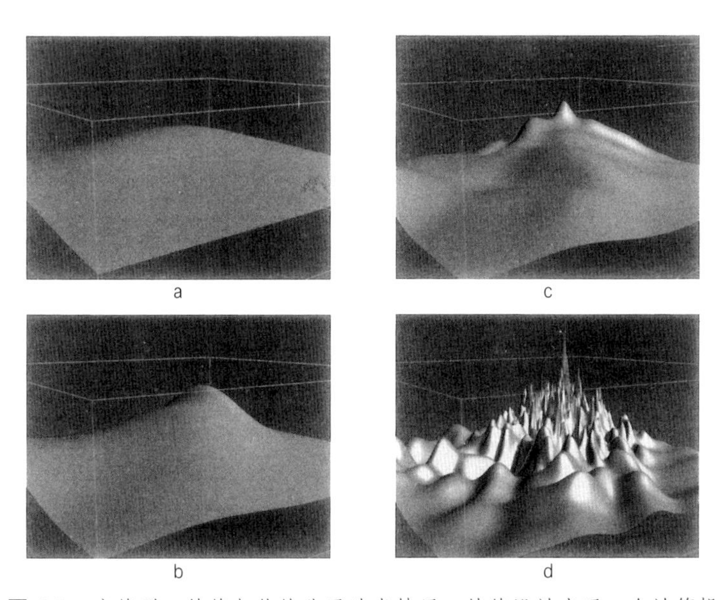

图 9.9 安德烈·林德与他的儿子迪米特里·林德设计出了一个计算机模型，用以描绘自我复制暴胀宇宙的演变，从图（a）到（d）都是模型得出的画面截屏。山峰的形成代表着暴胀的开始，而山上又出现的山峰，像石笋一样的形状，就代表着暴胀宇宙自我复制的进程。

一幅栩栩如生的自我复制宇宙图景（图 9.9）。在他儿子迪米特里用计算机模拟绘制出的这幅图中，随着不同的位置产生不同数目的暴胀，空间逐渐演化出小山，小山上又产生新的小峰尖，如此类推，随着暴胀不断分形式地自我复制而生长得越来越复杂。我们就生活在其中一个罕见的小尖塔上，此时此处的暴胀已经停止，膨胀渐渐放缓，然而这只是整个宇宙中的一个非典型位置，整个无穷大的多元宇宙中大多数空间仍然处在暴胀中。这一多姿多彩的暴胀“石笋”就是源源不断分支下去的多元宇宙的剪影，林德称之为“康定斯基”宇宙，尽管这样的形状更像美国概念艺术家索尔·勒维特（Sol LeWitt）的雕像作品《斑点 15》（*Splotch 15*），如图 9.10 所示。

图 9.10 美国艺术家索尔·勒维特于 2005 年创作的概念装置艺术作品《斑点 15》，作品高 12 英尺[①]，由丙烯酸颜料覆盖在玻璃纤维上制成。勒维特从 2000 年起创作了一系列类似风格的作品，共 22 件，均为这类逐步向上演化伸展的结构。

① 1 英尺≈0.31 米。

忽然，宇宙又变简单了很多

> 电子表格的出现，催生了一个充满着“如果”的社会。这个社会中的人不再像往常一样向前迈步，却质疑每一步的行动，总是想着如果有别的选择会怎么样。
>
> ——约翰·C. 德沃夏克（John C. Dvorak）[26]

暴胀的宇宙用极为简单的方式成功地解释了我们所看到的宇宙的本质，同时也让我们相信，在我们的视线之外还存在着无穷无尽的复杂结构。越来越多的观测证据表明，宇宙微波背景辐射中的确存在独特的温度分布模式，这意味着，可观测宇宙在极早期经历过暴胀是个值得我们认真对待的想法，正是因为暴胀，如今的宇宙才会如此均匀、各向同性，接近临界膨胀速度，没有磁单极子，同时还拥有明显的不规则“核”。牛顿最先的预言和利夫希茨的计算都表明，爱因斯坦宇宙中也存在的引力不稳定性发展成了星系。

暴胀预言的膨胀模式很接近勒梅特在80年前所研究的宇宙类型，不同的一点是，暴胀宇宙会产生一个瞬间消失的宇宙学常数（产生不久后即衰变成辐射），它会留下一个可观测的痕迹。如今，我们认为我们已经观测到了这一痕迹，这是极其振奋人心的：发生在宇宙刚诞生10^{-35}秒时的事情也能留下遗迹并一直持续到今天被我们发现，我们通过直接的天文学观测就能检验描述了那么早时期的现象的理论。

当然，尽管暴胀理论成功地解释了我们所观察到的现象，它也给我们带来了新的谜题。它告诉我们，我们必然生活在无穷又复杂的多元宇宙中，它每时每刻都在不断膨胀出新的“泡泡”，不同的泡泡结构可能不同，甚至其中的自然规律也不同。仿佛突然之间，宇宙不再只有一个，而是变成了很多很多个。

失控的多个宇宙

我发现，世界上并不存在灾难，只存在机遇——发生新灾难的机遇。

——鲍里斯·约翰逊（Boris Johnson）[27]

暴胀宇宙会利用空间中的小涨落，将自身迅速膨胀成整个可观测宇宙，这一结论迫使我们思考多元宇宙的可能性。我们所能看到的，是一块小小的原初宇宙涨落所膨胀而成的图像，但在我们视线之外的周围，都是无数回合自我复制膨胀过程的结果。我们观测到的可观测宇宙依赖两件事：它经历的暴胀过程的细节，以及主宰它的物理定律。直到不久之前，大部分物理学家都还认为可能的“万物理论”只存在一个，寻找它就像拼一块很大的拼图一样只有一个答案，并且这个答案到最后一定会显露出来。

然而，科学家渐渐开始怀疑这条简单的假设，他们发现，万物理论的最佳候选，其性质与我们曾经设想的完全不同。万物理论以整体对称的方式主宰了大自然的定律，但它们也有着我们意想不到的灵活度：它们可能允许很多套自洽的物理学定律，每套的基本作用力数目、大自然常数的数目、空间维数，还有其他的性质可能都不相同。我们曾经以为宇宙的某些性质是固定不变的，但它们的值很可能都只是随机选取的。我们在大自然中看到的物理定律、基本相互作用只是很多套规则中的一套，这一套规则相互自洽且完备。

一开始，科学家以为只有少数几种可能的万物理论（被称为弦论，诞生于20世纪80年代）存在，但后来他们发现，弦论并不是最终的答案，它们不是真正的万物理论，只是一种更深理论所显露出来的极为有限的一部分。这种更深的理论被称为"M理论"，我们知道它的存在，却对它的深层结构知之甚少，只知道它在描述少数几种特定情况时的表象，如能量与温度极低，或是引力极弱的情况。引人注意的是，它预言了在这样的情况下引力会由爱因斯坦的广义相对论来描述。根据我们目前为止对M理论的了解，它极其复杂，包含了海量的自洽世界。即使最保守估计，这些自洽世界的数量也有10^{500}个以上。10^{500}可是个很大的数字：10亿也才是10^{9}而已，而如果你从10岁开始每天一醒来就数数，每秒数一下，直到你去世，你也很可能数不到10亿。

10^{500}这个数代表我们所在的宇宙在冷却到可以开始暴胀之前，可能拥有的所有物理学定律与常数组合有10^{500}种，如此海量的可能性被称为"景观"（landscape），[28]这些可能存在的世界之间可不是只在密度、温度，或是膨胀方式上有细微的差别（如同本书在前面所提到过的那样），它们之间的差异要更根本、更悬殊：它们的基本相互作用数量和大自然的常数数量都不同，甚至时空的维数也不同。有些宇宙可能根本就没有电磁力，更不用说含有原子乃至生命了。

这些无穷无尽的可能性，科学家才刚刚开始探索。研究者需要发现并归类一种复杂的数学结构——卡拉比-丘流形（Calabi-Yau manifold）。卡拉比-丘流形由数学家欧金尼奥·卡拉比（Eugenio Calabi）和丘成桐（Shing-Tung Yau）的名字命名，他们早在物理学家对这种流形产生兴趣的很久之前就发现它们了。[29] 起初，这一研究好像没什么前景，只有很少几种卡拉比-丘空间被我们发现并了解，其中一种图像见图 9.11。它们可以通过一些关于其大小和复杂性的定义量来分类。

研究者已经充分利用了高速计算机来搜寻并分类各种各样可能存在的宇宙形式，但目前只能触及宇宙景观中密度和复杂度较低的区域。幸好，由卡拉比-丘空间定义的这么多可能存在的世界中，只有很小一部分是值得研究的，这才给了物理学家一些希望。只有一小部分宇宙中的物理定律能容许像电子、夸克这样的粒子诞生，并进一步组合成原子和分子。

我们这个宇宙的诞生，就像是刮了个不同寻常的宇宙彩票：在无穷无尽的永恒暴胀宇宙中，每个不同的暴胀空间都会从弦景观的 10^{500} 种可选状态中随机落入一种。暴胀之后，通过一系列随机事件所选中的状态就将主宰这一大片膨胀后区域

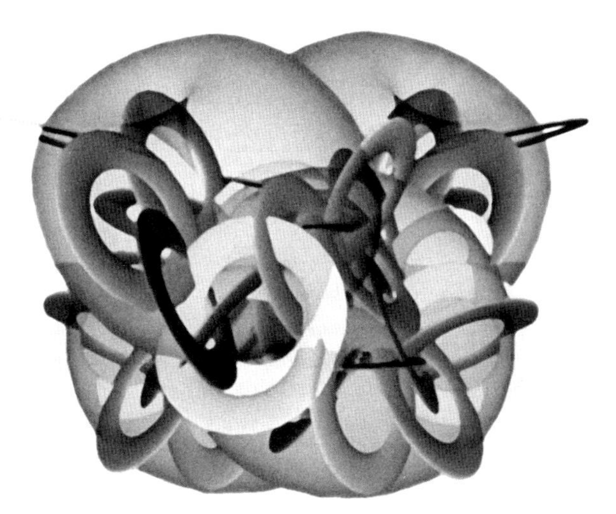

图 9.11　一种卡拉比-丘空间。

的物理性质。

可供宇宙选择的物理定律竟有 10^{500} 套之多，这个数字大得令人咂舌，进一步探索庞大（但有限）的卡拉比–丘空间种类对数学家来说也越发艰难，数学家们还要为此忙上很长一段时间。不过，关于如何对所有的景观态进行系统的研究，美国罗格斯大学的弗雷德里克·德内夫（Frederik Dnef）和迈克尔·道格拉斯（Michael Douglas）已经指出了一个关键问题。[30] 你可能会想，物理学家可以采取的策略是，弄清楚景观中哪些位置会产生我们这样的宇宙。然而，这一理想化的计划无法实施，因为它在计算上实在太复杂了：任何检验弦论景观最低能态的计算过程都极其复杂（这在计算机术语上被称为"NP 困难"），以至于所有可以设想出来的计算机都无法胜任识别弦论中所有的状态并检验其性质这一任务，哪怕是量子计算机也不行。

这些问题之所以被定义为"困难"问题，是因为它们需要的计算量会随输入信息呈指数增长。我们平时遇到的"简单"问题，其计算量通常只随输入信息呈线性增长，或者正比于输入信息的某个幂指数。科学家已经能够对弦论的 10^8 个模型进行简单的检索，[31] 这需要 40 万台计算机·小时的运算（可以多台机器同时运行），但由于这一问题属于困难问题，运算量会随着输入数据的增长而急剧增长，如果把要检索的模型数翻一倍，需要的计算机时就要增加到 1 亿年以上。

暴胀宇宙可能产生的结果如此之多，对我们也是个提醒：我们不可能通过一系列观测去一个个地消除所有不合适的候选者。这听起来已经很让人担忧了，但还有更不幸的消息：到现在为止，我们一直都在盘点弦论容许的物理学定律种类数，还没有开始盘点永恒膨胀的自我复制过程到底会产生多少个暴胀“宇宙”。

假设我们选择了一小块空间居住，并在这一小块空间之前随机选择了一个超弦景观真空态，也就相当于决定了统治着它的物理定律。这一小块空间的大小最多也不会超过光速乘以宇宙当时（宇宙刚刚开始暴胀时）的年龄，为了暴胀到能涵盖我们今天可观测宇宙的大小，以便解释如今可观测宇宙的均匀、各向同性以及没有磁单极子等现象，它在暴胀时的尺度要扩大 $N = e^{60}$ 倍，这一过程还会随之产生其他几何性质不同的“宇宙”，数目至少有：

$$e^{e^{3N}} = 10^{10^{77}}$$

这个数目如此之大，以至于我们所有人的大脑容量加起来都储存不下想把它们列出来所需要的所有信息。1 后面跟着 10^{77} 个 0 是什么概念呢？你要用尽我们可观测宇宙中的所有原子，才有足够的墨水写下这个数字。它比弦真空景观数要多得多，而如果不只考虑我们所在的这一小片空间，算上宇宙其他部位暴胀而来的空间的话，这个数字还会变得更大。整个宇宙就是个不断膨胀、不断增长的分形过程，每时每刻都有新的区域在发芽。

我们无须列出更大的数字来表达这一点了，可能存在的和如今已经存在的，与我们可观测宇宙大小相当的宇宙数都大得令人难以置信。

第10章
后现代的宇宙

如果你在路上走着走着遇到了一个不知何去何从的岔路口（fork）[①]，那你把它拿走就行了。

——尤吉·贝拉（Yogi Berra）

随机的宇宙

如果有人想把自己的头藏到一个洞里，宇宙就是最小的那个洞。

——G. K. 切斯特顿（G. K. Chesterton）

整个20世纪，宇宙学家研究了各种各样的宇宙，并利用天文学观测选择了最符合现实的一种。如今，他们开始考虑各种各样的宇宙同时存在的可能性——每个宇宙占据整个宇

① fork也有叉子的意思。——译者注

宙中比我们可观测宇宙还大的一片区域的“多元宇宙”。新的研究表明，这些宇宙可能不仅仅是哲学家所设想的“可能存在”的宇宙，也不仅仅是历史学家所设想的“原本会存在”的宇宙，更不仅仅是奥运会银牌选手错失金牌追悔莫及时的“如果当初”，它可能就实实在在地存在于我们所处的空间某处。

我们再回头看看永恒暴胀宇宙：自我复制过程在一直不断地萌芽出新的宇宙，没有尽头，或许也没有开端。如果我们开了上帝视角，就会发现多元宇宙中的大部分区域仍然在暴胀，少数区域则像我们一样，已经结束了初期的暴胀过程，回到了常规的减速膨胀阶段。不同的区域膨胀方式也不一样，密度、温度、形状也不一样。有些宇宙的膨胀过程可能过短，不足以将膨胀拉向临界点，有些宇宙中由量子涨落拉伸产生的不规则处可能比我们的宇宙弱得多或强得多，每个宇宙的物理定律可能都不一样。

那我们拿这么多的可能性怎么办呢？可能存在的宇宙数目有无穷之多，总数目大到用任何计算机都没法系统研究。每个暴胀的真空涨落方式或时间长短都无法通过解某个简单方程来得到，哪怕是复杂方程也不行：它们完全就是**随机**选取的。

随机对不同的人来说有不同的含义。有些人认为随机代表着无序，有些人认为随机代表着不确定性，随机使我们无法准确测得某个量，而对有些人来说，随机意味着完全的不可预测性。在早期宇宙中，很多随机事件只能以概率来预测，这些事件之所以这么不确定，就是起源于量子定律。它们的随机性来自物质与能量的量子本性，并且无法通过收集更多、更好的信息来消减。这种不确定性内禀于我们赖以描述世界的基本概念，如空间、时间和运动等，哪怕是两件事的原因完全相同，也不会导致同样的量子效应。

在宇宙极早期发生的随机事件，会影响到遥远的未来。密度的微小变异是将来的巨大星团诞生最初的种子，这都来自暴胀开始之初的量子随机性和不确定性。

这种量子颗粒性表明，如果我们想要在永恒暴胀宇宙中预测事件的进展，我们就必须借助概率的语言。理想情况下，如果你确定了一个宇宙的基本类型（比如，就类似我们的宇宙这样），我们就想知道这样一个区域在永恒暴胀过程中出现的概率是多少。然而，实践证明，在这种情况下确定这类事情发生的概率，或者说可能性，对宇宙学家来说太难了。[1]不过，也不是毫无希望，科学家也提出并详细探索了一些不同的可能性，只是现在看来每种都有缺点。或许，我们距离解决这个问题，只差一个好的想法。[2]

很有可能出现的宇宙

我正在寻找抽象的方法来表达真实，这类抽象的形式会启发我解决自己的谜题。

——埃里克·坎通纳（Eric Cantona）

说我们的可观测宇宙是“不太可能出现的”或者“很有可能出现的”，到底是什么意思呢？假设我们已经发现具有某些属性（如包含某种特定的原子或者星系）的宇宙出现的概率呈图 10.1 中的形状分布——这是概率随大自然“常数”大小分布的典型形状。这条图线有一个峰值，意味着这一结果最有可能出现，往两边移动则概率逐渐降低。这一图像或许可以预言多元宇宙理论的结果，因此我们想看看能不能用它来检验多元宇宙理论。我们的可观测宇宙是不是对应着这张图里预言的最可能出现的值呢？如果我们发现，我们的可观测宇宙落在了概率很低的区域，是不是就表明这一理论错了？

如果你对这两个问题中的任何一个做出了肯定的回答，你就错了。为了解释这幅图景，我们首先需要了解多元宇宙中的“生命”指的到底是什么。它可以是任何形式的生命，或者我们把它最低限度地定义为“原子复杂性”，这种“生命”只能在大自然的“常数”落在某个特定范围内时才能诞生。如果永恒暴胀最可能产生的宇宙没有落在这个范围里，那么最可能的宇宙中就不可能诞生生命（比如这个宇宙中的温度永远不会降到 100 万摄氏度以下），因此，我们观测不到“最可能的宇宙”也不足为奇了。如果可以容纳生命存在的常数范围非常之窄，甚至可以说是几乎不可能的，我们就不能因为可观测宇宙落在概率极低的区域就否定多元宇宙理论。理论所预言的具有某种性质的宇宙的出现概率不重要，重要的是某种宇宙在能诞生

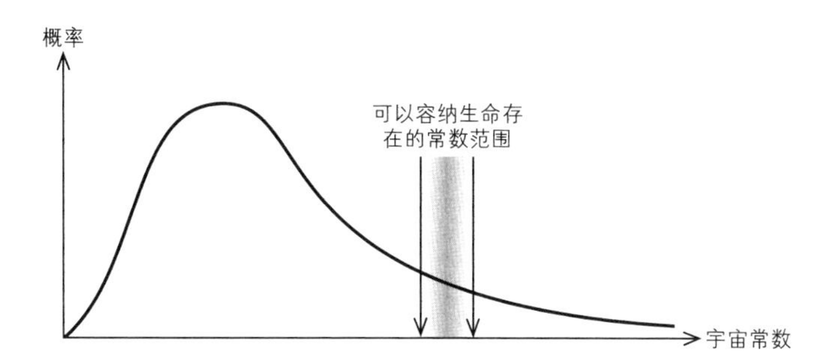

图 10.1　某些属性的宇宙出现的概率随宇宙常数大小分布的可能情况。概率的最大值也许超出了允许生命存在的范围，因此我们没有办法观察到可能性最大的那个宇宙。

作为观察者的“生命”（比如我们）的条件下具有某种性质的条件概率。如果某个宇宙没有诞生“观察者”（观察者不必是和我们类似的生物），它在理论与观测证据比对的过程中就不算数。

意识到这一点会让我们清醒很多。我们还没有习惯这样的一种宇宙学：我们自己在宇宙学理论的评价过程中起了重要作用。

人择的宇宙

如果我们不再那么在意自己的形象，我们就能更好地反映出宇宙的形象了。

——莫里斯·德吕翁（Maurice Druon）[3]

宇宙学家一直以来都期望着宇宙的大尺度特性与其中生命的存在有着我们意想不到的紧密关联。初看这或许有点奇怪：宇宙这么大，在每个方向都一直延伸到几百亿光年之外，宇宙中有无数的恒星和星系，它们是怎么与位于一个不起眼星系中的一颗普通恒星周围的我们产生联系的呢？

这一出乎意料的联系来自宇宙膨胀，是后者将时间和空间联系在了一起。像碳、氧、硅这些组成“生命”的复杂结构的元素并不会在宇宙开始膨胀的时候就现成地准备好了，也不会在宇宙历史的前三分钟在氢、氦、锂的原初核合成过程中生成。它们要在恒星中经过几十亿年的一系列核反应生成，首先两个氦核融合成铍核，再加上一个氦核形成碳核，再加上一个形成氧核，如此类推。这些过程在恒星死亡的时候发生，生成的元素则在临终的恒星爆发形成超新星时散播到宇宙各处。后来，它们进入行星周边的尘埃与碎砾中慢慢形成分子，直到最终形成人类。

碳元素的生成，以及像太阳这样稳定地燃烧氢以维持能支持生命的环境的恒星的出现，需要几十亿年的恒星核反应才能发生，无怪乎我们所观察到的宇宙已经这么老了。产生复杂分子所需的化学组分要经过很长很长时间。此外，由于宇宙在不断膨胀，如果它已经很老了，那它也一定很大——至少直径有几十亿甚至几百亿光年。如果宇宙只有银河系这么大，包含 1 000 亿颗恒星，每颗恒星周围都可能有围绕着它们运转的行星系统，那么这个宇宙看起来似乎也有很大的可能性会包含生命，但注意：这么小的宇宙年龄可能只有一个月，根本没有时间让恒星生成，或是让复杂的生物化学分子出现。

看看可观测宇宙的其他方面就会发现，要让生命成为可能，还需要宇宙的其他性质也落在特定的范围内。我们此前提到过，宇宙的膨胀速率既有可能比临界速率快，也可能比临界速率慢。如果宇宙开始时的膨胀速率比后来快太多，宇宙中就不可能有星系和恒星的形成，因为物质之间的距离会被快速拉开，不足以让牛顿、金斯和利夫希茨提出的引力不稳定性过程将它们吸引到一起；而如果宇宙开始的膨胀速率比临界速率慢太多，物质又会在宇宙形成的早期就很快地聚合成密度极高的团块，最终宇宙会充满黑洞，而非燃烧氢元素的恒星。因此我们发现，我们所在的宇宙的膨胀速度接近临界速度也不足为奇——因为如果不这样，我们就不可能存在。

为什么暴胀之后的宇宙膨胀速率会在很长一段时间内接近临界速率（图 10.2）呢？[4] 暴胀宇宙假说提供了一个简单的

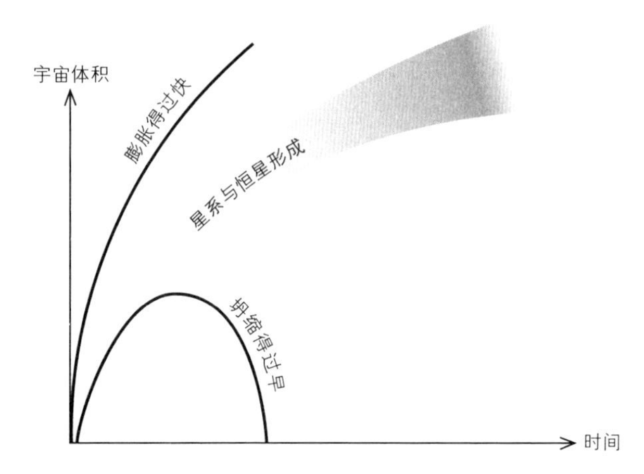

图 10.2 如果宇宙膨胀速率不接近临界膨胀速率，它要么会在恒星形成之前就进入大挤压，要么就会因膨胀得太快而无法使物质聚集形成星系和恒星。

解释，只不过这个视角一开始看来有些奇特。这个解释被称为“人择原理”（Anthropic Principle），它不是一个可以被证实或被证伪的理论，只是一条方法论原理，可以避免你得出错误的结论。它承认，对宇宙来说，有些性质对生命的产生与维持是不可或缺的，因此我们观察到的宇宙不可能不拥有这些性质。很多人可以追溯生化元素的起源，比如元素的生成需要时间，因此可观测宇宙一定得非常大；此外，宇宙还必须是冷暗的，几十亿到上百亿年的膨胀意味着宇宙空间中的辐射温度会缓慢降低，每当膨胀让宇宙尺度体积加倍时，辐射量就会减半。膨胀会让宇宙物质密度不断降低，到如今，宇宙的平均密度值相当于每立方米空间中只有一个原子，经过上百年的膨胀之后，辐射温度也变得极低，以至于宇宙中的物质都不足以照亮我们周围的天空了。即使宇宙中的所有物质都根据爱因

斯坦的质能方程 $E = mc^2$ 转换成光能，我们也不会看到什么明显的变化，空间的辐射温度也只是从 3 开尔文（即比绝对零度高 3 摄氏度）上升到 15 开尔文，变化几乎可以忽略。因此，夜空之所以是黑暗的，就是因为我们的宇宙年龄太老了。夜空曾经是明亮的——在宇宙诞生 25 万年时，整个天空都曾像太阳表面这么明亮，膨胀速率不超过如今的千分之一。当时的宇宙温度实在太高，以至于任何恒星、行星、分子、原子都无法存在，所以也就不可能有人目睹当时明亮的天空了。

对我们宇宙结构的新认识，以及能够想象出来的其他宇宙，统一了我们关于生命和宇宙之间联系的认识，也能防止我们从天文学观测证据中得出错误的结论。我们可以在第 4 章中看到，保罗·狄拉克曾试图假设两个都接近 10^{39} 的数相等，以解释不同的大自然常数之间数值上的巧合，他认为这两个大得不同寻常的数之间的相似性一定是由背后某个不曾被发现的等式或者说大自然的法则导致的。我们早前已经看到，他这一想法之所以新奇，就是因为其中一个大数完全是建立在真正的大自然常数基础上的，而另一个大数则包含了宇宙现在的年龄，狄拉克也把它放在“常数”之列。然而，宇宙年龄是会随着时间变化的，因此，让两个都接近 10^{39} 的数相等就意味着迫使其他传统的大自然常数也要随着时间变化，他选择了让牛顿的引力“常数” G 不再成为常数，而是随着宇宙年龄的增大而减小。这个提议很激进，却不够有理有据：罗伯特·迪克就指出，两个大数的大小之所以如此巧合地类似，只是因为我们观测宇宙的时间刚好约等于一颗恒星稳定下来开始缓慢燃烧氢元素的时间，因为我们不可能存在于恒星诞生之前，或是恒星燃烧完燃料之后的天文学阶段。因此，狄拉克的巧合其实也没那么巧合。他忽视了我们作为观察者所起的作用，并因此得出了错误的结论。在大爆炸的宇宙中，有一些特定的历史时期是不同寻常的，此时恒星能够形成并稳定存在，并存在原子、分子以及其他事物。稳恒态理论曾认为宇宙无始无终，没有哪段时期是特别的，但天文学观测证据有力地反对了这一点。

表面上看来，狄拉克对迪克的论证不为所动，并表示虽然他理解我们不可能在恒星诞生之前就存在并开始观察宇宙，但他并不认为在恒星燃烧完燃料之后生命就不能存在了：

> 根据迪克的假设，宜居的行星只能存在于一段有限的时间内，而根据我的假设（即引力“常数”G可变），宜居行星可以存在于无穷远的将来，而生命将永不停止。虽然没有决定性的证据可以表明这两种假设谁对谁错，但我更偏向于容许生命无穷无尽地延续下去的那一个。[5]

狄拉克非常偏爱宇宙中的生命无穷无尽这一想法，他在1933年1月决定用笔记本的三页纸奠定自己的生命哲学观时，也用类似的语言表达了这一观点。当时他的哥哥费利克斯（Felix）刚自杀不久，虽然狄拉克拒绝从通常的宗教信仰那里获得安慰，但他用另一种虔诚的热情来为生命寻求意义和目标。他当时的私人笔记本为我们理解他后来的宇宙学观点提供了一些背景信息：

> 我的信条是，人类会生生不息，不断发展进步，永无止境。我必须相信这个假设，才能保持内心平静。如果我能为这长长的进步历程做一点微小的贡献，活着就是值得的。[6]

在公开场合，狄拉克对考虑观察者影响宇宙观测限制条件的想法不为所动，但他在私下与伽莫夫的交流中表现出了截然不同的看法。我们能看到，狄拉克的简单的 G 可变理论马上就被排除了，因为如果过去的 G 要比现在大得多，太阳的演化过程和地球的温度就会与现在截然不同。为了维护自己的理论，狄拉克曾经提出了一个不太可能的设想：太阳系在围绕银河系运动的时候，曾经偶然经过了一大团尘埃组成的云，这导致大量物质在太阳周围吸积并增加了自身质量，进而削弱了引力常数 G 的减小对太阳对地球引力的影响。伽莫夫认为这是不太可能出现的，也“不够优雅”——这一批评真正触及了狄拉克思想的核心，他非常渴望用优美的数学形式将物理学表达出来。为什么这么凑巧，太阳系就有完全合适的额外质量来抵消全宇宙范围内 G 的变化的影响呢？然而，为了维护自己的观点，狄拉克用了人择观点的论证，他在 1967 年给伽莫夫的一封令人惊讶的信中这样写道：

> 我不理解你对吸积假说的反对。我们可以假设太阳曾经经过一群致密的尘埃云，其密度足够高，能够让它捕获足够的物质以使地球维持 1 000 年的宜居温度。你可能说，为了达到这样的目的，尘埃云的物质密度需要刚刚好，这是不太可能的。的确，我也同意，这是不太可能的。但这种“不可能”并不要紧——如果我们考虑了所有有行星的恒星，只有那么一小部分经过了特定密度的尘埃云，以使它们的行星在足够长的时间里维持在一个稳定的温度，以至于足够演化出高级生命。在这样的情况下，当然不会

> 有太多的行星上面住着人，但既然确实存在这么一个行星（即我们的地球），就能满足以上论证了。因此，我们没有理由否定太阳经过了一系列概率很低的不寻常事件。

奇怪的是，狄拉克从未把这类推理用在理解他的大数巧合上。

回过头来看，我们可以发现，这一系列“人择”推理也会给 20 世纪 50 年代流行的稳恒态宇宙理论带来一些质疑。在宇宙大爆炸理论中，宇宙的年龄大致等于宇宙膨胀速率的倒数，宇宙学家管这个数如今的测量值叫作哈勃常数（Hubble's constant）。

而在稳恒态理论中，宇宙没有一个有限的年龄（它的年龄是无限的），其膨胀速率也是一个完全独立的属性，需要另外解释。然而，人类观察到的稳定恒星（如太阳）的年龄非常接近宇宙膨胀速率的倒数，虽然前者显然要小那么一点。这在大爆炸模型中是自然而然的结果：星系形成，然后恒星、行星、行星上的观测者才按照历史顺序依次诞生。[7] 因此，在大爆炸宇宙中，如今的宇宙膨胀速率大致上等于恒星年龄的倒数并不令人惊讶。[8] 然而，在稳恒态宇宙理论中，这就是个完全的巧合。

随着研究的进展，天文学家渐渐熟悉了各个物理学常数的精度对宇宙生命诞生的影响。正如宇宙的膨胀速率稍微改变一点点就会对生命的产生带来很大影响一样，大自然的基本作用力强弱和基本粒子的质量发生的细微改变，也会阻止恒星或原子的形成，从而影响宇宙历史的进程。[9] 关于宇宙中的生命诞生对物理学常数及宇宙结构的敏感性（或者非敏感性）的考虑，在后来被称为“人择”论证。[10] 有时，它们会导致这样的观点，即我们所观测到的宇宙在某些方面是经过“精细调节”的（fine-tuned），这有利于生命的演化。如果有些常数的值发生了一些细微的改变，宇宙中可以促进原子或恒星形成进而演化出的复杂生物分子的“窗口”就会被关上。

但要测量这些观测的意义，仍然面临许多问题。我们对“生命”的定义应该有多宽呢？在衡量大自然常数的“微小”变动时，多微小能算得上微小呢？这些常数真的是彼此独立的吗？他们会不会其实只是一个我们从未了解的大统一物理学理论所产生的人工效应？

直到 20 世纪 80 年代，这种观点还显得很离经叛道。大多数宇宙学家都认为满足上述性质的宇宙是存在的，就这样到此为止，在科学层面没什么可以再多说的了。你也可以更进一步地设想在某种形而上学的层面上存在着很多（甚至所有）可能的宇宙，我们所在的宇宙也被放进这一群宇宙“展览馆”里一个可以存在生命的小角落。[11] 你也可以尝试用哲学或者宗教的观点来诠释这一情形，讨论某个宇宙是否适合生命存在。然而，如果这样的宇宙一次只有一个，或者它不适合生命存在，我们也就不会在这儿讨论这一问题了。

单一宇宙观点的关键假设是，所有的大自然常数，以及宇宙的每一个起决定作用的性质都被完全地、唯一地定下来了，不存在别的宇宙有不同的定律或大自然常数的灵活性。想象一下用麦卡诺（一种钢铁组合的模型玩具）的支杆和螺栓组合成形状的情形，用三根支杆组合成三角形与用四根支杆组合成正方形是大不相同的。正方形不稳定，如果你把上半部分稍稍向右拉，下半部分稍稍向左拉，它就会缓慢变形成一个平行四边形（图 10.3），然而三角形就不会变形，它是稳定的。[12]

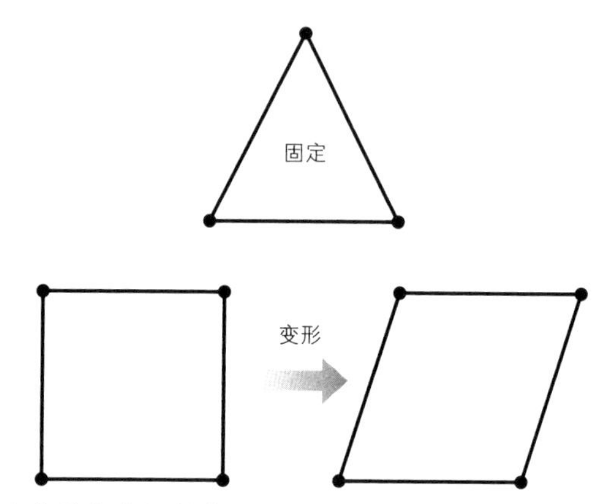

图 10.3 由铰链与支杆制成的三角形是稳定的：它不会平滑地变成另一个形状，除非强行弯折。而正方形是不稳定的：它可以平滑地变形成平行四边形。

物理学的定律和常数是像三角形这样稳定的没有临近变化的空间呢，还是像正方形这样是灵活的可以产生无穷变体，有些变体与我们现在这套相似、有些差别很大呢？即使是正方形，各个边与接合点也是有限制条件的，同样，哪怕宇宙允许不同的常数与定律存在，也不意味着任何定律或者常数都可以。或许在大自然常数可测值的背后，还存在着更深的支配一切的限制条件。像爱因斯坦这样的物理学先驱，就一直在努力地探寻伟大的“万物理论”——他称之为“统一场论”（unified field theory），爱丁顿则称之为“基本理论”（fundamental theory）。他们坚信，物理学家对世界的终极描述是唯一的，而这就是数学家与理论物理学家利用数学对称性与纯粹的思考来寻找它的全部理由。在当时，这些理论远远超出了实验所能达到的范畴，你只能相信这样一个优美的数学结构的存在，并相信它能从书页里跳出来告诉你："这是唯一的结果！"

如果你问爱因斯坦对其他宇宙、多重宇宙，或是大自然常数有可能会取与我们观测结果所不同的值有何看法，他是不会感兴趣的。他曾经在给一位老朋友，也是与他终身合作的记者写信时说道：

> 一套合理的理论中不会存在只能凭借经验决定数值的无量纲常数。我不能证明这一点，但我无法想象一个统一的、合理的理论能明确包含这样一个数，如果造物主选择一个别的数值，还能构造出一个性质不同又互相自洽的世界……在自然定律中，从纯逻辑的角度上可以取不同值的无量纲常数就不应该存在。对我而言，这种"对上帝的信任"是不言自明的，但像我这样想的人估计很少。[13]

可能的宇宙

> 在那时，一切理应改变，但一切都还维持着原样，只是换了种存在方式而已。
>
> ——亨宁·曼克尔（Henning Mankell）[14]

1990 年以来，关于宇宙中常数和定律应当如三角形一般固定的旧观点已经开始削弱，宇宙有很多曾经被视为固定不变的性质，如今都被看作遵守更深层原理而发生对称性破缺的结果。如果你把一块铁条从极高温度冷却下来，它在温度降到770℃之后就会成为一块磁铁。它的两端，哪一端成为南极，哪一端成为北极，其概率是相等的，你无法在冷却之前预料到结果。温度降到770℃时，铁块中的原子对称性被破坏，它随之随机选择一个磁化的方向。

这种随机“对称性破缺”过程可以决定宇宙很多至关重要的方面，如物质-反物质不平衡、原子物质的密度，甚至宇宙中磁场的强度和方向。在这种情况下，人择观点也发生了变化：如果对称性破缺可以以不同的方式发生在宇宙的不同区域，并产生不同的结果，它很可能就描述了宇宙性质中一个新的可变性质。

永恒暴胀宇宙与混沌暴胀宇宙不同寻常的行为告诉了我们为什么应该考虑人择原理。在我们可观测宇宙的范围之外还有这么多的区域，因此我们需要计算出产生一系列不同天文学性质的宇宙的可能性。如果我们在其中加入对称性破缺所贡献的复杂度，我们就需要认识到，永恒暴胀产生的不同“宇宙”也会表现出非常不同的物理学性质。大自然的常数在不同的宇宙中会不一样。弦论表明，空间（甚至还有时间）的大尺度维度数在不同的宇宙中也可能不同。此外，基本相互作用力的组合也可能不同，每种不同都会对应着弦景观中不同的真空态选择。

对传统科学研究方法而言，这么巨大的复杂性简直令人却步。人择观点告诉我们，为了理解现实中多元宇宙产生的不同宇宙的可能性，我们需要把注意力集中在其中能够在某一阶段产生复杂性、生命，以及观察者的宇宙上。这个子集当然包括了我们的可观测宇宙，不过我们也不想把生命的定义限制得过于严格，免得排除与我们完全不同的意识存在形式。如今，要想确定宇宙能支持观测者存在所需要的最宽泛的条件也还是太难，我们甚至不知道定义“生命”需要哪些必要条件，目前，我们也只能根据自身的经验来总结一些相似的弱充分条件。

这就让我们在预测多元宇宙中哪种类型的宇宙最有可能支持生命的出现方面遇到了极大的困难。为了实现这个目的，我们需要了解复杂生化分子的产生对物质的物理学与宇宙结构都有哪些至关重要的要求。我们已经知道其中的一些关键因素，但同时也知道，真正的限制因素比我们如今能设想的多得多，这是因为我们还没有找到能统一大自然四种相互作用（电磁力、弱相互作用、强相互作用、引力）的万物理论。当它被发现以后，我们所了解的用以表征这四种相互作用的大自然常数之间的相互关联和依赖只可能继续增加。如今，我们只能想象放射性物质的衰变速率会发生变化，但不用担心它们还会跟引力或者原子结构有什么关系。而真正的统一理论会揭示所有相互作用之间的关联，它会告诉你，哪怕物理学中的一小部分改变了一点点，都会在别的地方产生额外的结果。

如果我们已经解决了如何计算概率和条件概率的问题（我确信我们在不远的将来就能做到这一点了），那么，我们遇到的新问题就是如何追踪“观察者”在物理学中所起的一切复杂效果，并建立一整套理论来描述这些相关效应。这一方法可能给我们带来几种不同类型的宇宙，它们都能满足生命诞生的基本需求。下一步，我们就要问哪种宇宙最容易诞生生命了。但如果最有可能出现生命的那类宇宙并不包含我们所见的这个宇宙呢？我们会认为理论（至少是理论的一部分）错了，还是我们确实没有住在最有可能出现的宇宙里？而如果我们找到了好几类宇宙，它们彼此都很相似，那我们应该如何选择：其中哪一类是更有可能出现的呢？

这些问题，以及这些问题都还没有清晰答案的事实，正是我们要时刻记住人择原理的理由。不管关于不同性质的宇宙在多元宇宙中出现的可能性有多大，它们都不可避免地要融入我们关于观察者的想法。我们必须承认方才的分析，即我们（包括处理及收集信息的其他实体）都属于我们正在尝试解决的问题的一部分。

在家里制造宇宙

> 哲学的意义在于，我们可以从看起来简单得不值一提的事物出发，最终推导出没有人能够相信的悖论。
>
> ——伯特兰·罗素（Bertrand Russell）[15]

永恒自我复制的宇宙图景探索了宇宙所有可能的真空态，包含了不同的物理学常数、不同的空间维度和作用力特征，它是我们拥有的所有理论中，最接近能探索所有可能世界的理论。哲学家通常都思考过关于所有可能世界的形而上意义，也有人争论过把我们所在的世界称为“所有可能的世界中最好的那个”是否有意义。[16]虽然暴胀宇宙并不会创造出形而上学意义上一个宇宙在一切方面所能拥有的所有变体，但它仍能探索弦论所允许存在的一切自洽的物理学版本。这些物理学版本数目比较多，但毕竟是个有限的数目——10^{500}，这一点我们在前面提到过。

宇宙的复制过程由物理学定律来描述。它并不像中世纪基督教神学所说的那样，在一个神秘的过程中从无到有地创生。一开始，“创生”这个词或许让人觉得不可思议，尽管我们在这里说的“创生”只是狭窄意义上的，但这一过程不违反任何物理学守恒律。想象一下量子涨落同时产生了一个粒子和一个反粒子，如果它们的质量都为 M，这就需要总和为 $2Mc^2$ 的正能量。但如果它们之间有一个互相吸引的作用，比如引力或电磁力（电荷相反的情况下），这就会产生一个负的“势能”——之所以是负的，是因为两个粒子一旦被释放，就会产生动能，就像你拿着一块石头，松手之后它就会受地球引力吸引而掉落地面一样。

值得注意的是，这 $2Mc^2$ 的正能量与它们互相吸引的相互作用产生的负势能的总和可以为零，也就意味着从量子真空中“创生”这两个粒子的过程不需要消耗任何能量（图 10.4）。

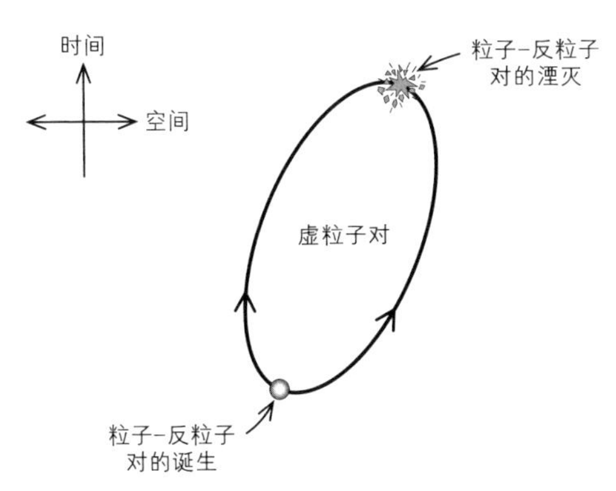

图 10.4　虚粒子–反粒子对的诞生和湮灭。

意识到这一点以及永恒暴胀中“宇宙”的自然自我繁殖过程，宇宙学家提出疑问：能否人工刺激宇宙的产生？[17]我们可以在实验室里刺激产生与永恒暴胀过程类似的涨落，从而“创造”出宇宙来吗？物理学定律允许我们这样做吗，哪怕只是在原理上？

有些物理学家尝试去证明这是可能的，还是不可能的，或者是不确定的，但这也带来了一些意想不到的副作用，就像无穷大的密度一样。与此同时，还有其他物理学家，如已故的亚利桑那大学天文学家特德·哈里森（1919—2007）教授，他就认为，这意味着存在着更高级文明操纵宇宙的可能性。[18]

让我们来想象宇宙中有这样一个极为先进的文明，这个文明已经充分了解了如何在他们那部分宇宙中创造出特殊的涨落，让它们迅速暴胀，成为新的“婴儿宇宙”。这个文明中的超级宇宙学家也已经充分地了解了要容许生命存在，大自然常数的值以及统领着大自然常数的自然定律要出现怎样奇怪的表观巧合。如果（这是个可能性不高的如果）他们知道可能存在的宇宙总数，以及在所有宇宙可能性中选择一个宇宙的计算上的难度，他们就能控制决定温度降低时选择哪种真空态的对称性破缺过程，因而能够人工选择繁育某一类宇宙，这些宇宙的常数和物理学定律比他们所在的宇宙更有利于生命的诞生。这类过程经过几轮，越来越高级的文明就会诞生（有人认为越到后期越容易，因为支持生命的常数条件已经被前人试探微调得越来越精确了），同时，他们越来越擅长微调他们制造的宇宙。哈里森猜想，或许我们的宇宙之所以显示出这么多有利于生命演化和维持的精细调节特征，就表明它是由过去某个文明选择性繁育出来的，[19]这就解释了我们所观测到的大自然常数为何能如此精确地支持生命。

这个想法很棒，但它也带来了一个值得注意的问题：一旦宇宙中演化出足以操控大尺度环境的智慧生命，宇宙学就会变成一门无法预测的科学，就如同今天的经济学或社会学一样，因为人类的选择不仅仅在实际上无法预测，在原则上也是无法预测的。

自然选择的宇宙

> 有个理论认为，如果有任何一个人以任何理由发现了宇宙为什么存在，以及为什么它会在这里，宇宙就会迅速消失，并被一个更复杂怪异而难以解释的新宇宙所代替。有另外一个理论认为，这件事情已经发生过了。
>
> ——道格拉斯·亚当斯（Douglas Adams）[20]

为了解释大自然的常数为何如此之巧地取了这么特别的值，美国物理学家李·斯莫林（Lee Smolin）提出了另外一种尝试性的解释。与哈里森异想天开的设想不同，它没有把大自然常数的取值归结于智慧生命有意将宇宙的演化导向了易于产生生命的方向，而是稍稍改变了一下托尔曼古老的振荡宇宙理论，即一个闭合宇宙收缩之后又往回反弹成一个膨胀的宇宙。[21] 斯莫林想把这个概念用在黑洞的引力收缩中。不管怎样，如果你处在一个大型黑洞里面，实际情况也就跟处在一个闭合的有限宇宙中差不多。如果你从黑洞视界的里面向外走，你无论如何都不可能穿过视界到达外面（图 10.5），你总会发现自己不知

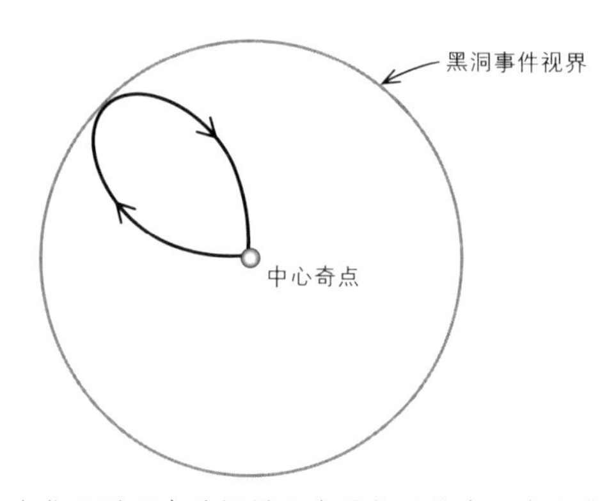

图 10.5 一个位于黑洞事件视界之内的粒子从中心奇点出发向外运动，所能到达的最远距离就是视界了，随后它就将不可避免地往回落向奇点。它的历史路径就类似于一个从大爆炸开始，膨胀到一个最大体积再往回坍缩的闭合宇宙中的粒子轨迹。

不觉地回到了你初始所处的中心奇点处。这就像闭合宇宙从奇点开始膨胀，达到最大以后又往回收缩到奇点一样。

斯莫林的第一个设想是，每当一个黑洞形成、物质向其中掉落的时候，它就会导致新的宇宙从中心奇点处“反弹”而出。他的第二个设想是继承约翰·惠勒于 1957 年首次提出的古老想法，即在振荡宇宙的每一次反弹中，宇宙的大自然常数都可能会发生变化，即惠勒所说的“再加工”（reprocess）。[22] 斯莫林设想每个黑洞形成的时候都会发生这一反弹过程，使它所圈住的物质不可阻挡地坍缩至中心奇点，而在新的膨胀“宇宙”中，大自然的常数会发生一些细微的偏移，其结果就是，在这种自我繁殖的过程中，每次繁殖都会带来宇宙常数的细微偏移。[23]

如果我们让这个过程多运行几代，会发生什么？宇宙中形成的黑洞会成为一个新的宇宙，这个新宇宙继续生成黑洞，成为更多的宇宙，新的宇宙中的常数都有着细微的差异。长期来看，我们应该会发现自己处在一个宇宙学常数容许产生最多黑洞的宇宙中，因为这类宇宙出现的概率最大。这同生物学演化有些相似之处，按照生物学演化理论，如果某种可遗传的性状会带来最大数量的后代，那么拥有这种性状的生物数量就会比其他性状更常见，而这里，能产生黑洞的引力特性会让宇宙拥有更强的“繁殖力”。

如果我们住在一个经过多次“引力自然选择”而诞生的宇宙中，你或许可以预测我们将看到什么样的图景。既然演化选择了能产生更多黑洞的宇宙，我们就会预测自己处于或者接近于能产生最多黑洞的大自然常数的局部最大点。

这就意味着，如果我们宇宙中的常数发生了一点微小的变动，宇宙产生黑洞的数量就一定会降低。这一推理听起来很有道理。它提示斯莫林，我们可以做一些思想实验，想象一下物理学常数的值发生细微改变之后会发生什么。如果物理学常数改变之后黑洞数量反而增多了，我们是不是就可以排除这个理论了？斯莫林的目标是为大自然常数的特定取值提供一个解释，同时不涉及所有可能性都得以实现的人择原理或者多重宇宙理论。

不幸的是，这个想法不成立。除了改变常数后黑洞数目是否会增加这个问题，还有另外两个严重的问题。尽管这一理论是为了让宇宙学讨论避开人择原理对预测的影响，我们却马上能发现，这个理论反倒成了体现人择原理重要性的典型示例。我们能假设自己处在一个能产生最多数量的黑洞的宇宙中，其前提条件是我们所在的宇宙能够支持观察者的存在。如果能拥有最多黑洞的宇宙充满了辐射和小型黑洞，就不可能存在有感知能力的生命来观察到它们。为了从这个理论里得出一个可验证的预言，你首先要知道所有容许观察者存在的大自然常数的子集——而这些值可能远不是最可能出现的。然后，在最大可能的情况下，你才可以说在所有可以支持生命的常数组合里，斯莫林的理论预言了其中会产生最多黑洞的一种。这种情况，正是我们在图 10.1 里强调的精妙之处。

这个理论还有一个更为严重的问题，它假设了黑洞的产生率会随着大自然常数的改变而出现局部极大值，但这是一个很强的假设，它至少对我们已知的一个常数不成立。如果我们把牛顿引力常数，即掌控引力强度大小的 G 改变一点点，局部的黑洞产生率改变仅仅是个单调改变的“斜坡”，而不会出现极大值。根据热力学第二定律，更多的黑洞和更大的 G 值产生的结果相同，所以在大自然常数改变的同时，会有一个斜率固定的斜坡倾向于引力越来越强的宇宙。[24]

假的宇宙

> 如果你生活在一个模拟世界中，你以及你周围的所有人都应该少关心点别人，活在当下，让你所在的世界往更富足的方向发展，更多地参与重大事件，让自己变得更令人愉快、值得称赞，并让你周围的名人更喜欢你、对你感兴趣。
>
> ——罗宾·汉森（Robin Hanson）[25]

一旦你认真考虑了所有可能的宇宙（或几乎所有可能的宇宙）都可以存在（或已经存在了），那你可能就会面临一系列急转直下的情境。我们已经看到，一个比人类的技术水平稍高的文明就有可能模拟出一个宇宙，其中甚至能产生有自我意识并能互相交流的个体。[26] 他们的计算能力远远高于我们，不仅能像人类一样模拟天气和星系的产生，也能更进一步地观察模拟世界中恒星与行星系统的出现，甚至还有行星表面的地质与地形。下一步，他们将生物化学原理加入到了天文学模拟之中，然后观察生命和意识的演化（他们可以随心所欲地调快运行的速度）。他们观察生命的演化、文明的扩张与对话，就像我们观察果蝇的生命周期一样。我们还能看着他们模拟出来的产物争论天空中是否存在着一个"伟大的编程者"，这个编程者创造了我们的宇宙，并能随意地违反我们这个宇宙一直在遵循的大自然定律。

一旦有人拥有了模拟宇宙的能力，假的宇宙就会迅速增殖，迅速超过真正的宇宙数目，瑞典哲学家尼克·博斯特伦（Nick Bostrom）认为，[27] 基于以上假设，任意一个有思想的个体存在于模拟宇宙中的可能性都大大高于真实宇宙。[28]

受这个惊人的结论警示，很多人开始思考，如果我们有很大可能性是生活在虚拟世界中的模拟生物，我们该怎么办？正如本节引语所说，罗宾·汉森提出，如果我们生活在模拟世界中，我们应当提高自己在这个模拟世界中存活下去，或是在未来被重新模拟的可能性，尽管这个建议听起来就像很多人为促进自身发展本来就会采取的策略一样——不管这些人认为自己处在哪个宇宙中。不过，英国物理学家保罗·戴维斯（Paul Davies）则认为，我们很可能存在于一个模拟宇宙中的这一结果，是从整套多重宇宙观点导出的一个荒谬结论：它会大大降低我们可以从宇宙中获取任何确定知识的希望。[29]

我们刚刚介绍的与暴胀宇宙理论相关联的多元宇宙设想，一直都被某些宇宙学家用来明确地反对“宇宙是由某个伟大的设计者为生命特别设计”的这类观念。[30]无论生命诞生所需要的限制条件窗口有多窄，只要有限空间中的所有宇宙都有存在的可能性，多元宇宙中就总能有适合居住的宇宙存在。不过，在这番讨论中经常被忽略的关键问题是，“怎么衡量在所有可能的空间中存在宜居区的可能性呢”？没有人知道。有些人仅仅是把多元宇宙看成可以回避精细调节问题的一个便捷方法而已。

有关多元宇宙的这两种观点都希望它能在总体上帮助我们避开形而上的讨论，然而，多元宇宙中的事情可没这么简单。我们已经看到，一旦有意识的观察者能够随心所欲地干涉宇宙的发展，而非只能单纯地聚集成一群被动的“观察者”、除了存在以外做不了任何事，这又导致了神的出现。模拟者就像神一样，对模拟世界中他们所制造的一切模拟之物握有生杀大权。他们可以决定统治世界的定律，亦可以改变定律，还可以人工调整人择精细调节参数。他们可以在任意时刻开始模拟，人工干预或是停止干预，并在一旁观看模拟世界中的生物，争论是否存在一个“上帝”时刻控制干预他们的行为，制造出奇迹，或是给他们施予道德原则。造物者无须遭受良心的谴责，反正他们的“玩具”又不是真的，不是吗？造物者甚至能看到他们模拟出来的文明演化到一定的复杂程度，还能自己模拟出再高一阶的物体。

面对这些难题，我们是否有一丝丝的可能性可以把模拟世界与真实世界区分开呢？

首先，只要模拟者能够简单地模拟“现实的”效应，他们就会倾向于避免建立一套完整、一致的自然定律集，因为这太复杂了。迪士尼公司做动画电影的时候，要制作光从湖水表面反射的景象，肯定不会用到量子电动力学或者光学定律来计算光的散射，那需要的细节和计算量都太庞大了，他们只会依据比实际情况简单得多，但又能得出相当真实样貌的经验法则——只要观众别太较真就行。如果造物者造出模拟世界只是为了玩的话，那它就总会有省事又实际的办法来让模拟世界保持表观上没问题的状态，但如果造物者为了省事而限制了模拟程序的复杂性，程序就可能出现一些问题，从而泄露出这是个模拟世界的信息，就像业余爱好者演出的演技拙劣的剧一样——甚至有时这种“漏洞”从模拟世界内部就能发现。

即使模拟者一丝不苟地模拟了所有自然定律，他们的能力也还是有限。也许他们对大自然定律的了解非常深入，但也不可能完全知晓一切（有些哲学家会论证要完全了解所有的定律永远是不可能的）。他们可能很清楚要模拟出一个宇宙需要如何编程，但他们对自然定律的了解总是会有缺口，甚至还会有错误。这类缺陷可能很细微、很隐蔽，不然他们也就不会是我们假想中的“高级”文明了。

最终其效应会像滚雪球般越滚越大，整个虚拟世界都会崩塌。唯一的解决途径就是模拟世界的创建者在问题出现时及时介入，一个一个地解决，这就很像计算机系统需要定期接受更新，以防止新形式的虚拟入侵破坏它，或是解决它的制造者所未曾料到的漏洞。模拟世界的制造者能够提供这类暂时性的保护措施，不断升级大自然的定律，以把他们在模拟建立之后学到的新知识融入其中。

在这种情况下，逻辑的矛盾会不可避免地产生，而模拟世界中的定律也会不断地失效。而居住在模拟世界中的人，尤其是模拟世界中的科学家，会时不时地对他们的实验结果感到疑惑。比方说，天文学家就会通过观察发现，所谓大自然的“常数”其实是在非常缓慢地变化着的。[31]

主宰着模拟世界的定律突然出现故障是有可能的，因为模拟者很有可能使用的是在其他复杂系统模拟中非常有效的一种技巧：用纠错码来让事情恢复到正常轨道上。

以我们的遗传编码为例，如果原原本本按照它们来指导我们的生命活动，我们可存活不了多久。错误会不断累积，有害变异与死亡会不可避免地一同而来。但我们之所以不至于早早面临死亡，是因为受到了一种错误纠正机制的保护，它能识别出基因编码中的错误并纠正它们。许多复杂的计算机系统也拥有同一类的内部“错别字检测”机制，以防止错误累积，这类机制的祖先是1950年贝尔实验室的理查德·汉明（Richard Hamming）发明的纠错码。

如果模拟者使用纠错计算机代码来防止整个模拟世界（其中就包括更小尺度上我们的遗传编码），他们就需要非常频繁地对模拟世界的状态或是自然定律进行修正，因此，模拟世界中就会出现神秘的变化，看起来好像是违背了模拟世界中的科学家在观察和预测的自然定律。

我们可能也会想到，模拟世界中的一切事物应该拥有相似的最大计算复杂度。被模拟出来的生物应该与最复杂的非生物结构复杂度类似，这一原理首先由史蒂芬·沃尔弗拉姆（Stephen Wolfram）出于一个完全不同的原因提出，并起名为“计算等价性原理”。[32]

关于如何从内部区分真实世界与模拟世界，最常见的担忧就是模拟者能预见将来会出现什么问题，并及时提前做出调整，以防止不协调之处的出现。这一新的模拟世界会再次出现不一致的问题，但又会再次被预见并解决。

问题就在于，这种预见在极限情况下是否还能存在呢？这个问题很像卡尔·波普尔（Karl Popper）在指出计算机的自我指涉极限时思考的问题。[33]已故的唐纳德·麦凯（Donald MacKay）也在不同的语境下用到过这个论证，他以此证明，如果把关于未来的预测内容告诉你，在逻辑上就不存在能预测你将来的可能性了。[34]

只有在不告诉你对你未来的预测是什么样的情况下，才有可能准确预测你将来的一切行动[35]。一旦我把对你的预测告诉了你，你总是可以违背它。因此，对你未来的行为做出一个有约束力的无条件的预测就是不可能的。同样的论证也适用于更日常的事件，如预测选举：你不可能对选举结果做出一个公开的预测，并无条件地将预测本身对选举造成的结果都包含在内。[36]这类不确定性，在原理上就是不可能减少的，而如果不公开预测结果，预测在理论上是有可能100%正确的。

所有这些都表明，如果我们生活在模拟现实中，我们应该偶尔会观察到系统突然出现的小“故障”，或者大自然的常数、定律等随着时间出现的小漂移，[37]并随之意识到，要了解真正的真实，我们不仅要了解大自然的定律，了解大自然的缺陷也同样重要。

之所以在这里要小小地离题一下，涉足这个通常属于科幻作家的领域，只是想表明，如果我们认真地考虑“有无穷多数目的世界，涵盖了所有的可能性”并严格推理这一想法，可能会导出一些不同寻常的结论。我们可以想象一下，我们的后人会如何继续拓展我们如今的科学技术，来检验这些假设。这甚至都不需要发明新的科学出来，科学原理已经有了，只要发明新的技术就可以了。[38]我们看到的宇宙本质，以及它们有可能出错这一点，就足以让我们震惊和忧心忡忡，它让我们回想起 18 世纪末休谟的观点。

休谟在《自然宗教对话录》中质疑了当时流行的很多关于上帝存在的言论，尤其着力抨击了关于神创论的完美本质、神的唯一性等方面。[39]关于“多世界”以及它们可能存在的缺陷，休谟是这么说的：

> 你必须承认，以我们有限的视角，很难区分我们所处的世界到底是有明显缺陷，还是并不逊色于其他世界，甚至真实的世界……如果我们仔细研究一艘船，我们可能对造船工匠的心灵手巧佩服得五体投地，他怎么能造出这么复杂、实用又优美的巨大机器呢？但一旦我们发现，他其实只是个愚蠢的技工，这艘船是他仿制别人历经长年累月，通过无数次试验、失败、纠正、校准、争论后才逐渐优化出来的技术，我们又该会有多惊讶呢？
>
> 或许世界也是一样：在如今这个世界诞生之前的无限长的时间里，已经有多个世界在拙劣的修修补补中诞生，其中有的徒劳无功，有的只留下了一道毫无结果的痕迹，但在无限长的时间里，在无数世界产生与消失的过程中，世界诞生的“技术”也被缓慢地打磨成熟……
>
> 我们所处的这个世界，如果相比于一个最高的标准，或许是有缺陷、不完美的，或许只是某位年轻造物主的不成熟处女作，造出来之后就愧于自己技术的粗糙而丢弃了

它，也可能是某位下级的、次等的神做出来的次品，一直被他的上司嘲笑，或者是某位老神仙在老糊涂了以后造出来的东西，在这位老神仙去世以后就无人打理，只凭着老神仙生前留下的推动力自行运转。[40]

在休谟设想的图景中，有一大群造物神，他们能力有高有低，造出的宇宙质量也参差不齐，就好像一群学徒在试图模仿大师之作一样。但如果我们把他所说的“年轻的”与“老糊涂的”神换成模拟器，休谟所构想的世界就变成了充满模拟宇宙的“王国”：有些模拟宇宙比较好，有些还算有希望，而其他的就有各种毛病，注定不可能存在生命。

如果所有可能存在的宇宙都存在，而我们生活在一个自然定律彼此不自洽的模拟宇宙中，这会有什么不同吗？这应该有什么不同吗？[41] 如果你是一位生活在模拟宇宙中的科学家，想要研究这个世界背后的运行规律，你可能会感到非常沮丧。在这样的世界里，任何事情的发生都不需要什么理由。因此，无怪乎科学的世界观不欢迎模拟世界的存在了，因为模拟世界的存在本身就削弱了科学的世界观。相比于科学家，反倒是哲学家会更认真地思考模拟世界的观念，有些哲学家甚至通过模拟世界的观念来讨论伦理问题，他们提出的问题都很不同寻常。

汉森提到，考虑到你有可能生活在一个模拟世界中，这一点本身就会影响你的行为。[42] 模拟出来的经历无论看起来多么真实，通常情况下也比真实的经历更容易出乎意料地突然终结，这就是为什么汉森认为在此情况下，“所有其他人都平等了，你应当少关心一些自己的未来，少关心一些慈善行为，而更多地活在当下”。我们都知道，电影和戏剧里，在明星主角的周围，与他们密切互动的往往是其他一些不错的演员，但如果再离明星们远一点，在人群里或一些不需要说话的场景下，你就会看到众多的临时演员、群众演员，他们的薪水低很多，雇用他们不花多少钱。同样，在模拟世界中，远离你的人也可能只是不重要的模拟出来的人物，你不需要过多地为他们操心。所以，要有娱乐精神！要让自己出名！让自己变成关键人物！这会增加你在模拟世界中“戏份”持续下去的可能性，其他人可能也会愿意继续模拟你的故事。如果不这么做，你可能就像肥皂剧中的角色一样，戏份马上就结束了，比如去海参崴度个假什么的，就再也不回来了。

看看电视新闻里的人们表现出来的样子，再回想一下汉森的建议，你会很容易地得出“我们一定生活在模拟世界中”的结论。不过，这番推理也不是那么靠谱。你“应该”怎么做，完全依赖于模拟者的道德立场。如果他们喜欢娱乐，而你能把他们逗乐的话，那你应该会过得很好，但如果他们有着崇高的信仰，你要在这个模拟世界中存活下去的话，很可能就会被重新模拟成一个为了高尚正义的事业而牺牲的烈士。尽管我们不建议真正在生活中实践这些行为准则，但它们的确尖锐地指出了我们道德哲学中的核心问题，以及我们相关的反应。如果模拟世界随处可见，我们也处在一个模拟世界之中，而它又属于我们一般定义中的那种“模拟世界”，这件事可能会让我们有些不安。但凭什么模拟世界非得是这种样子的呢？如果我们所说的“模拟”，指的只是上帝一次性地创造万物，形成了整个世界，其实效果也类似，只是模拟者不同而已。

如果生命可以生活在模拟世界中，这无疑会导致很多不同寻常的结果。有的人以此认为，其他的宇宙是不可能存在的。如果大多数宇宙都是虚拟的，它们呈现出的物理定律就可能是虚幻的，再这么推演下去，我们就不可能真正地了解任何事情了，因为这个世界上就不再存在可靠的知识。这是唯我论的另一个极端，但也同样会让我们在思考未来时感到无力。如果所有的可能性是无穷无尽的，又都是真实存在的，那真实世界所包含的事物，可就多得超出我们能忍受的范围了。

毫无新意的宇宙

> 图书馆员推论，这座图书馆“无所不包”……它的书架包含了22个符号所有可能的组合形式，所有——包括对未来的详细的历史记录、大天使（基督教中最高等级的天使）的自传、这个图书馆真正的图书目录、千千万万假的目录、证明假的目录如何为假的证据，以及证明**真正**的目录如何为假的伪证据；它还包括了巴西里德的诺斯替福音书、关于这套福音书的评论，以及关于这套福音书的评论的评论；当然，它也包含了你是怎么死的，包含了每本书被翻译成所有其他语言的译本、把每一本书插到其他每一本书中产生的新书，也有比德神父本来要写（结果后来没写成）的关于撒克逊人神话传说的专著，以及遗失的塔西佗所写的历史著作。
>
> ——豪尔赫·路易斯·博尔赫斯（Jorge Luis Borges）[43]

想象一下，居住在一个毫无新意的宇宙中，是什么感觉呢？每件事都是假的，没有任何想法是新的。这个宇宙中没有新颖的东西，没有原创性，没有哪一件事是第一次做成的，也没有哪一件事会是最后一次做。没有任何一件东西是独一无二的，每个人拥有的所有东西都不会只有一件两件，而是有无数件。

当宇宙空间无限大，而生命诞生的概率又不为0时，这种奇怪的状态就会发生。之所以会出现这么奇怪的现象，是因为"无穷大"的性质与任何有限大的大数都不一样，不管这个大数有多大。[44]

如果一个宇宙大小无极限、物质含量也无极限，那么，在某处发生概率不为0的事件总会无数次地发生。[45]在此时此刻，一定有无穷多个与我们完全相同的副本，在做着与我们现在所做的完全相同的事情，也有无穷多个与我们完全相同的副本，在做着与我们现在所做的不同的事情，其实，还有无穷多个与我们完全相同的副本，在做着我们现在可能会做的任何事情——只要我们现在做这件事的概率不为0。所有可能存在的状态总数简直多到令人震惊，这就是我们所说的"复制悖论"。早在1882年，德国哲学家弗里德里希·尼采在《权力意志》(*The Will to Power*)中就讨论过这个问题，他意识到，无穷大的宇宙会产生这些惊人的结果：

> 宇宙在构成其存在的巨大赌博游戏中，经历的组合数必须是可以计算的……在无穷远处，在某一时刻，每一种可能的组合都必须能被实现，不仅如此，还必须能被实现无数次。[46]

复制悖论会带来各种各样的奇怪结果。我们相信生命的诞生是个概率不为 0 的事件（因为我们在这儿嘛），因此在无穷大的宇宙中，一定存在无穷多个文明，在这无穷多个文明中，一定存在与我们地球上的人类文明完全相同的副本，它们有的年龄比我们大，有的年龄比我们小，也就是说，我们每个人死去的同时，宇宙中别的地方都有无数个我们还活着，带着与我们此前完全一样的记忆和经历，继续活向未来。这种更迭会不断持续下去，一直到无穷无尽的未来，所以从某种程度上说，在这幅诡异的景象中，我们每个人都相当于"永生"了。而这又产生了一个更加诡异的结论：考虑所有曾经有过我的过去的宇宙，这些宇宙中包含了我将来的各种结局，在其中的绝大多数个宇宙里，我肯定在之后的几个月之内就死了，只有一小部分宇宙里的我还存在。那么问题来了，我为什么还会继续存在？

这个烦人的悖论也踏进了神学讨论的领域。假设我们把同样的推理过程用在基督教的"化身"（incarnation，指神以肉身的形式降世成人）概念上，如果化身现象出现的概率是有限的，那么它在无穷大的宇宙中的其他地方一定已经发生过无穷多次了。早在 4 世纪，[47] 圣奥古斯丁就用了这套论证来说明，地球上有知觉的生命一定是独一无二的，不然耶稣受难可能在无穷多个世界里都发生过了。[48] 18 世纪后半叶，英裔美国思想家托马斯·潘恩（Thomas Paine）提出，在宇宙中的别处显然一定存在生命，而如果耶稣曾经受难，这件事一定在其他世界中被无穷次地重复过，这就太荒谬了。所以他认为，耶稣受难压根就不曾发生过（或者至少没有产生基督徒所声称的那些结果）。

我们可以想想，如果我们遇到了自己在其他宇宙中的副本，会发生什么？你可能会觉得这就像对着镜子打拳击，但其实我们没有理由认为你的副本会跟你做一模一样的事。或许在你们相遇之前，你们所经历的历史都是完全相同的，但在面对从未见过的状况时，你和你的副本可能会有不同的反应，就像双胞胎面对同一状况的反应也可能不同。而未来，你俩的经历和选择会越来越不同，但同时，在无穷大的宇宙中，总会有源源不断的我们的副本做着与我们相同的决定——在每个方面都与我们完全相同。这就好像，我们所能采取的每一个决定，都被其他的我们采取过了，在宇宙中的某个地方总是存在某个人，他与我自己过去的生活经历完全相同，但现在选择了众多选项中的一个。选择其他选项的人数，总是要比选择现在我选择的选项的人多出许多。

这一理论最奇怪的特征在于，如果它是真的，它就不可能是原创的，因为它在过去必定被无数次提出过。实际上，在一个无穷大的宇宙中，所有可能发生的事情都会发生无数次，没有任何事物是新奇的。

有些宇宙学家觉得这一景象很令人担忧，所以是不可能发生的，因此，他们将复制悖论作为宇宙不可能无穷大的有力证据。[49]其他人则担心，如果在这样一个宇宙里，所有的事情无论结果怎样都会发生，一些伦理问题就会出现。所有可能发生的虚拟历史事件都会被实实在在地演绎出来，在有些历史中，邪恶会战胜正义，甚至在有些历史中，人们会认为邪恶战胜正义是件好事。

还好，物理学定律提供了一条保护措施来防止某些令人担忧的结果发生：尽管整个宇宙可能是无穷大的，但我们只能与其中有限的一小部分产生联系，因为光速是有限的。如今，我们所能联系到的最远的“地平线”大概距离我们 10^{27} 米。作为比较，地球的直径是 1.3×10^{7} 米，地球到（除了太阳以外）最近的恒星的距离大概是 6×10^{16} 米。这些距离看起来已经很遥远了，但相比于你遇到另一个自己所要走过的距离，它们都还是一步之遥。要想有较大的把握遇到另一个自己，你需要走到 $10^{10^{28}}$ 米之外，而要想找到一个与我们所在的地球完全相同的副本，你得走到 $10^{10^{30}}$ 米之外。只有我们的视线达到了 $10^{10^{120}}$，才有50%的希望看到与我们的整个可见宇宙完全相同的宇宙。在无穷大的宇宙中，光速的有限性保证了我们不会与另一个自己相遇，然而，尽管光速隔绝了我们与他们相遇的可能性，他们的存在仍然给我们带来了困扰。

如果无穷大的宇宙一直存在，而且状态保持基本稳定，就像曾经的稳恒态宇宙模型一样的话，就又会出现一个时间版的复制悖论：只要一件事情发生的可能性是有限的，它在我们的宇宙中就会发生无数次，在这样的宇宙中，没有事情是真正新奇的。不仅如此，既然智慧生命经过演化出现的概率是存在且有限的，智慧生命出现的次数一定是无穷无尽的，整个宇宙里一定会有大量的智慧生命在增殖，这样的话，我们就应该能时不时地遇见一些智慧生命。这个奇怪的结论，再加上我们至今依然没有遇到任何外星生命的神秘事实，曾经被保罗·戴维斯、[50] 弗兰克·提普勒（Frank Tipler）和我用来作为反对稳恒态与静态宇宙理论的论据。[51] 当然，如果这些关于无穷大宇宙的结论是真的，这些想法也不可能是原创的。

最后还有一个既让人冷静又令人激动的想法：我们对无穷复制这一概念本身感到恐慌或是怀疑，它看起来异想天开、荒诞不经，好像不可能成为现实，但其实，我们周围到处充满了各种完美的复制品，我们的世界就是由它们构成的——质子、中子、夸克，所有这些大自然的基本粒子都是一类**全同**粒子。如果你看到了一个电子，你就相当于看到了所有的电子。[52]没人知道这是为什么。宇宙本身就是基于复制建造起来的，而我们怀疑这种复制过程是无穷无尽的，就像宇宙的膨胀无穷无尽一样。这是最令人惊奇的“精细调节”，但大多数物理学家甚至都没留意到这一现象，只有极少数人对此发表过评论。这提示我们：真实世界最深处的构造，或许就是以复制为核心的。

玻尔兹曼的宇宙

> 我相信，我们都处在一条通往更自由、更民主的不可逆转的大潮中——但那可能会变。
>
> ——丹·奎尔（Dan Quayle）

无穷大的宇宙所带来的各种令人不安的深层含义，也在一个极端的层面上检验了我们的科学研究方法和我们的轻信程度。要想测量观察者在多元宇宙中存在的可能性，还有另外一种方法，也就是计算一名观察者观察他所在的宇宙并得出一套结果的可能性。可惜，这个方法还不够好。如果无穷大的宇宙中出现观察者的可能性是有限的，他们就可能存在于无穷个地点，但在不同的情况下，他们观察到的事情发生的概率也不一样，因此，在观察者存在无数多个副本的情况下，我们就很难确切地预测到哪一套观测结果是最可能出现的。

也许会有批评者认为，讨论“观察者”会让我们陷入自我中心的视角来考虑生活，从而让我们的思维受限。我们只能想象和我们类似的外星生物都是由原子构成的，有大脑，有物理的身体，我们可能会把它们设想成像计算机一样的东西，但这样设想出来的样子依然只是根据地球上已有的信息处理器推断出来的。搜寻地外文明计划（SETI）就很接近这个思路。[53]

过去，对宇宙中智慧生命迹象的搜寻一直围绕着无线电信号或是先进技术活动来进行，先进的技术活动会比较混乱，并且需要大量能量，有的甚至会移动行星，或者影响到恒星，所以可能会被我们观察到。1964 年，苏联天文学家尼古拉·卡尔达舍夫（Nikolai Kardashev）甚至根据一个文明所利用的能量种类把文明分成了几个等级，能利用行星能量的文明为 I 型文明，能利用恒星能量的文明为 II 型文明，能利用整个星系能量的文明为 III 型文明。[54] 而我要把这个分类再推广一级——第四种类型的文明能够利用整个宇宙的能量，正如我们在这一章里所见到的一样。[55] 然而，一个文明越先进，他们用技术制造出来的东西反而越小。人类技术的发展历程，就是不断往微型化方向前进的过程。量子力学的研究让我们能够控制单个原子，并用几个原子和分子来制造机器。纳米技术与量子计算的前沿研究有了激动人心的新进展，也说明将海量信息存储在极小的空间里已经成为可能。即使考虑到拥有先进技术的智慧文明可能会破坏环境、耗尽资源，我们也容易设想，更先进的文明会让技术越来越微型化。因此，衡量文明先进程度的标准应该是他们能不能驾驭越来越小的工程结构，而不是越来越大的工程结构。因此，我们可以通过一个文明能否操控分子、原子、基本粒子和时空结构[56] 来给它们分类。这意味着，一个文明越先进，他们的技术活动被发现的可能性反而会越小，因为他们所消耗的能量越少，产生的废弃热量也越少。哪怕是他们造出来的探测宇宙的太空探测器，可能也只有一小团原子或者分子那么大，我们甚至根本就注意不到。

宇宙学家甚至还设想，宇宙中“智慧”的存在形式会更不寻常。我们在第 2 章中讲到，1895 年，早在膨胀宇宙概念出现之前，路德维希·玻尔兹曼就开始思考这样一个问题：牛顿运动定律永远允许事件按照时间逆序发生，但为什么随着时间的流逝，系统的混乱程度总会不断增加（又叫热力学第二定律，或是“时间箭头”）呢？[57]

如今，我们已经认识到，物理学定律不仅允许杯子从桌子上掉到地上，摔成碎片，也确实允许它在时间上的逆过程（杯子的碎片逐渐融合成一整个玻璃杯）发生。然而，后一个过程的发生需要满足非常非常精密、几乎不可能达到的初始条件，也就是说，所有玻璃小碎片的大小和初始运动速度都必须恰好是那样，才能完美地合在一起，融合成一个完整的玻璃杯。这个概率，就好比把 1 万片的拼图碎片一起扔到地上，发现它们落地的时候刚好拼成了完整的一张大图。

玻尔兹曼想知道，宇宙的不同部分会不会产生或者说演化出热力学上可能性不同的状态。宇宙中各处温度都相同的状态当然是最有可能出现的，在这一均匀状态基础上发生任何自发偏离的状态相对来讲都不太可能。玻尔兹曼设想，总体、平均而言，宇宙是处于热平衡态的。但任何形式的生命的诞生，都需要有某处的条件时不时地偏离平衡态，产生涨落。在其中一些涨落处，有序性会随时间增强，而在其他一些地方，有序性可能会随时间减弱，这就反映了涨落首先诞生时的可能性高低。玻尔兹曼对他的学生恩斯特·策梅洛（Ernst Zermelo，后来他成了一位著名纯数学家）提到，他认为我们一定生活在一个相对比较长寿的涨落里，在这个涨落里，有序性是随着时间的流逝而不断减小的。

为什么我们所在的这个世界无序性会不断增加呢？玻尔兹曼提出了两种可能的解释：其一，我们的世界在诞生的时候就处于高度有序的状态，因此在那之后，它变得越来越无序的可能性总是更大（就好像玻璃杯摔成碎片一样）。另一个解释是，宇宙包含了各种各样的区域，这些区域有的起始于有序态，有的起始于无序态，在之后也会呈现出不同的行为，有的越来越有序，有的越来越混乱，但生命只能存在于以有序为开端，之后变得越来越无序的区域里。玻尔兹曼设想存在无穷无尽个世界，每个世界都形成于一个偏离平衡态的罕见涨落，彼此之间隔着遥远的距离——超过地球到天狼星距离的 10^{100} 倍。玻尔兹曼没有说他在两种解释中偏向哪一种，甚至把第二种解释的发现权留给了他曾经的实验室助手许茨博士（Dr Schuetz）。[58] 我们在第 2 章中已经看到，其实这个想法早在 20 年前就已经被英国工程师、物理学家塞缪尔·托尔弗·普雷斯顿在几个场合发表过了，[59] 他曾来到德国师从玻尔兹曼读博士，并在 1894 年毕业。我很想知道这位神秘的“许茨博士”到底是不是塞缪尔·普雷斯顿。

玻尔兹曼第二种解释的人择涨落图景吸引了很多人发表了有趣的评论。法国大数学家亨利·庞加莱（Jules Henri Poincaré，1854—1912）就很喜欢这个解释，因为它加入了一种非典型的涨落，在这种涨落中，终极的无序并非不可避免，从而为人类提供了一条“生路”，避免了宇宙最终走向熵达到最大值的热寂结局。英国生物学家 J. B. S. 霍尔丹（J. B. S. Haldane）

认为，适当的涨落方式形成概率如此之小，反倒支持了地球上的生命是唯一的这一观点，因为假如我们周围存在类似形式的生命的话，就很难解释为什么宇宙平均的平衡态可以诞生一个如此之大、也即诞生概率如此之低的涨落，并给地球带来了生命。更进一步来看，霍尔丹关注的其实是，我们只需要一个足以维持生命的涨落，在其中无序性逐渐增加，观察者诞生，它只需要有太阳系这么大就行。这比我们观测到的热力学第二定律成立的范围要小很多，因而诞生的可能性也大很多。[60]在人择涨落图景中，整个可见宇宙的无序性像地球的无序性一样增加其实是可能性非常小的事。

这一古老的热力学论断有两点遗留到了现代宇宙学中。其一是罗杰·彭罗斯提出的，他认为，我们的宇宙如今处于一种极为有序的状态，因此在140亿年前，它应该处于更加精细调制的有序态中。[61]对宇宙学家来说，这一论断[62]并不甚可信，因为测量宇宙无序程度的标准刚好也是衡量宇宙年龄的标准，而任何古老到容许恒星与碳元素诞生的宇宙，熵一定都很大了。最重要的是，暴胀可以将无序性扫除到我们可见的范围之外，这样，局部的有序性就诞生了。我们并不知道整个宇宙是不是处于有序的低熵状态，我们只知道可见部分是什么样的。因此，我们并不能推断出整个宇宙的初始态是高度有序的，还是整个宇宙如今处于一个可能性极低的状态中。

玻尔兹曼的理论最近又重新走进了宇宙学，因为他的人择涨落理论暗示，如果偏离平衡态的涨落足够大、诞生的可能性足够低，以至于能容得下像我们这样的文明与智慧，那么宇宙一定充满了更小、有序性更低、脱离实体、瞬逝的智慧。在这一理论里，它们诞生的概率高于我们，在无穷大的宇宙中，它们会无数次地随机出现。

这类智慧被称为“玻尔兹曼大脑”。不过，玻尔兹曼大脑给我们带来了一个悖论：根据玻尔兹曼理论，玻尔兹曼大脑更有可能拥有的只是关于一段连贯生活的虚假记忆，而不是像我们所在的宇宙一样，包含了几十亿个像我们这样拥有自我意识的大脑，还拥有复杂的对真实经历的记忆。[63]然而，我们已经在这一章里看到，尽管宇宙可能是无穷大的，并且从某种意义上看是随机的无穷大，但宇宙包含的东西远远不止这么多，它还包括掌管事物变化的规律。宇宙中存在某种物理过程，让膨胀发生得如此之快，使我们只能看见一小部分特殊的宇宙，而无穷大的多元宇宙早就被挤到我们的视线之外了。宇宙学的新进展传递出的这些清晰的信息，尽管可能只是推测性的，但仍然是我们在思考宇宙长什么样，并检验理论时所需要考虑到的因素。观察者不仅对宇宙很重要，对关于宇宙的理论来说也很重要。

第 11 章

边缘宇宙

理论，理论，无数的理论，就像风吹起阵阵落叶，就像暴风经过造纸厂抛起的纸片，又像思想飓风中心的尘云。在这巨大而乏味的理论旋涡中间，我几乎忘记，其中的每一粒尘埃都包含着真理的种子，这些种子有的可能是干瘪、没有生命的，但也有的蕴含着生机，甚至孕育着未来的希望，并且将变得越来越重要。

——奥拉夫·斯特普尔顿（Olaf Stapledon）[1]

环绕式宇宙

雷丁是个很有趣的地方。哪怕是再推崇这个地方的人，都会通过它距离其他什么地方有多近来描述它。“从伦敦市中心到这里只需要 25 分钟！”值班经理热心地说。“从这里去希思罗机场的专线大巴只要 45 分钟！”商场咖啡店的女招待会这么说。

——《英国航空杂志》[2]

如果宇宙可以从无到有地出现而无须违反物理学定律，那宇宙的诞生或许就可以用这些物理学定律来描述了。传统来讲，相信宇宙有开端的宇宙学家会将物理学定律崩塌的时间地点看作宇宙的开端，在开端的那个瞬间，物理学定律与时间、空间以及物理的宇宙一同诞生。但是，一旦我们开始讨论“其他的”宇宙以及多元宇宙，就是在质疑以上观点。我们越来越倾向于认为，我们的宇宙本身就是自然定律的结果，多元宇宙中不同的宇宙所拥有的自然定律或许还不一样，我们自己的宇宙只是永恒长河中一个小小的局部事件而已。虽然这一观点降低了我们所见到的这一宇宙的地位，但它提高了自然定律的地位。在这一观点中，自然定律能够控制我们观测到的这一宇宙，还能允许其他宇宙存在。整个 20 世纪，宇宙学家都在不停地学习从爱因斯坦方程中涌现的不同种类的宇宙，但他们还是期望存在一些特殊的原理或是初始态，可以帮我们找出一个能最好地描述真实宇宙的模型。但出乎意料的是，我们目前发现这样可能的宇宙可以存在很多种，甚至所有可能的宇宙都可能存在于多元宇宙中的某个地方。

那么，哪一种宇宙最有可能从虚无中诞生呢？所有遵循爱因斯坦宇宙方程的宇宙似乎能量都为 0，总电荷也为 0。物理学过程中会有一些量保持不变，这些量被称为守恒量，能量和电荷正是物理学最重要的三大守恒量中的两个。能量和电荷可以到处移动，可以重新分布，但当你把它们正的和负的总和加起来以后，你会发现最终结果总是一样的。但第三个守恒量——角动量就有点不一样了。角动量是一个衡量旋转的量，我们已经知道，它与能量和电荷不一样，爱因斯坦方程并不要求它为 0，哥德尔由此发现爱因斯坦方程能容许旋转宇宙的存在，但我们直至目前都没有发现我们所在的宇宙有整体的旋转——事实上，我们的宇宙也不应该旋转，因为如果暴胀曾经发生过，它就一定会把宇宙的旋转“抹平”到我们无法察觉的微小程度为止。[3]

1973 年，美国粒子物理学家爱德华·特赖恩（Edward Tryon）[4]尝试在这方面做了一番思索（帕斯库尔·约当和乔治·伽莫夫在此前就思考过这一问题[5]），他提出，整个宇宙可能来自量子真空的一个虚拟涨落。量子真空是由海森堡不确定性原理带来的：不确定性原理告诉我们，我们不能同时很精确地掌握一个粒子的位置和动量，或者说，我们不能同时很精确地掌握一个粒子出现的时间与能量，或者其他各种物理量。在这个设想基础上，特赖恩提出，整个宇宙或许“只是偶尔发生的众多事件中的一件”。不确定性原理的时间–能量形式要求一个涨落的寿命与其能量的乘积大于一个大自然常数——普朗克常数（$\Delta t \times \Delta E > h$）。[6]这就表明，一个能量为零的涨落，比如我们的宇宙，其寿命可能无穷大。但实际上，最可能的宇宙寿命只有 10^{-43} 秒，宇宙需要暴胀过程来把这些微小而瞬逝的涨落拉到天文学尺度，并且具有一定的寿命。特赖恩并不能解释为什么宇宙活了这么长时间，而暴胀过程出现的证据可能再过八年十年也不会被发现。为了让自己的理论自圆其说，他只能用了一个人择的解释，也就是说，虽然如此大、如此长寿的真空涨落极为罕见，但没有它，我们——也就是观察者就不会出现了：

> 这一情况的逻辑决定了观察者永远会发现他们自己处于一个能够产生生命的宇宙里，而且这类宇宙是非常非常大的。假如一个宇宙膨胀-收缩的时间少于 10^{10} 年，这个时间短到不足以使人类诞生，我们就不可能身处于此并观察到它。

如果这个想法发展得更成熟、更有效，我们就得思考神创的宇宙最可能具有哪些特征了。假设它是有限大的宇宙，而且有很多很多个，不同大小的都有。我们之前已经知道为什么我们只可能居住在一个比较大的宇宙里——当然，这个宇宙可能一开始也很小，经历了暴胀之后才变得很大。但关于这类宇宙，另一个我们必须问的问题就是，它可能会是什么形状的呢？

我们已经看到，从爱因斯坦方程导出的宇宙可能是弯曲的，也可能是扁平的，物质在宇宙中的分布决定了空间的局部形状。但这并没有告诉我们关于空间整体形状的全部信息，全局属性是爱因斯坦方程所不能决定的，科学家只能用一个简单（或复杂）的形式来假设——宇宙的拓扑结构（topology）。亚历山大·弗里德曼在 1922 年就意识到了拓扑的重要性，并且，也正是他发现了正曲率与负曲率的膨胀宇宙。

拓扑结构与几何形状是两个完全不同的概念。我们在第 2 章接触到了弯曲表面上的非欧几何概念，现在让我们把讨论再稍稍往外延伸一些。我们在弯曲的空间里标出三个点 *A*、*B*、*C*，然后把它们两两连起来，并保证每根线都是 *A* 到 *B*、*B* 到 *C*、*C* 到 *A* 的最短距离。如果这三点所在的表面是个平面，那么这样连起来的三角形内角加起来就是 180°。假设我们把这个三角形画在一张白纸上，再把这张白纸卷成一个圆柱形（三角形朝外），你会发现圆柱表面的三角形每条边还是直线，它的三个内角加起来还是180°。

这个结果可能会出乎你的意料：圆柱侧面并不属于弯曲（有曲率）的几何表面。那它和一张平的白纸的区别在于何处呢？在于整体的拓扑结构。拓扑结构的改变可能会产生非常惊人的影响，就宇宙而言，它可能是一个平直的欧几里得几何空间，一直向各个方向无限延伸，这样它的体积就是无穷大的，但如果它的三个方向都卷曲成了一个圆柱形，整体变成了一个三维的甜甜圈的形状，它仍然是零曲率的，但体积是有限的了（图11.1）。这就是弗里德曼很小心地没有说零曲率或负曲率空间一定是无限大的原因——尽管正曲率的空间体积一定是有限大的。他用圆柱作为例子，表明如果一个平面在每个方向都卷曲起来，就可以创造出有零曲率或负曲率却依然体积有限的空间。弗里德曼对这种数学上的微妙差异很熟悉，但当时的其他天文学家可就注意不到了。尽管爱因斯坦的优美理论告诉我们，物质与能量的分布决定了空间的几何形状，以及空间各处时间流逝的速率，但这个理论并没有规定空间的拓扑结构。[7]

如果我们的宇宙如上面所说是“包裹式”的（除了简单的甜甜圈形状之外，还有很多别的形状可以选择），那么，当我们只测量它的空间曲率和膨胀速率时，可能会以为它是个“开放”的、无穷大的、一直在不断膨胀的宇宙，但它实际上可能是有限的。20世纪70年代，几名宇宙学家检验了这一可能性。1971年，当时在剑桥大学任职的乔治·埃利斯研究了宇宙可能具有的一系列拓扑结构，[8]发现有些拓扑结构会与

图 11.1　一个二维的空间宇宙，它看起来好像一个甜甜圈的表面。

物理学的某些方面发生奇怪的冲突。比如，有些宇宙在把相对的两面“粘起来”之前会有个诡异的扭曲，一个右手性的基本粒子在宇宙里绕一圈可能就变成了左手性的粒子，但也有很多其他的宇宙不会遇到这样的问题。[9]

1974 年，苏联科学家迪米特里 · 索科洛夫（Dimitri Sokolov）和维克托 · 施瓦茨曼（Victor Shvartsman）研究了假如我们生活在一个环绕式宇宙当中，它会给天文学家带来哪些可以观测的效应。[10] 他们把切入点放在明亮星系的图像上（图 11.2）。如果我们生活在环绕式宇宙中，我们可能就像生活在一条两边都是镜子的走廊上，不管在哪个方向上都会看到重重

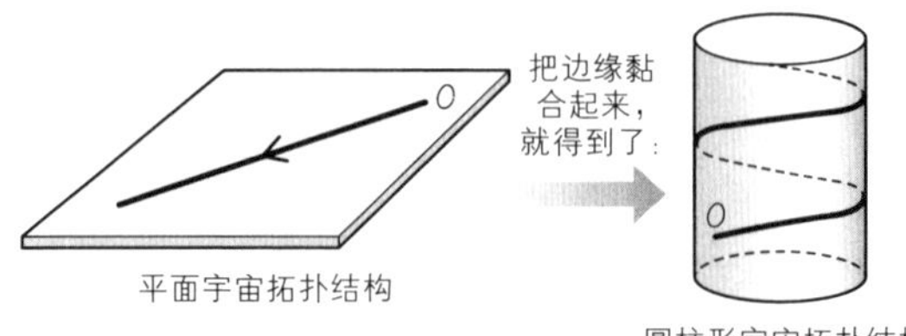

图 11.2　把一个平面卷起来，就成了一个圆柱形的拓扑结构。在圆柱形的宇宙中，观察者可能会接收到已经走了很长很长时间的光子，而它们可能并没有像平面宇宙那样来自很远很远的地方，只是沿着空间绕了很多很多圈而已。

叠叠的图像，并且图像会越来越昏暗，因为光会沿着有限宇宙一圈一圈地回来到达我们眼中。

检验我们是否位于环绕式宇宙的最简便的方法，是选择一个巨大的、明亮的星系团（距离我们 3.21 亿光年、包含 1 000 多个星系的后发星系团就是一个最好的选择），看看它们在天空中是不是还有别的像。它的多个像看起来不会完全相同，因为这些图像来自不同时期的后发星系团，光从它们身上到达我们的路径也不相同。但不管怎么样，如果我们的宇宙的确像镜子一样会反射出多个像，那么，我们看到星系团的第一份"副本"时肯定能轻易将它认出来。

这方面的思路可以帮我们确定，如果我们的宇宙是通过环绕式的结构造成的一种无穷大的假象，那么我们的宇宙最小可能有多大。根据索科洛夫和施瓦茨曼的分析，以及后来 1980 年理查德·高特（Richard Gott）的再次分析，[11] 我们整个宇宙的大小不可能低于 4 亿秒差距到 6 亿秒差距。[12] 那时，暴胀宇宙理论尚未被提出，学界主流的观点是，不管宇宙是有限大的还是无限大的，宇宙只有一个。

1984 年，来自莫斯科的雅科夫·泽尔多维奇（Yacob Zeldovich）和阿列克谢·斯塔罗宾斯基（Alexei Starobinsky）回到了从"虚无"中（或者至少从量子真空中）创造宇宙的问题，并且考虑了如何让它们产生不同可能的环绕式拓扑结构。[13] 那时，物理学家认为这种方法只可能产生有限大的宇宙，[14] 因此，他们想知道是不是罕见的拓扑结构会比普通的结构更容易诞生。他们发现，只要三个不同方向上的环绕距离基本相等，一个有限环绕式的简单平滑宇宙就可以以一个量子涨落的形式出现，反之，如果不同方向上的环绕距离相差太大，宇宙就可能从一个密度无限大的奇点诞生。

仅靠爱因斯坦方程并不能决定宇宙的拓扑形状究竟是什么样的。宇宙学家传统上会采用最简单的拓扑结构，但你可能会说，更奇怪的环绕式拓扑结构的数目远比简单结构多得多，所以如果我们随机选一个宇宙，它是环绕式结构的概率会更高。也有其他人认为，有限的宇宙更加自然，不会引发复制悖论等令人担忧的结果，而且还能让量子理论在其中更自然地运行。这意味着，所有有限大的宇宙都必须被纳入考虑，而不仅仅是弗里德曼一开始考虑的那种球形宇宙。不过，环绕式宇宙的反对者对此深表怀疑：如果宇宙是环绕式的，它被识别为环绕式的尺度凭什么正好落在我们可观测的范围之内呢？如果我们刚好能观测到这个尺度，这才是天大的巧合呢。的确，如果宇宙的曲率恰好为 0，并且空间完全是欧几里得空间，那就没有任何理由可以表明宇宙环绕的尺度刚好接近我们视界的尺度——它可能为任何值。不过，如果宇宙的曲率为负，它的曲率半径就得很接近我们如今的可见宇宙大小，在这种情况下，如果环绕尺度也与接近我们视界的尺度相关，就不能算是巧合了。

近些年，天文学家尝试解释宇宙微波背景辐射中的一切细节时，关于拓扑的问题又被重拾了起来。一开始，科学家发现天空中大约 10°的距离范围内的温度差异好像存在一点难以解释的“缺陷”，但环绕式宇宙理论或许可以解释这个现象，因为宇宙中温度分布的变化尺度比较大，可能不能“塞进”相对较小的环绕式宇宙，因此，在临近环绕尺度的区域，温度涨落可能会缩减。[15] 然而，最近有人提出，这些难以解释的“缺陷”或许在统计学上并不显著。不管怎么样，到 2011 年普朗克卫星公布巡天数据以后，我们无疑会了解更多这方面的信息。①

量子宇宙

您所拨打的电话是虚数。请将电话旋转 90°再拨。

——“虚拟的”电话留言信息

现代物理学最大的难题之一，就是把爱因斯坦的引力理论和物质与光的量子理论结合起来。传统上，量子理论掌管着小尺度的世界，比如原子及其组成部分，在这么小的尺度上，引力的作用微弱到可以忽略不计。而引力掌管着如今宇宙中最大尺度的结构。然而，如果我们回溯到宇宙膨胀（在表观上）的初期，就会遇见这样一个时期，此时引力与量子力学必须相结合，以形成一个崭新的环境——量子真实的不确定性留存到了时空本身的组织构造里。值得注意的是，大自然的常数唯一

① 2013 年和 2015 年普朗克卫星公布数据后，科学家经分析发现，数据仍然支持最简单的零曲率、无穷大宇宙模型，Universe 2 (2016) no.1, 1。——译者注

地确定了引力与量子力学结合的时间。

我们从量子理论中学到的是，所有的粒子都有类似波的量子特性，它们的量子效应的波长反比于它们的质量。一个粒子的量子波长超过它自身的物理长度时，就会表现出内禀的量子波性质。而反过来，当你我沿街走路的时候，我们的量子特性自然是小到可以忽略的程度。如果把不同时期的宇宙看成半径为光速乘以宇宙年龄的球，我们可以看看它的质量决定的量子波长有没有超过球的直径。如果宇宙球的量子波长超过了直径，就意味着整个有因果关联的宇宙区域会表现出量子波的特性，此时爱因斯坦的宇宙方程就要失效了。这件事情发生的时间非常早，大概是宇宙诞生后的 $t_Q = 10^{-43}$ 秒。在那段时间里，光只来得及走过 10^{-33} 厘米。

这一最小的时间单位非常基本。它是物理学定律决定的自然的时间单位，没有任何人为加上去的偏见。它由大自然的常数定义，汲取了宇宙本身的量子性质、相对论性质和引力性质。[16] 10^{-43} 秒看起来如此之小，是因为我们采取的是“人类的”单位——秒，它标志着我们人类经验中可分辨的时间。我们说宇宙的年龄是 140 亿年，也就是说，它是刚刚提到的量子时间单位的大约 10^{60} 倍。从这个角度看，我们的宇宙非常古老，一个年轻的宇宙，年龄可能只有几个量子时间单位那么长。

我们说，当宇宙年龄只有一个量子时间单位那么大时，光可以从一头到另一头的宇宙“球”的直径大约是 10^{-33} 厘米，这个长度看起来小得难以想象，但有一个很好的方法可以让我们理解这个数量。拿出一张 A4 纸，想象把它一次次地裁成两半。当你第 30 次把它裁成两半的时候，它就只有一个原子那么大了，第 47 次把它裁成两半以后，它就只有一个质子那么大了，第 114 次的时候，它就是 10^{-33} 厘米那么长了。从一张 A4 纸到物理意义上最小的单位长度，只需要把它拦腰裁断 114 次。而反过来，一张 A4 纸每次扩大一倍，只要扩大 90 次，这张纸就能达到如今整个可观测宇宙的长度——约 140 光年。这么一看，这些看似很难想象的距离，不管是大是小，其实都是纸老虎。

我们注意到，宇宙是直到 1 亿个量子时间单位，也就是 10^{-35} 秒的时候才开始暴胀的，因此，量子引力问题不影响暴胀以及之后的事情。但是，如果我们想知道暴胀之前宇宙是什么样子，甚至想问时间究竟有没有开端，那就不得不直接面对量子引力的问题了。

我们已经知道，20 世纪 60 年代中期的罗杰·彭罗斯与斯蒂芬·霍金做出了先驱性的数学工作，他们根据爱因斯坦方程，找出了所有在过去有开端的宇宙所需的精确条件。然而，把他们的论证外推至暴胀之前的量子引力时期，他们所用的基本假设就不再成立，结论也随之站不住脚了。爱因斯坦方程需要修改，甚至引力也不再是吸引性的。这并不意味着在暴胀存在的情况下宇宙没有开端，但我们不能再通过推导证明宇宙一定有开端了，因为我们的定理到此处已经帮不了我们了。实际上，要了解到底是什么物质在一开始就促使暴胀发生，以及我们在下一章里要看到的，要解释为什么宇宙像如今这样加速膨胀，就必须违背某些假设，而这些假设正是证明时间有开端所必需的。

我们也能看到，永恒暴胀宇宙给理解宇宙整体的开端问题引入了一个崭新的视角。每个区域，也就是我们所说的可观测宇宙，理论上都有一个开端，但整个宇宙都在无穷无尽地自我复制，产生数不清的暴胀宇宙，而这整个无穷大的多元宇宙是没有开端的。它可能一直以来都存在，而且将来也会一直存在下去，如果我们一直相信永恒暴胀宇宙理论的话。

关于量子宇宙学，科学界并没有一套公认的系统阐述。从很多方面来看，“量子宇宙”这个概念其实是有问题的，因为我们已经习惯使用量子力学来预测一个观察者在做出测量的时候所能看到的景象，比方说，在某个特定的能量范围内有多少个电子通过放射性衰变被释放出来。在测量之前，一切只是一道由不同可能性组成的波，而一经测量，结果就被确定并记录下来了。然而，我们研究宇宙的时候并不存在某个“外界的”观察者来对整个宇宙进行观测，因此，整个量子力学的哲学观念都需要改变。我们必须预测到两个完全不同的事物之间的关联。举个例子，如果我们观察到宇宙如今的膨胀速率是某个确定的值，那我们测量星系团向外运动了某一个距离数量级时的概率是多少呢？实际情况是，我们还远远不能推导出类似这样的概率。

为了研究宇宙的量子力学性质，许多科学家利用了物理学家约翰 · A. 惠勒和布莱斯 · 德威特（Bryce DeWitt）在 1967 年提出的一个特殊的方程，这个方程被称为“惠勒–德威特方程”（Wheeler-DeWitt equation）。[17]（德威特一直管这个方程叫爱因斯坦–薛定谔方程，并且把它归功于惠勒，而惠勒坚持叫它德威特方程。1988 年，他们俩终于达成一致，管它叫惠勒–德威特方程。）

惠勒–德威特方程首次尝试把广义相对论的爱因斯坦方程与量子力学的薛定谔方程结合起来，以描述量子波函数随空间与时间变化而发生的变化。也就是说，它的解给出了宇宙的波函数。如果这个方程被解出来，它就能告诉我们宇宙从一个

图 11.3 约翰 · A. 惠勒（1911—2008）。

态演化到另一个态的概率。为了找到这个方程的解，科学家必须给宇宙的波函数确定一些初始条件，可是这些初始条件具体该是什么样的，目前还没有确定的答案。关于这个困境，有科学家做出了一些探索，并描绘了一个量子宇宙可能拥有的特殊结果。

詹姆斯 · 哈特尔（James Hartle）和斯蒂芬 · 霍金对待这个问题的解决思路非常激进。[18] 1982 年，霍金在梵蒂冈教皇科学院的演讲中大致描述了他的想法。[19] 梵蒂冈罗马教廷似乎对宇宙的“开端”格外有兴趣，而且大爆炸宇宙思想的构建者乔治 · 勒梅特也在 1960 年到 1966 年间担任教皇科学院的院长。哈特尔和霍金使用了理查德 · 费曼发明的一种优美的量子力学表达形式，计算了宇宙被发现处于某个特定状态的概率。为了得出宇宙从 A 态转变为 B 态的概率，你需要考虑在整个时空中宇宙从 A 到 B 的一切可能路径。在量子力学中，宇宙有可能采取其中任何一种路径，但在宇宙年龄和体积越来越大的时候，量子效应相应地越来越小，其中的某一条路径会占据主导地位，其他路径的峰峰谷谷则会因彼此叠加而抵消。这个占据主导地位的演化路径就被称为“经典路径”，它是爱因斯坦甚至牛顿预测到的、不在量子力学影响下的宇宙演化路径（图 11.4）。

通常，在做这些计算的时候，从 A 到 B 的演化路径只包含穿过时空的路径，这些路径被称为洛伦兹路径，是粒子以不高于光速的速度运动时可以追溯到的历史路径。如果你走路或者骑车去上班，你就在时空中形成了一段洛伦兹路径。但哈特尔和霍金想引入另一类路径，即欧几里得路径：在这类路径中，时间变成了空间的第四种维度。这个说法听起来很奇怪，但物理学家其实已经习惯了在开始计算的时候把时间转换成空间的这种小把戏，因为这会大大简化计算。最后，他们会把

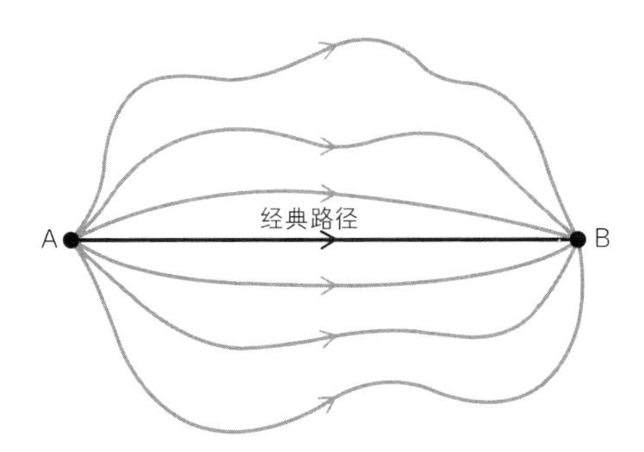

图 11.4 图中描绘了宇宙在 A 和 B 两个状态之间的多种演化路径。牛顿定律决定的是其中的一条“经典路径”，而量子力学只会给出从 A 态转变到 B 态的概率，这个概率是从 A 态到 B 态所有可能路径（如图所示）的加权平均。

其中一个空间维度转换回时间。这只是个用来简化计算的方法，就像在画图的时候使用不同的坐标系一样。但哈特尔和霍金认为这种思路可不仅仅是一个帮助计算的小技巧，他们认为，在宇宙的初始态，时间或许真的变成了空间的另一个维度。

这听起来十分奇怪，但我们或许可以试试没有时间的宇宙？你在标记宇宙所有不同状态、区分过去与将来的时候所需要的全部信息，都可以在不提到“时间”的情况下提供。哪怕是今天，我们也能找到类似这样做的例子，比如，如果我们将背景辐射的温度看作一台“钟”，那么，不断下降的宇宙温度就能成为一种帮助我们区分过去与未来的量度，而不必用“时间”这个概念。在哈特尔和霍金的量子宇宙里，在宇宙很热、很小的时候，它从一个状态到另一个状态的演化是由欧几里得路径主导的，而在它变冷、变大的时候，它的状态转变是由洛伦兹路径主导的。

这样就会产生两个引人注目的结果。其一是，时间在这个理论里并不是一个基本的物理量，它只是随着宇宙变大、量子效应逐渐消失而产生的物理量——它是一种只有在有限的非量子环境中才实实在在产生的东西。如果我们沿着哈特尔-霍金的宇宙回溯到它还很小的时候，就可以发现它会慢慢地变成欧几里得量子路径主宰的空间，在这里，时间的概念消失，宇宙更像是一个四维空间。对这样的宇宙来说，它是没有开端的，因为在那个阶段，连时间都已经不存在了。

科学家通常把这一方法称为让时间变成“虚数”，因为把时间变换到另一个维度就意味着把它乘上一个虚数（也就是一个负数的平方根）。如果你没学过相关的数学，你可能觉得很奇怪，但我们可以用一种简单的几何方法来解释它。将时间乘上一个虚数，就相当于把图像中表示时间的那个轴旋转 90°，让它变成一个表示空间的轴。想象一下光线沿直线从过去向我们奔来的简单图示，我们就能看到将时间变为虚数带来了什么效果：原本垂直的时间轴旋转变为水平，像一个立体空间，过去也就变成了一个光滑的曲面，就像瓶子的瓶底一样（图 11.5）。

这就是哈特尔和霍金所说的宇宙起源的“无边界”态，也是霍金 1988 年所著的畅销书《时间简史》的核心观点。这一观点认为，宇宙的开端并没有形成一个时间上的边界。宇宙确实有开端，但这个开端并不是一个密度和温度无穷大、时空被摧毁的大爆炸奇点，而是平滑的、不明显的，就像沿着地球表面走过北极点一样。[20] 从结果上看，这种没有边界的状态就是宇宙在一个量子事件中从无到有诞生的解决方案。[21] 就是

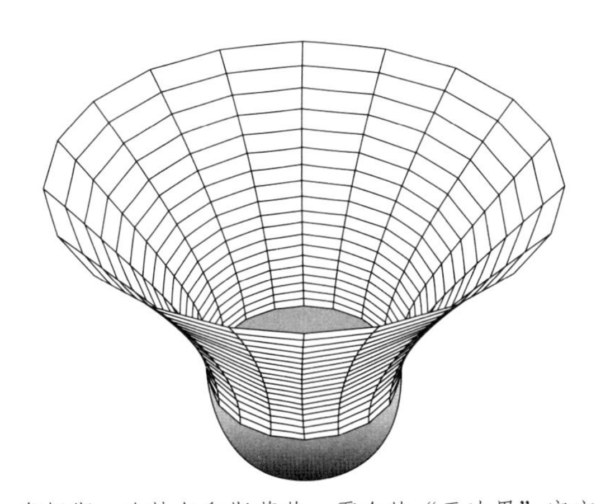

图 11.5　詹姆斯·哈特尔和斯蒂芬·霍金的“无边界”宇宙初始态理论认为，在宇宙还很小的时候，时间变成了空间的第四个维度（也就是说，时间变成了“虚数”）。图中，上下方向的时间轴旋转成了水平方向，形成了一个光滑的、圆形的边界，因此，时间没有了开端。这样，早期的时空看起来就像一个羽毛球一样。

在那么一段时间里，宇宙没有时间。

这个方案并不是没有问题，这种状态也不是唯一的宇宙初始量子态。亚历克斯·维连金提出了另一个初始态，从这个初始态所得出的预言可就和其他从无到有的主流宇宙大相径庭了。[22]维连金的初始条件看起来甚至更合理，因为它符合宇宙在很小的时候处于高温高密度状态的现象，并且很像标准的早期宇宙——热大爆炸宇宙模型。而哈特尔-霍金的方法则认为，最可能的宇宙开端是无穷大且空旷的。[23]

自我创生的宇宙

世上唯一的新鲜事是你不知道的历史。

——哈里·S. 杜鲁门（Harry S. Truman）

我们在上一节提到了这样的宇宙：它并不起始于一个高温的奇点开端，因为随着我们越来越接近开端，时间的概念也逐渐消失了。其实，我们无须用到量子力学与虚时间的概念，也能达到这样的效果。我在 1986 年就曾提出：有过去但没有开端的宇宙也是有可能存在的，只要时空中所有的路径是一个很大的闭环就行。[24]

爱因斯坦方程允许时空闭环的存在，使时间旅行成为可能，我们从哥德尔的非膨胀旋转宇宙中就知道了这一点。哥德尔的宇宙不会膨胀，但我们可以想象有那么一种不断膨胀的宇宙，其中所有的粒子与光线的历史形成了一个非常大的闭环（总时间超过 1 000 亿年）。我们在这样的宇宙中不会察觉到有任何事情不对劲，但如果沿着时间不断回溯，我们最终会去往未来。这样的宇宙就没有一个时间上的开端，它仅仅是“存在”着，尽管比尔·克林顿的例子①告诉我们，“存在”的定义还需要澄清。

后来，普林斯顿大学的理查德·高特和李立新（Li-Xin Li）进一步发展了这种规避时间起源的方法。[25]他们对永恒暴胀宇宙理论做了一些修正，得出了一种可以自我创生的宇宙。

在永恒暴胀宇宙中，每时每刻都有“母宇宙”在不停地产生“子宇宙”。如果我们处于这个序列中的一个宇宙，我们就可以回溯到过去，找到我们的“母宇宙”，以及“母宇宙”的“母宇宙”，以此类推。我们已经看到，往回追溯的过程有可能甚至很可能不会停止，而整个多元宇宙，以及新宇宙不断诞生的过程都没有开端。但戈特和李立新提出了一种新的可能性：过去的某一分支自己与自己成了个闭环，所以看起来就像

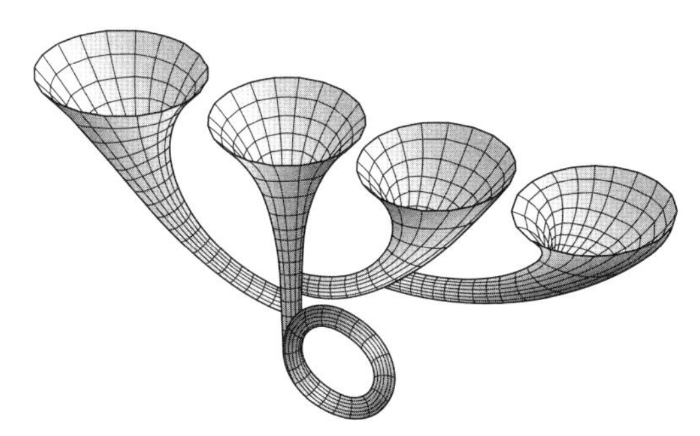

图 11.6　戈特的“自我创生”宇宙。这个宇宙在其起点附近形成了一个时间闭环，让它自己变成了自己的前身。与哈特尔–霍金的量子宇宙不一样，它是非量子、实时的。

---

①　克林顿的性丑闻爆发后，他曾经用“there is not”来否认与莱温斯基的不正当关系，因为“there is not”既可以解读成“不存在”的意思，也可以解读成“现在不存在”的意思。——译者注

是自己生出了自己。如果所有的分支都从一个或者多个这样自我成环的分支中诞生，宇宙就成了它自己的母亲，当然也就找不到它的开端了（见图 11.6）。

碰撞的宇宙

> 最近，我在 M5 高速公路上开车的时候看到一辆卡车向北飞驰而去，车身上写着“莫尔文矿泉水”。几分钟之后，我看到一辆相似的车子往南飞驰而去，车身上写着“高地泉水”。现在的人都疯了吗？
>
> ——斯蒂芬·皮缅诺夫（Stephen Pimenoff）[26]

密度高于临界密度的膨胀宇宙会往回收缩，进入一个大挤压的过程，又“反弹”回来进入新一轮的膨胀过程，如此不断往复——这个想法已经很古老了。理查德·托尔曼在 1934 年首先提出了这个想法，并将其作为一次性闭合宇宙模型的延伸，但他指出，热力学第二定律会导致能量往更无序的形式（如辐射）移动，因此会导致宇宙大小和年龄在不断的循环中逐渐增长。更近些时候，1995 年，马里乌什·东布罗夫斯基和我证明了：只要爱因斯坦宇宙学常数存在，无论它多小，都会存在最后一个振荡，在那次振荡之后下一个状态就转化成指数膨胀（见图 3.17）。[27]

2001 年，贾斯汀·库利（Justin Khoury）、伯特·欧夫特（Burt Ovrut）、保罗·斯坦哈特（Paul Steinhardt）和尼尔·图罗克（Neil Turok）根据弦论提供的新的可能性，提出了一种新的理论变体，[28] 让学界重燃了对循环宇宙的兴趣。他们把这类宇宙称为“浴火重生的宇宙”（ekpyrotic universe），这个名字来自古希腊词语“ekpyrosis”，是古希腊斯多葛派哲学家偏爱的循环宇宙观。“ekpyrosis”意为一场烧尽一切的大火，他们相信宇宙像凤凰一样，会周期性地在大火中燃尽，又在灰烬中重生。

这种新的宇宙观认为，宇宙会有一个自然的初始态，在这样的初始态中，宇宙拥有最高的对称性。弦论可以成为包罗一切的自洽理论，但前提是宇宙拥有比我们熟悉的三维空间更高的维度。为了让这一预测与我们的日常经验相一致，科学家提出，只有三个维度变得特别大（可能是宇宙暴胀有选择性地以特定方式作用于它们身上的缘故），而其他的维度目前仍然小得让人无法察觉。维度的大小之分必须出现在宇宙的极早期，接近 10^{-43} 秒的时候。浴火重生理论的提出者认为宇宙存在一个自然的初始态，两个三维宇宙（被称为“膜世界”[29]）在沿着额外维度运动的时候会互相靠近，就像两片完全平行的能量箔互相靠近最后撞到一起一样。它们互相碰撞的时候会“浴火重生”，反弹回膨胀的状态。有人说这种碰撞与反弹过程可以回避大爆炸的棘手问题，因为这个过程中不会出现物理量的奇点，比如无穷大的温度与密度，等等，而时空的构造也一直都是平滑的。碰撞释放的能量产生了基本粒子，它们参与了之后的膨胀过程。如果之后的膨胀过程刚好发生在临界速率，小的涨落就会产生，这也会显现在卫星正在绘制的宇宙温度地图里。

这个异想天开的理论能够产生与暴胀理论不同的可观测的预言吗？这个理论自洽吗？这是浴火重生宇宙理论的倡导者仍然在努力解答的问题。在这个理论中，宇宙可能只经过了一次碰撞，将收缩转变为膨胀，但也有可能经历了无数次膨胀与收缩的过程。[30]整个宇宙的熵会在一次又一次的循环中逐渐增大，但在可见范围内的部分宇宙，熵并不会大得不可收拾，因为每个周期初期的加速膨胀把上轮周期产生的熵稀释了。不过，这里也存在一个类似的问题，就是长寿命的黑洞会在一轮一轮的循环中累积，经历多次碰撞，在收缩之后与各向异性一道随着新的宇宙增长。[31]

还有科学家提出了其他纯理论性质的高能物理学模型，这个模型融入了膜世界的想法，但没有包含灾难性的碰撞。有的模型认为，在宇宙的一个额外维度里，可能存在与我们的宇宙非常接近的另一个三维宇宙，如果其他的膜相对我们运动，就会产生可观测的物理学效应：传统的大自然常数可能会变化，也可能会刺激宇宙的暴胀。不过，科学家思考这类理论的主要驱动力却不是宇宙学方面的研究。有人提出，引力作用于所有的空间维度，但其他三种作用力，即强相互作用、弱相互作用和电磁相互作用则并非如此（见图 11.7）。这或许可以给我们提供一些线索，告诉我们为什么引力要比其他相互作用弱这么多，甚至还可能帮助我们揭晓为什么宇宙中有这么多能产生引力作用的物质，但其中会发光的却只占一小部分。我们邻近的膜世界或许从引力的角度看离我们很近，但从光学的角度看离我们很远，正如图 11.8 展示的那样。

当我们研究混乱的永恒暴胀宇宙时，我们默认自己所在的宇宙已经经过剧烈的暴胀，整个宇宙比我们如今可见范围内包含的内容大很多。但其实，暴胀之后整个宇宙的范围仅仅（恰好）与我们所见的范围相符也是有可能的，虽然这个想法不太自然。换言之，在我们可观测宇宙的“隔壁”或许就发生着另外的暴胀过程。如果是这样，我们或许可以观测到临近的膨胀“气泡”与我们自身的膨胀相碰撞，这最终可能会产生重大的效应，完全扭曲我们今天所见到的膨胀过程，也会打

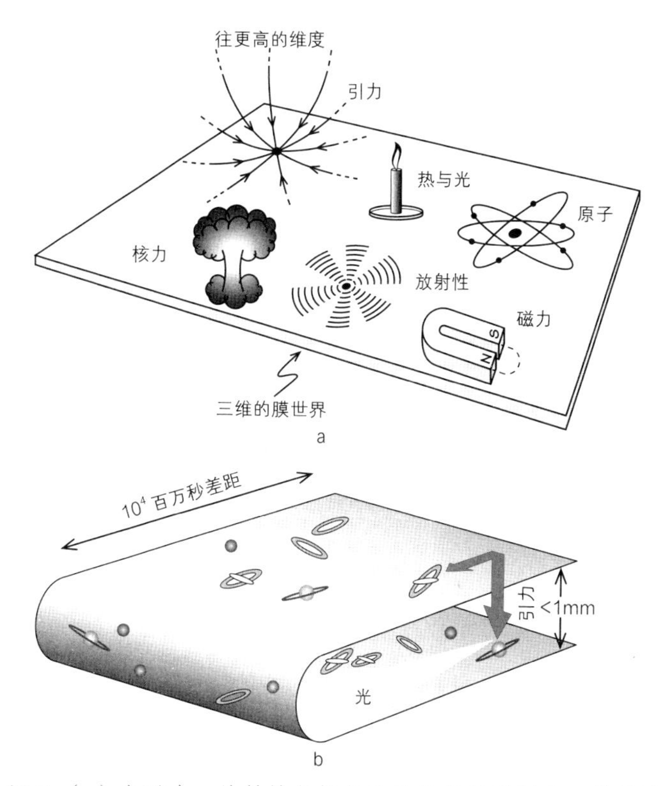

图 11.7 （a）电磁力、放射性与核相互作用都被限制在三维的膜世界里，但引力作用于一切维度，因此在膜世界内，其强度就远远弱于其他力。（b）两张膜可能互相平行，中间距离小于1毫米，也可以折叠起来，层与层之间的距离小于1毫米。光只能沿着被折叠的膜的表面穿行，但引力可以作用于更高的维度，甚至直接透过层与层之间的“空隙”传播，这个距离比沿着膜传播要短得多，这就是为什么我们观察到的引力要比预想的强很多。

图 11.8 我们的宇宙可能是一张膜，位于另一张平行的膜世界旁边，两张膜都处在一个整体的“体”空间的表面。

破背景辐射的各向同性。但如果我们与另一个外星气泡发生第一次接触，那会产生什么后果呢？有些科学家就尝试预测，如果我们所在的宇宙与相邻的气泡发生了轻微的擦碰，在宇宙边缘留下的一些“伤痕”会是什么样的。我们会在整个天空中背景辐射的温度模式中寻找擦碰可能留下的条纹。[32] 迈克尔·塞勒姆（Michael Salem）对这类效应做了一个模拟，图 11.9 就展示了擦碰在微波背景辐射上留下的条纹效应。不过，这只适用于最简单的模型，如果参与撞击的气泡更多，撞击过程更复杂，其物理过程就会完全不同（甚至只会产生反物质），并给我们自己的气泡带来灾难性的效应。幸运的是，撞上别的宇宙这种事情发生的可能性就像走夜路撞到鬼一样小——但我们

图 11.9　两个“泡泡宇宙”互相擦碰的时候会在微波背景辐射上产生不同的温度带。

也曾以为地球被小行星和彗星撞上的可能性极小呢!

光之死

> 不要温和地走进那个良夜,
> 怒斥吧,怒斥那光明的微灭。
>
> ——迪伦·托马斯(Dylan Thomas)[33]

我们已经看到,在几种情况下,宇宙学家已经探索了传统的大自然常数随着时间改变,或是因宇宙中地点的变化而变化的可能性。在这些可能性中,最异想天开的一种就是 1998 年安迪·阿尔布雷克特(Andy Albrecht)、若昂·马盖若(João Magueijo)和我提出的理论。[34] 我们探索了如果宇宙早期的光速与今天不同会怎样,结果发现这会带来非常有趣的结果,就同一场快速暴胀或是加速膨胀所能带来的结果一样。如果在宇宙很早很早的历史中,有那么一小段时间光速比现在要低,膨胀会被推向开放宇宙与闭合宇宙之间的分界点，磁单极子消失，不规则处被抹平，[35] 所有这一切结果都是宇宙学家们想要看到的，也为 80 年代困扰宇宙学家的许多难题提供了另一种解答。而且，它还减少了宇宙学常数项对膨胀晚期的影响，这是暴胀理论都未曾做到的。[36]

这一不寻常的理论并不会给如今的光速造成任何残留影响。光速只要在宇宙诞生 10^{-35} 秒时那一极短的瞬间变化一下——如同暴胀一样，就能产生这些效果。而这一力量所面临的难题是，如何找到一种方法来产生合适的宇宙密度涨落，从而形成星系的种子，并形成如今背景微波辐射中的温度涨落图案。这两件事情暴胀都能做到，而且暴胀的想法看起来更有吸引力。有物理学家尝试用类似光速可变理论的其他宇宙学理论来解释温度涨落，不过这些理论都还不太成熟。[37]

上面提到的这类让光速可变的宇宙学理论被称为光速可变（varying speed of light, VSL）宇宙学。我们可以看到，宇宙学家对基本常数的观念已经变得非常开放，曾经“神圣不可侵犯”的基本常数也是可以变化的了。这一观念上的调整，也是因为弦论中的多种常数都是会变的。弦论中真空态的数目实在繁多，这就意味着不同的宇宙可以拥有无数不同的基本常数组合，而且这些组合都是自洽的。基本常数就像一个普通的量一样，可能会取各种各样不同的值，而且在宇宙从一个真空态演变成另一个真空态的时候也会跟着变化，可以说，宇宙常数在整个物质世界系统里的地位大大降低了。与此同时，另一个新的宇宙观的出现也促进了宇宙学家的态度转变，并且更进一步地降低了“常数”的地位，这种新的宇宙观，带领我们去寻找处于我们直接感受的时空之外的、真正的常数。

超宇宙

“但先生，你的意思真的是说，”彼得说，“在这整个地方，或许就在这附近，存在着很多很多其他的世界吗？”

“没有比这更可能的事情了，”教授说着取下了眼镜开始擦拭，同时低声抱怨道，“我倒是想知道他们在这些学校里都教些什么。”

——C. S. 路易斯（C. S. Lewis），《狮子、女巫与魔衣橱》

在追求新的万物理论的过程中，弦理论学家有了一项突出的早期发现：这类统一理论只有在宇宙拥有的维度数目比我们日常生活所习惯的三维更多的时候才能存在。宇宙可能拥有比我们所见到的更多的维度，这一想法的引入带来了很多崭新的可能性。实际上，弦论，以及更深一点的“膜理论”允许不止一个时间维度的存在。这些理论只有在**总的**时空维度数目为特定值（通常是 10 或 11）的时候才存在，人们通常认为这意味着十维时空就是九维空间加一维时间，十一维时空就是十维空间加一维时间，但理论本身并没有规定空间和时间的维数如何分割：三维时间七维空间或是八维空间也完全有可能存在。我们只是假设时间维度只有一个，因为如果时间维度不止一个，就会有很奇怪的事情发生，比如粒子会变得非常不稳定，衰变得很快，能量会凭空消失，未来也不再由现在完全地、唯一地决定。这听起来很奇怪，但在逻辑上也不是完全不可能，而且在物理上也有可能自洽。二维时间宇宙中可能不会有复杂的生命产生，但或许其他的时间维度可以变得非常小，从而不会产生太大影响——就像微小的额外空间维度一样。

或许在所有可能的大量宇宙真空态中，就存在各种各样在逻辑上可能的宇宙，它们的时间与空间的维度比各不相同，暴胀之后除了可能产生维度不同的宇宙以外，也可能产生时空维度比各不相同的宇宙。如果是这样的话，我们或许最终还是只能发现自己位于一个一维时间、三维空间的宇宙中。暴胀之后变大的宇宙，不管是时空的维度比还是时空的维度总数，都可能是随机选取的，但也可能由某一条我们还没有发现的原理所主宰。

基础物理学中的这些新进展发人深省，也让我们意识到额外空间维度的概念值得被认真对待：我们周围被称作"宇宙"的三维空间，或许只是更高维度的真实世界的投影。比方说，我们称作"大自然常数"的量可能根本就不是真正基本的量。真正的常数存在于九维或者十维空间中，我们所看到的只是它们投影在三维空间里的部分。因此，我们所说的"常数"根本不需要保持恒定不变。如果额外维度摇摆不定，或是随着时间缓慢变化，我们在三维世界里看到的常数也会相应变化，这就是为什么用天文学观测和实验室内的精确实验来寻找大自然常数的变化引起了物理学家极为强烈的兴趣。[38]甚至已经有越来越多来自脉冲星的数据表明，决定电磁力强度的基本常数正在发生微小的变化，大概在每100亿年间变化十亿分之几。[39]传统的"大自然常数"的变化是一扇很有用的窗口，可以帮我们看到额外的维度。其他物理学家则希望大型强子对撞机（LHC）能通过粒子的衰变和能量在空间中的神秘消失，给我们提供周边近处存在或者不存在另一个膜世界宇宙的证据。这些还只是纯推测出来的可能性，但它们并不是毫无限制的想象：它服从实验结果的约束，我们利用粒子加速器和强大的天文望远镜就可以在地球上、在宇宙中探测到它们。

第12章 脱缰的宇宙

宇宙可能就像洛杉矶一样——三分之一是物质，三分之二是能量。

——罗伯特·基尔什纳（Robert Kirshner）[1]

最畅销的宇宙

理智的人以不受重要的事情影响，并对不重要的事情感兴趣为荣。他认为这是一种生活观，也可以让事物“保持平衡”……

——西莉亚·格林（Celia Green）[2]

1996年夏天，一场大型宇宙学会议在位于美国新泽西州的普林斯顿大学召开，这也是普林斯顿大学建校250周年的庆典活动之一。[3]当时天气闷热潮湿得可怕，还有雷暴雨，参会者们住的老旧学生宿舍，空调几乎没什么制冷效果，到礼堂听报告的时候才让人好受些。这场大会的一项新奇之处在于，它不仅仅安排了常规的学术报告，还安排了两位演讲者甚至三位演讲者同台演讲，就像政治候选人一样，劝说你接受某一个宇宙模型，而非对手的。在报告中“推销”完自己的理论之后，演讲者会进入一个关键的互相辩论环节，观众也能加入。

总的来说，当时的宇宙学家对暴胀宇宙的想法还是比较满意的，他们并没有过多地考虑混沌宇宙与永恒暴胀宇宙，而多元宇宙甚至都没有进入他们的词汇表，虽然多元宇宙的概念经由人择理论的讨论已经为大家熟悉。这场会议更多地围绕一些细节问题，包括宇宙膨胀速率、宇宙年龄及星系形成是否及时的详细观测，还有宇宙物质与能量非均匀的分布模式是否与早期宇宙暴胀理论中的不规则处源头所符合。

而每位做报告的宇宙学家要做的，就是说服大家认为他们自己关于宇宙物质和膨胀类型的理论能最好地符合所有的观测结果。跑在最前面的是迈克尔·特纳（Michael Turner）的模型，该模型认为，宇宙膨胀速率接近临界速率——正如暴胀理论所预言的，但他的宇宙拥有一个小小的正的宇宙学常数，也就是那个爱因斯坦发明了然后又抛弃的东西，正是这个正的宇宙学常数产生了排斥的引力效应，让宇宙加速膨胀至今。特纳指出，他的理论比其他理论更成功并不是意外，因为它的绝大部分与和它竞争的其他理论都一样，只是多加了一点点东西（宇宙学常数），而正是这个宇宙学常数让这一模型与观测结果符合得更好。

这个“获胜”的模型被称为“Λ-CDM”模型，Λ 念作“Lambda”（拉姆达），表示的是宇宙学常数，CDM 是“cold dark matter”（冷暗物质）的缩写。冷暗物质是所有宇宙模型中都必须包含的一种物质，因为宇宙中所有发光的物质总数所产生的引力只有星系与星系团引力强度的十分之一，因此，为了解释这个矛盾，宇宙就得存在很多不发光的暗物质，它们必须以一种特殊的方式存在，只参与引力相互作用或是弱相互作用，否则它们就会抑制氘核的生成，那么宇宙诞生三分钟时氘核的数量就与我们的观测结果不符了。这意味着，暗物质最有可能是一种中微子，或者一种类似中微子的新类型粒子，可以感知到弱相互作用。而已知的中微子数量不满足这个要求，它们太轻了，而且 1985 年有物理学家首次用大型计算机模拟宇宙膨胀时发现，中微子聚集成团的模式与实际情况并不符合。[4]

为了满足所有这些要求，这种类似中微子的粒子必须比质子还重得多，因此移动速度也会相应很慢，所以又加了“冷”这个词来修饰——因为温度也就是气体中分子运动的平均速度。在计算机模拟中，它们缓慢的速度产生了一种独特的小尺度星系，与观测结果符合得很好。Λ-CDM 模型也就是在冷暗物质的基础上再加上了一个额外的宇宙学常数 Λ，它在所有方面都领先于其他理论，但没有人为它的成功感到激动，甚至该理论的提出者也一样：因为这个理论实在太人为、太不自然了，而且说老实话，太丑陋了。

这一最符合观测事实的宇宙很像勒梅特在 60 年前提出的宇宙模型。同此前的爱因斯坦一样，当时的宇宙学家已经对宇宙学常数失去了兴趣。为了在 Λ-CDM 宇宙中起到应有的作用，它需要取一个小到令人难以置信的值（10^{-120}），这个值是如此之小，以至于很多物理学家相信它真正的值其实是 0，只是让它等于 0 的深层物理学原理还没有被发现，或许到将来的某一天我们就会发现这样一条新的对称性原理，而在那之前我们只能忽视它，这是粒子物理学家中很常见的观点。不过，天文学家总是有点怀疑他们的数据出了问题。宇宙学常数 Λ 所赖以依托存在的东西很可能最终会消失，或是比我们预想的更不确定。哪怕是认真对待 Λ-CDM 模型的人也对此相当谨慎，因为支持它的证据并不直接。我们如今并不能直接观测到宇宙膨胀的加速度，而只能在对宇宙过去行为的观测中捕获宇宙加速膨胀对其的影响。

但 1998 年，情况发生了急剧的变化。两个由世界级天文学家带领的大型研究组分别独立发现了宇宙如今正在加速膨胀的直接证据。哈佛大学的亚当・里斯（Adam Riess）所带领的高红移超新星搜寻项目组和索尔・珀尔马特（Saul Perlmutter）在加利福尼亚大学伯克利分校劳伦斯伯克利实验室所带领的超新星宇宙学项目组都发现了惊人的新证据，证明宇宙膨胀在几十亿年之前刚刚开始加速。[5] 为了追踪很远很远处膨胀速度的增加，以判断宇宙的膨胀速度是不是超过了哈勃定律给出的距离的正比，你就需要把哈勃定律延伸到比之前远得多的范围。如果很远处的膨胀速度超过了哈勃定律规定的值，就意味着宇宙膨胀加速了。

使用光的红移可以很精确地测量光源远离的速度，问题就在于，如何知道我们正在测速的光源距离我们到底有多远。如果某个光源的亮度处于平均水平，可能是它本身很暗但离我们很近，也可能是它本身很亮但离我们特别远。理想情况下，能在宇宙中找到一系列标准的“100 瓦灯泡”是最好的，你可以通过望远镜观察每个光源上这样 100 瓦的“标签”，就知道它们自身有多亮了。把这个亮度与表观亮度相比较，就能推导出每个“灯泡”离我们有多远了。可惜，在我们的宇宙中并不存在这样贴了标签的灯泡，不过，我们可以找到这样一种天体，它们自身的亮度可以通过某些物理性质，如变化速率等被测量出来（就像标准灯泡一样），这类参考天体被天文学家称为“标准烛光”（standard candle）。

这两个团队做出的新观测结果，利用了地基望远镜和哈勃空间望远镜可以从很远很远的距离看到某一种特定类型的爆炸恒星（被称为 Ia 型超新星）这一点。Ia 型超新星是标准烛光很好的候选者，因为天文学家认为它起源于非常特殊的宇宙学过程，是宇宙中最明亮的物体之一。[6]

质量小于 1.4 倍太阳质量的恒星用尽自身的核燃料，并在自身引力作用下坍缩到与地球差不多的大小，把原子中的电子都挤到了一起，凭借电子之间的排斥力把整个星球的形状撑起来，[7] 这种稳定的状态被称为“白矮星”（white dwarf），这类“恒星的尸体”在宇宙中不计其数。将来的某一天，我们的太阳在垂死挣扎之后也会变成一个白矮星。

如果一颗恒星更重一些，质量在 1.4 个太阳质量到 3 个太阳质量之间，那么电子的反压力就不足以抵抗原子的引力坍缩了，电子会被压到原子核的质子中，与质子结合形成中子，原子核中也就只剩中子了。中子也会抵抗被挤压到一起的力，只要原本恒星的质量不超过 3 个太阳质量，中子之间的抵抗力就能阻止引力探索，产生一个稳定的中子星。中子星直径只有几千米，密度是铁的 100 万亿倍。和白矮星一样，中子星在宇宙中也很常见，有些中子星会非常快速地旋转，像灯塔一样周期性地向我们发射辐射，我们称之为脉冲星。但如果死去的恒星比太阳质量的 3 倍还大，那就没有任何已知的自然力能够阻止它的引力坍缩了。最终，如此大质量的垂死恒星会落入一个很小很小的区域，连光都没办法逃出来。这个收缩过程对外面的世界来说是不可见的：一个黑洞就此形成。

宇宙中大约一半的恒星都是两个两个成对绕着它们共同的引力中心运动。如果其中一个恒星死亡形成一个白矮星，它会不断吸积它的恒星伙伴表层的物质，最终，在这个同类相食过程之后，白矮星的质量会大于 1.4 个太阳质量，电子的压力不足以支撑引力坍缩，于是白矮星就发生了一个急剧的热核爆炸（图 12.1），这类爆炸每当在白矮星的质量超过 1.4 个太阳质量的时候都会发生，而不管它发生在何时何地，爆炸的最高亮度总是差不多的，大概是太阳亮度的 10 亿倍——也就是说，一个恒星的亮度就几乎抵得上一整个星系了。在爆炸之后的几

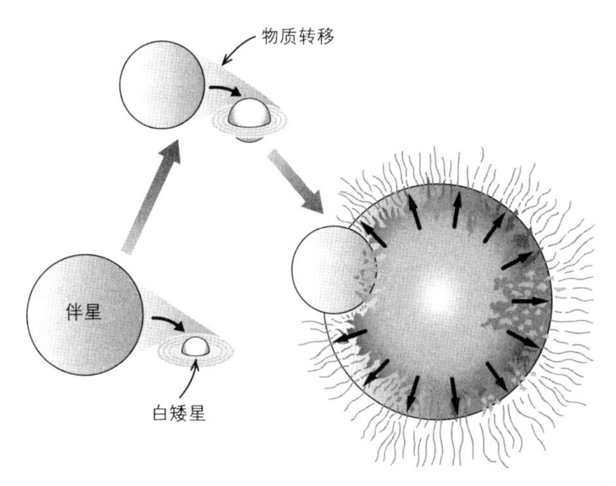

图 12.1　Ia 型超新星产生于一个白矮星从它的伴星那里吸积物质之时。在吸积物质的过程中，它的质量超过了钱德拉塞卡极限，白矮星因无力抵抗引力坍缩从而无法保持形状，随之而来的收缩导致了热核爆炸，在我们看来就成了一个超新星。

个月内，超新星的光和颜色以一种特别的方式暗淡下去，亮度随时间变化的曲线，即“光变曲线”在头几天到几周可以通过镍元素的放射性衰变来测定，之后可以通过钴元素的放射性衰变来测定。通过研究亮度峰值与亮度下降的速率，两个研究超新星的团队比较了不同的超新星，并计算了它们与我们的相对距离。

哈佛和伯克利的研究组都使用了这一新工具来测量星系与我们的距离，并拓展了对哈勃定律的测量。他们首先把夜空划分成几百个部分，在新月（没有月亮，此时夜空最暗）的时候，利用强大的地基望远镜监测不同的部分。三周之后，他们回来观察同一片天空，看看有没有什么恒星突然变亮成了超新星。他们发现了大约 25 个超新星正在变亮，于是研究组使用地基和空间望远镜跟踪了它们的亮度变化，看着它亮度到达顶峰然后再掉回爆发之前的亮度，同时监测其发光颜色的变化（图 12.2）。他们发现，这些超新星光变曲线的形状与旁边观察到的同类超新星类似，这让观测者更加确信，他们在接近可见宇宙边缘处发现的这些天体，本质上都属于同一个类型，而它们在我们眼中相对的亮暗则完全取决于它们与我们的距离。

两个研究组把所有的数据放到一起研究以后，不约而同地得出了同一个结论。根据哈勃定律的形式，宇宙膨胀速度，即遥远的超新星的移动速度与距离的关系是个向上弯曲的曲线，也就是说，宇宙在加速膨胀。这一发现首先在 1998 年 1 月被公开，随后就引起了天文学界的兴趣，直到现在。随着天文学观测数据的逐渐积累，天文学家仔细研究了两个研究组的数据集和分析技术，并认真检验了关于标准烛光以及超新星的光在发出之后、到达我们望远镜之前所经过的宇宙等方面的假设。

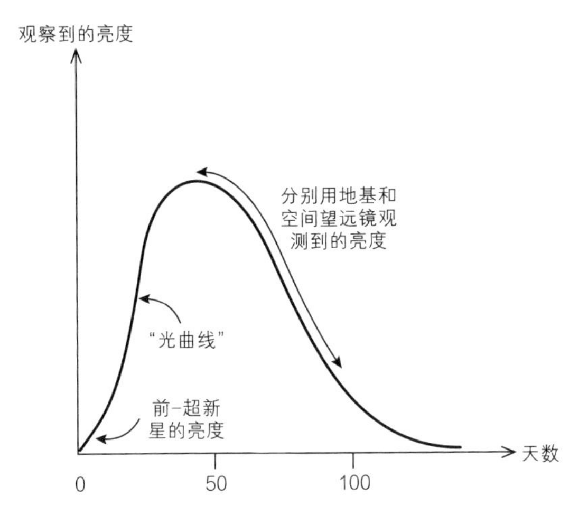

图 12.2　Ia 型超新星光曲线。我们观察到的亮度达到最大值后，会稳定地返回到大爆炸之前的亮度水平。实际上，这些变化对应着不同的颜色轨迹。

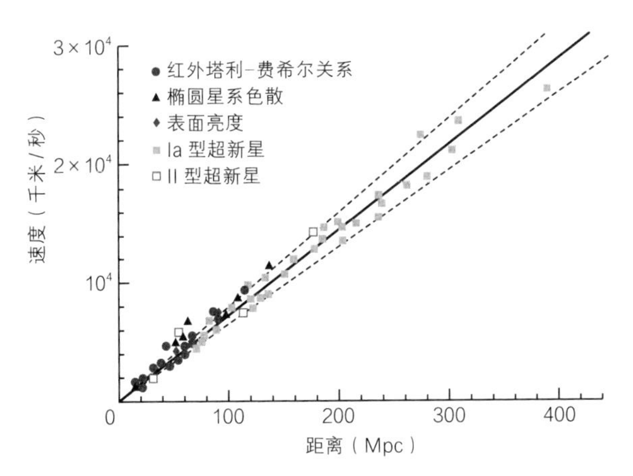

图 12.3　表明星系退行速度与距离关系的哈勃定律，以及最近的超新星观测。本图展示了速度与距离的观测结果，以及最贴合的拟合结果，斜率（即哈勃常数）为 72km/s/Mpc。

繁荣的宇宙

> 我们必须学会了解这个无趣的宇宙，因为我们没有其他的选择……如果我并没有了解这么多事实，你却告诉我有这样一个宇宙存在，那么，我要么会问你抽的烟里放了什么，要么就会让你别再讲童话故事了。
>
> ——约翰·巴赫恰勒（John Bahcall）

超新星观测带来的结果影响巨大。它是首个表明宇宙在加速膨胀的直接证据，以很小的误差证实了 Λ-CDM 宇宙模型的预言，并证明暴胀宇宙理论提到的宇宙膨胀最初期的反重力加速的确存在。对于加速膨胀，最简单的模型就可以将其描述得很好。如果我们只恢复爱因斯坦的旧宇宙学常数作为反重力效应的来源，并假设膨胀很接近临界膨胀（正如暴胀模型所预言），我们得到的宇宙就正如在图 3.10 里见到的勒梅特的一类宇宙。它与观测结果符合得很好。

尽管只往爱因斯坦方程里引入一个简单的宇宙学常数就能很好地解释观测结果，但宇宙学家知道，事情很容易就会变得更复杂起来。宇宙中可能存在更奇怪的反重力压力，就像宇宙学家认为宇宙早期可能引起暴胀的那些压力一样。因此，天文学家引入了“暗能量”一词来描述这一神秘的能量源。它或许永远贡献了宇宙总密度恒定的一部分（正如宇宙学常数一样），也有可能会随着时间变化，只是在近期才产生了类似真正宇宙学常数的效应。值得注意的是，为了解释观测结果，我们需要让整个宇宙所有能量的 72% 都采取暗能量这种神秘的能量形式，另外 28% 则以其他物质的形式出现。而在那28%的物质中，又只有5%才是普通物质，另外23%是并非以原子形态存在的冷暗物质，它们具体是什么科学家还不知道，但很可能是一种新类型的中微子，或许马上就能在欧洲核子中心（CERN）的大型强子对撞机（LHC）中找到了（图12.4）。

在过去的12年里[①]，认为宇宙在加速膨胀的势力愈发壮大，越来越多的间接证据也支持宇宙加速膨胀论，并对驱动宇宙加

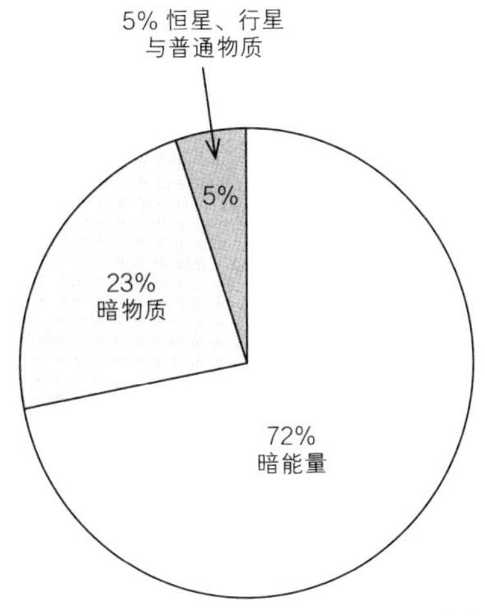

图12.4　这张饼图展示了如今的宇宙都有哪些组成部分。引力物质的一大部分属于一种名叫“暗能量”的形式，在较近的过去，正是它一直在让宇宙加速膨胀。剩余物质包含了暗物质和会发光的物质。暗物质很可能主要由某种新的弱相互作用粒子组成，与我们已经知道的中微子类似，但比中微子重很多。我们希望可以通过位于日内瓦的大型强子对撞机来确证它们的存在，再趁它们穿过地球的时候利用地下探测器探测到它们。

---

① 本书写于2011年。——译者注

速膨胀所需要的暗能量在细节方面提出了限制。随着卫星和地基望远镜的发展，宇宙背景辐射中遍布的小涨落也被越来越清晰细致地观察到。膨胀的加速改变了沿时间回溯时宇宙的形状（也就是说，知道宇宙加速膨胀之后，在过去的某一个时间点，宇宙中所有物体的形状都比你之前预想的要小），也帮助我们为宇宙的变化设立了限制。宇宙的加速膨胀限制了宇宙所能包含的暗能量和暗物质总量，而最近，又出现了第三个限制条件：宇宙中最终产生星系团和星系的密度变化，应当在热辐射主导的宇宙阶段就以强声波的形式产生了。当温度降到大约 3 000 摄氏度时，电子就从辐射的散射中被分离出来了，强声波传播的速度因而急剧下跌。这一事件发生的时候，声波仍然保留着它们当时的大小，因此，当时宇宙中物质成团的模式就会产生小的涟漪，它在 120 百万秒差距的尺度上有一个明显的特征，就是声波留下的遗迹。这一效应有个不太优美的名字，叫作“重子声学振荡”（baryon acoustic oscillation），重子是组成普通原子物质（占总物质的 5%）原子核的质子与中子的统称。这类振荡给我们提供了新的信息，让我们了解了天文巡天观测观察到的星系在宇宙历史中的大小。如果我们把超新星、背景辐射、声学振荡的观测信息集合到一起，就会发现所有证据惊人地汇集在一起。这三类观测证据的确定之处和不确定之处碰巧彼此正交，因此，把它们结合在一起就迅速缩小了不确定性。我们从图 12.5 中可以很明显地看出这一点，图中不同大小的椭圆分别代表置信度为 68%、95% 和 99.7% 的置信区间，如果我们将几种不同观测证据的置信区间叠加起来，就可以看到不确定性大大缩小。

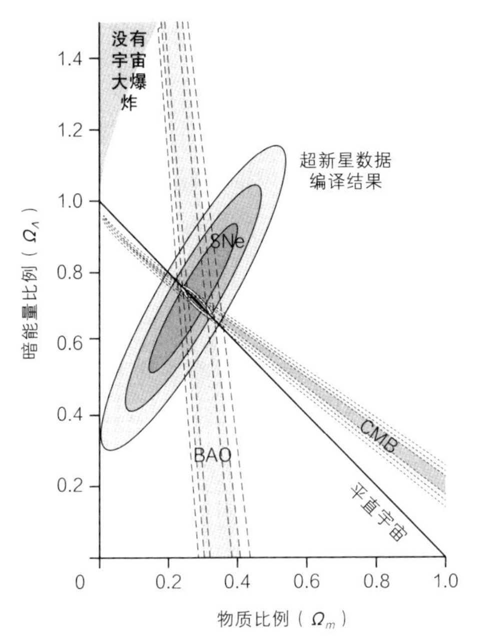

图 12.5 Ω_Λ 代表宇宙中暗能量所占的比例，Ω_m 代表其他物质形式所占的比例，其他物质形式包括普通物质和暗物质。图中展示了三种不同的观测手段：超新星（SNe）、宇宙微波背景辐射温度涨落（CMB）以及物质分布的中子声学振荡效应（BAO）。三种颜色的阴影区域分别代表了统计置信度为 68%（最深的颜色）、95%（次深的颜色）、99.7%（最浅的颜色）的区域，重叠的区域则给出了图 12.4 所提到的暗能量比例：72%。

图中纵轴代表的是暗能量在宇宙中所占的比例，横轴代表的是其他物质在宇宙中所占的比例。所有数据在一个狭窄的区域重叠，这一区域的纵坐标约为 0.72，横坐标约为 0.28。[8] 重叠的区域对应着一个曲率几乎为 0 的平直宇宙，而这正是在暴胀曾经发生的情况下我们所期望的。

这一理论背后的假设是，暗能量完全可以由爱因斯坦宇宙学常数描述，这意味着这个常数在任何时候都贡献了相同的密度，而纵轴表示的就是这一比例所能取值的范围。然而，暗能量可能比我们想象中的更奇怪一点——它的密度可能会随着时间变化，就像其他形式的物质一样。暗能量施加的压强与其能量密度的比值[9]不等于−1 的时候就会发生这种情况。这一比值 w 等于−1 意味着暗能量的密度是常量，它的贡献正如图 12.6 中展示的一样。如果这个比值偏离了−1，暗能量就会随着时间缓慢地改变。假设我们允许这种可能性存在，所有的数据也都已经被使用，我们再来看看观测数据的 68%、95% 和 99.7% 的置信区间交汇处，压强 / 密度比 w 就可以用纵坐标来表示，而以非暗能量形式存在的宇宙部分就可以用横坐标来表示。如果宇宙学常数原先的假设是准确的，数据交汇点就在 $w = -1$，物质比例 $\Omega_m = 0.28$ 的位置。

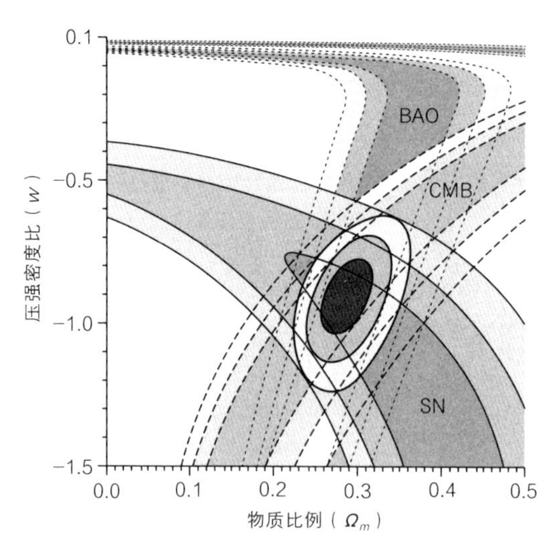

图 12.6　来自超新星、微波背景辐射（CMB）和重子声学振荡（BAO）的观测结果，为暗物质的压强密度比（w）与宇宙中物质形式所占的比例（Ω_m）之间的关系施加了一定的限制。

如今，综合各种数据的最精确估计是，压强能量比落在−1.098 到−0.986 之间的置信度为 95%。最简单的情况就是宇宙学常数 $w = -1$，观测结果也强烈支持这一结论。因此，很多人都直接假设暗能量采取的是这种最简单的形式。

我们今天所处的状况，从各个方面来讲，可以说是既出奇地简单，又完全让人摸不着头脑。可观测宇宙可能只是一个无穷大的多元宇宙中无穷小的一部分，同时它又在加速膨胀。它完全遵循乔治·勒梅特在 80 年前提出的最简单的模型：空间几何非常接近平直的欧几里得几何，看起来也会一直膨胀下去。膨胀的加速度只要加上爱因斯坦最初引入又抛弃的那种宇宙学常数就可以很好地描述，我们如今管它叫宇宙的真空能，这个名字是勒梅特早在 1934 年就提出的。[10] 用这种方法来描述的最符合观测结果的宇宙，其引力排斥的真空能量形式占 72%，剩下 28% 是引力吸引的暗物质与普通物质。用一个简单的数学公式就能描述宇宙随着时间膨胀的方式。[11] 在图 3.10 中，我们就看到了它的特征形式。在宇宙膨胀初期，真空能的影响可以忽略，随着时间的推移，宇宙膨胀就开始“换挡”了，从减速膨胀变成加速膨胀，此时宇宙大概膨胀到了我们现在大小的 57%。在那之后，到了宇宙膨胀到约为现在大小的 73% 的时候，其他物质形式的能量密度开始落后于真空能，这大概在 45 亿年之前，刚好是我们地球刚刚诞生的时候，不过大家都认为，这两个时间一致完全是个巧合。[12]

加速宇宙最大的特征之一在于它的未来。1986 年，弗兰克·蒂普勒和我做的一项研究表明，任何一种计算机或者“大脑”处理信息的能力在未来都会不可避免地结束，恒星与星系的形成到最后也会停止。这个宇宙膨胀得太快了，以至于任何物理过程都跟不上它。宇宙将变成一个死气沉沉的坟墓，里面只有死去的恒星和被远远隔开的基本粒子。它们一定会被远远隔开，因为宇宙加速膨胀意味着一个视界会出现，这个视界外面的东西任何观察者都无法看到。这就类似于我们处在一个大型黑洞之中的感觉，连光都无法抵抗宇宙的加速，到达不了我们的眼睛。这种古怪的情况由亚瑟·爱丁顿于1933年首次注意到。在他著名的科普书《膨胀的宇宙》（*The Expanding Universe*）中，他写到了这样一种现象：

> 星系与星系之间最终会变得极其遥远，而相互之间的退行又如此迅速，以至于不管是光，还是因果关系都无法从一边传到另一边了。星系与星系之间的一切联系都会被切断，每个星系都会变成一个独立存在的宇宙，不会被外界任何事物所影响。这样四分五裂的状态简直可怕到难以想象，尽管它不会在人类的命运中产生什么特定的灾难。[13]

如果你担心多元宇宙的引入会给我们带来无法观测某些宇宙的问题，那你同样需要担心的是，哪怕只有一个宇宙，在如今或是在遥远的未来，也会有我们无法观测的部分。

是的，尽管我们目前的观测结果与某一种简单的爱因斯坦宇宙模型符合得非常好，但这里还有个烦人的问题：为了控制宇宙在近50亿年内的膨胀，我们引入了两种形式的能量。一旦真空能成为主导力量，它的影响力就会越来越大，而其他形式的物质与辐射都会随着宇宙的膨胀而极速衰减。蒂普勒和我也发现，这一现象有着很重要的影响：[14]一旦宇宙开始加速膨胀，由牛顿、金斯和利夫希茨发现的引力不稳定性产生的不均匀性也就停止增长了，它无法跟上宇宙膨胀的脚步。如果过了宇宙膨胀从减速转为加速的时间节点还没形成星系，那就永远没可能形成星系了。而没有行星，你就不可能产生稳定的恒星，更不可能产生碳元素，以及生命与观察者必需的其他基本组分了。

令人迷惑的宇宙

> ……一直以来，宇宙学常数就像你爷爷的鞋罩，只有在需要穿全套正装的时候才会偶尔穿一下。但这些新的观测结果表明，宇宙学常数的归来不仅仅是一时的复古时尚，而已经变成了必需的装束。
>
> ——罗伯特·科什纳（Robert Kirshner）

有这么一个宇宙学常数，它的取值刚好让它在如今的宇宙中占主导地位——这一发现惊呆了很多天文学家和大多数粒子物理学家。如果我们以宇宙学常数所能取的最大值为单位来表示所有时期的宇宙学常数，那它就变成了一个无单位的纯数字，一个大自然的常数，这个常数标志着宇宙的真空能所占的比例是多少（最低为 0，最高为 1）。

在来自超新星观测的直接证据出现之前，天文学家要确定宇宙学常数，只能根据背景辐射和星系团的间接观测证据，寻找能最好拟合它们的值，但这样得出来的宇宙学常数是不能让粒子物理学家信服的。理论认为宇宙学常数存在，但他们希望是在 0 到 1 之间靠近 1 的那种存在。但不幸的是，在超新星观测数据出来之前，其他间接观测证据得出的最大的宇宙学常数值也只是 10^{-120}。这个值太接近 0 了，以至于绝大多数粒子物理学家推断，其实它就是 0，或许是有我们尚未发现的其他高能物理定律让它为 0。但超新星观测确认，宇宙中确实存在一个宇宙学常数（或者是随便其他什么可以表达相同意义的名词），而它的值恰恰就是 10^{-120} 这么小。这就让物理学家摸不着头脑了，为什么偏偏是这个值？到底是什么定律让它选择了如此小的一个值——只有粒子物理学家认为最自然的值的 10^{120} 分之一？

这个数字让人双倍甚至三倍疑惑的是，哪怕这个小小的数字只翻 10 倍，也就是变成 10^{-119}，也仍然是个很小的数字，所有的星系和恒星不可能存在。如果你放弃解释，只是说宇宙学常数仅仅是从一开始就取了这个值的话，也不能解决问题。从宇宙的极早期开始，宇宙经历了一系列特殊阶段，大自然的不同相互作用力渐渐分开，分别以不同的强度存在下去。每次这个过程发生的时候，宇宙学常数都会重设到一个比 10^{-120} 大很多的值。任何能解释宇宙学常数如今的取值为何如此之低的物理过程，都不得不牵扯到宇宙在很长一段时间跨度内不同时期的历史，要能预见在不同时期的不同变化产生的不同结果，还要把这些事情的影响全部抵消——我们完全不知道有怎样的物理学过程能做到这样。

到现在为止，没有人能够解释宇宙学常数，或者被我们称为“宇宙的暗能量”的这个数为什么取这个值。或许某一天，物理学家会发现一个全新的引力物理学领域，或者量子引力物理学领域，并能够找出一个解释。物理学家已经开始拓展爱因斯坦的引力理论，比如给它加入全新的几何类型，使物质产生的空间曲率与现在略微不同，并会随着宇宙的增大而增大。[15] 我们沿着时间往回走，走到初始奇点附近的极端环境的过程中，就会遇到这一类型的改变，而量子宇宙学就将在这里走上事业巅峰。不过，没有人期望在宇宙历史的较后期发现改变爱因斯坦理论的效应，因为宇宙后期的物质密度非常低，引力也很弱，也就不需要再担心量子引力效应了。当然，我们可以做出这类修正来达到宇宙后期加速[16]的结果，但这样的修正大多都会在我们看不见的地方产生其他效果，哪怕真的找到了一种完全符合所有结果的理论，它看起来也会相当不自然，就像简单的宇宙学常数一样不自然。因此，对暗能量的研究，是现代宇宙学的前沿问题。

迄今为止，对弦论和 M 理论的探索还完全没能帮助解决暗能量问题，这让人有点失望。或许，只是或许啊，我们可能整个儿找错了方向，宇宙加速或者常规的宇宙学常数根本就不存在什么解释。或许宇宙学常数可以在多元宇宙中通过某种量子过程测到随机的值，甚至它的值在不同的宇宙中都不一样。我们可能只是碰巧处在一个宇宙学常数小到可以容许星系和恒星诞生的宇宙中。如果真是这样的话，很多研究者会感到失望，但我们也只能接受它。如果有些人因为科学方法的失败而畏缩的话，我可以讲一个小故事，一段科学纪实小说。

想象一下，这个时候还是 1600 年，你正试图说服约翰内斯·开普勒，你认为他的行星运动理论不需要预测太阳系中的行星总数目。对开普勒来说，[17] 行星的数目是大自然内在数学对称性的体现，如果太阳系中行星的数量没有被一个数学模型唯一并完全确定的话，就是不可接受的，可以说是背弃了科学方法。

开普勒发现，五种柏拉图多面体（也就是正多面体）都有一个唯一的内嵌球，也有一个唯一的外接球。如果它们像洋葱皮一样一层一层地互相嵌套，就会产生6层，这6层正好对应6个已知的行星：水星、金星、地球、火星、木星和土星。开普勒发现，把柏拉图多面体按照正确的顺序（正八面体、正二十面体、正十二面体、正四面体和立方体）嵌套起来，它们的外接球半径刚好与当时观察到（或假设）的各行星的轨道半径相一致。图12.7就是他当时画的图。

如今，没有哪个脑子正常的行星科学家会尝试预测太阳系中有多少颗行星，也不会使用像开普勒这样的方法来给太阳系

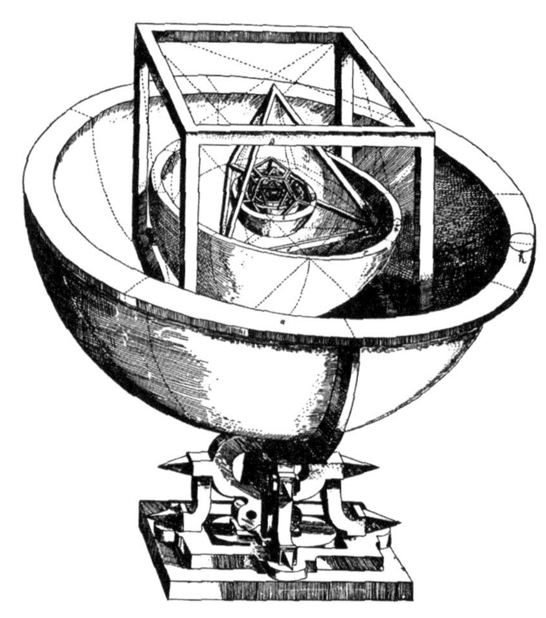

图12.7 约翰内斯·开普勒的太阳系模型很有柏拉图风格。本图选自他1600年出版的首部天文学著作《宇宙的奥秘》（*Mysterium Cosmograhicum*）。

中的行星数目赋予什么深刻含义——这个数字只是个历史巧合，这个数字源自太阳系早期物质的合并，以及其他的偶然事件，它也很有可能取其他的值。这只是一个随机的结果。如今的行星科学家更感兴趣的是如何解释行星的组分和大小、它们与太阳的距离，以及其他动力学方面的细节特征。

如果宇宙学常数就像太阳系中的行星数目一样是个不重要的量呢？仅仅是我们认为它是宇宙的基本特征，并不意味着它真的是被大自然的定律所唯一、完全、必然决定的。它可能是由真正的深层定律所产生的完全随机的结果：一个偶然事件，只不过是对我们非常重要的偶然事件。没有人能回答这个问题，但正如对太阳系的研究在不断推进一样，这并不是故事的结束。这也表示宇宙的其他方面会变得越来越可预测，而我们必须仔细地研究它们，以检验我们的理论和解释。或许，在遥远的未来，人们回想起现在的宇宙学家曾如此关注解释宇宙学常数的问题，就跟我们现在认为开普勒对太阳系中的行星数目过分执着一样。

但还是有一丝丝希望的。就在最近，道格拉斯·肖（Douglas Shaw）和我共同提出了一个完全崭新的思路来解决这个问题。[18] 我们在爱因斯坦最初发现的方程之外加进了一个新方程，这样一来，宇宙学常数就可以在需要的时候转变能量形式，并保证非量子宇宙在宇宙末期还是可观测的。这一想法导出了一个不错的预言：如果你是一个观察者，并处在宇宙开始膨胀之后的 t_u 时间，那么你观察到的宇宙学常数值就永远是 $(t_p/t_u)^2$，其中 $t_p = 10^{-43}$ 秒，是普朗克时间。如今，我们可以观测到宇宙的年龄是 $t_u = 4.3 \times 10^{17}$ 秒，那么我们看到的宇宙学常数大概就是 0.5×10^{-121}，这和我们观测到的结果相符。[19]

特别值得注意的是，在这个理论中，我们并不需要新的暗能量形式了，也不需要爱因斯坦方程的量子力学修正，也不需要所有可能的宇宙都出现在多元宇宙中——而人择原理只选择了宇宙学常数小的宇宙。更重要的是，这一新理论对如今可观测宇宙的空间曲率大小做出了一个确定的预测：我们认为曲率应该是正的，其有效能量的观测值[20]应该等于−0.0056。如今的观测表明，曲率能在−0.0133 和 +0.0084 之间，但欧洲空间局发射的普朗克卫星绘制的天空中的微波背景辐射图谱，以及图 12.5 中其他两项的观测精度会大大提升，我们也就能马上验证或是证伪这一精确的预测了。

在本书中，我们讲了一个长长的故事。首先，我们知道了想要了解我们头顶的这片天空有多难，接着，我们又明白了理解恒星，并确定其他星系是否存在有多难。爱因斯坦于 1915 年提出的广义相对论成了我们宇宙观（以及是否存在别的宇宙）的分水岭。开天辟地头一遭，我们能够预言并研究整个宇宙，了解它们的总体性质，并在它们之间做出选择。随着物理学家们找到爱因斯坦方程越来越多的解，我们也发现了一系列出人意料的宇宙。我们看到，这些宇宙不仅帮助我们理解了天文学的观测结果，也引发了我们对宇宙究竟应该是什么样的哲学思考。

如今的暴胀宇宙理论是我们看到的所有宇宙观中保持时间最久的，这个理论认为宇宙在其极早期发生了急剧加速的膨胀。暴胀宇宙理论成功地预言了宇宙膨胀早期产生的辐射（即宇宙微波背景辐射）中微小变化的特殊模式。在结合了超级计算机的强大威力之后，它可以借助新式望远镜超高精度的观测结果，模拟出星系成团的复杂过程，这一过程是可以理解的，但也是令人困惑的。

我们被迫接受了这样一个现实：我们的宇宙是一系列无穷无尽发展下去的多元宇宙中的一个。我们的宇宙或许是特别的——它能供养我们的生存，甚至也有可能孕育了其他的智慧生命。如今，我们的宇宙正处于第二次急剧加速膨胀的阶段，这是从不到 50 亿年前就开始的。

哥白尼曾告诉我们，我们所在的地球并非位于宇宙的中心。但现在，我们可能必须接受这样一个现实：即使是我们所在的这个宇宙，也不是整个宇宙的中心。

注 释

第 1 章

[1] C. Cotterill, *The Coroner's Lunch*, Quercus, London (2007), p. 123.

[2] 1963 年 2 月在皇家天文学会的会长就职演说，见 W. H. Mc Crea, *Quart. J. Roy. Astron. Soc.* 4, 185 (1963).

[3] G. Gamow, *My World Line*, Viking, New York (1970), p. 150.

[4] 英文中表示“宇宙”的 universe 一词可以追溯到 12 世纪古法语中的 univers，这个词又来自更早的拉丁语单词 universum。Universum 一词由 unus 和 versus 两个部分组成，前者意为“一”，后者是动词 vertere 的过去分词，意为“转动、旋转或改变”。因此，“宇宙”在字面意义上可以理解成“万事万物合而为一”。据我们所知，universum 这个词最早出现在卢克莱修的拉丁语长诗《物性论》（*De rerum natura*）第 4 卷第 262 页，这部长诗写于公元前 50 年前后。另一种语源学观点认为，宇宙与“万事万物合而为一”之间的联系来自古希腊早期的宇宙学观点。这种观点认为，地球外面围绕着一层层水晶般的球壳，最外层的天球在旋转，也依次带动着内侧镶嵌着行星的球壳旋转，而地球位于这些同心球层的中心，静止不动。

[5] 其中较为知名的是爱尔兰哲学家约翰尼斯·斯科特斯·爱留根纳（Johannes Scotus Eriugena，815-877，也称约翰·爱留根纳）。他把自然（一切事物的集合）分为有实体和无实体的两部分，这两部

分又进一步被分为四类：（1）能创造事物，但自身不是被创造出来的；（2）能创造事物，自身也是被创造出来的；（3）自身是被创造出来的，但不能创造事物；（4）既不能被创造出来，也不能创造事物。斯科特斯把上帝归为第（1）类和第（4）类，他是一切事物的开端，也是一切事物的终结。柏拉图形式的世界属于第（2）类，上帝作用的物理世界则属于第（3）类。13世纪末，中世纪教会在讨论“世界”（即宇宙）时把世界分为三种。有人认为这三种世界按时间顺序依次出现，有人认为三种世界同时存在，也有人认为这三种世界在空间中同时存在，世界与世界之间是空旷的空间。

[6] 《圣经·创世记》28：12-13。

[7] 很早以前，人类就开始追寻世界的起源和终结（如果它的确有个终点的话）了。最早的人类把宇宙看成一种“物体”，就像地球上我们周边随处可见的物体一样，他们以此为基础编织出神话故事，当然，不同文化传统下的人们编织出的故事形式也不同。有人认为宇宙是神孵出的生命，有人认为宇宙是神从海底捞出来的，有人认为宇宙是从众神之间的战争里爆发出来的。还有人认为，宇宙来自一颗种子，种子发芽、长大，随着季节的变换枯萎死亡，然后又再生，如此往复，形成永恒的生死循环。有些文化认为，宇宙并不非得有个开端。“一切都不存在”的情况是不可能存在的：宇宙必定得是某种事物，因此它不可能什么都不是。哪怕是在后来的基督教创世观点里，“从虚无中创生”的概念也是不存在的，因为上帝永远存在，哪怕是在物质宇宙不存在的时候。对柏拉图等古希腊早期思想家而言，物质表象的背后有永恒的定律或思想。没有哪个古代人认为宇宙是无缘无故诞生的。然而，“宇宙不会无缘无故诞生”这个想法并不似我们直觉的那么简单。我们都知道，身边熟悉的一切事物都有原因：我的桌子在成为我的桌子之前已经经历了一段历史，有某种起因把它从某种较为无序的原始状态变成了现在的样子。但我们能否把宇宙同桌子这种平凡“物体”相提并论呢？还是说，宇宙跟社会一样，是某种事物的集合？这个区别很重要，因为哪怕一个社会的所有成员都有母亲——也就是起因，但社会并没有母亲。要想了解各个文化传统中的创世神话，可以参考以下几本书：M. Eliade, *The Myth of the Eternal Return*, Pantheon, New York (1954); M. Leach, *The Beginning: Creation Myths around the World*,

Funk and Wagnalls, New York (1956); C. H. Long, *Alpha: The Myths of Creation*, George Braziller, New York (1963); E. O. James, *Creation and Cosmology*, E. J. Brill, Leiden, (1969), and C. Blacker and M. Loewe (eds), *Ancient Cosmologies*, Allen and Unwin, London (1975).

[8] 严格意义上说，地球的自转轴与连接地磁南极和地磁北极的地磁轴并不完全重合。

[9] 伦敦的纬度是北纬 51.5°，而新加坡的纬度只有北纬 1°。

[10] 在古代，人们认为地球位于宇宙中心，太阳围绕着地球转动。古人把太阳每年划过的圆形轨迹分为 12 个区域，称为“十二宫”。每个区域都以位于该区域的星座命名，覆盖了大约 30°的天空（十二宫加起来则为一圈 360°），宽度一般认为约 18°。

[11] 它们被称为北环极星。

[12] 既然存在这些在天空中永远看不到的区域，而且这些看不见的区域还会受纬度和时间影响（因为地球在绕轴自转的同时，也会像陀螺一样摆动，摆动的周期约为 26000 年），理论上我们就可以尝试推算古老的星座名称都是由谁提出的，他们位于哪个纬度。古代的星座图上必然会有一道缺口，因为天空中有一部分区域是当时的人们永远不可能观察到的，那里的星星永远不会出现在地平线以上。要了解近年来关于这方面的分析（可谓是困难重重），可以参考这一篇综述：J. D. Barrow, *Cosmic Imagery*, Bodley Head, London (2008), pp. 11−19.

[13] 要想了解北部地区关于天空中的大磨盘的传说，可以参考这本有趣的书：Hertha von Dechend and Giorgio de Santillana, *Hamlet's Mill*, Gambit, Boston (1969)，它认为不同的高纬度地区关于天空中的大磨盘的传说有某种类似性。不过，这本书也遭到了考古天文学界学者的批评，他们认为作者概括得太笼统了，见以下评论：C. Payne-Gaposchkin, *J.Hist. Astronomy* 3, 206 (1972).

[14] D. G. Saari, *Collisions, Rings, and Other Newtonian N-Body Problems*, American Mathematical Society, Providence, RI (2005).

[15] 在亚里士多德心目中，完美的真空和无穷大的物理量在逻辑上其实是紧密相关的。在完美的真空中，物体不会受到任何阻力，因此速度可以达到无穷大。完美真空不存在，无穷大的量不存在，这两条禁令在西方世界存在了 1500 多年之久。

[16] 这是首次有人在物理学中使用拓扑学论证。但其实，按照亚里士多德的论证，地球并不非得是球形才能避免在空间中制造出虚空区域，只要形状为任何绕着中心轴旋转对称的物体就满足要求了。

[17] 任何圆形的碟子也可以。不过球有一个特殊优势，就是它沿任意轴旋转都不会改变形状。

[18] Brian Malow, *Nature*, 11 December 2008.

[19] 托勒密首次提出该理论的时候，并没有认为行星被固定在水晶球层上，只是被固定在一些圆上，这些圆的圆心被固定在水晶球层上。

[20] 还有另一种方法可以微调托勒密理论，就是移动均轮轨道的中心，让它略略偏离地球所在的位置。每个行星均轮轨道的中心都可以不一样。要想进一步精细调节，还可以让这些轨道所在的平面稍稍互相偏离一些。

[21] 这句话据称是阿方索十世抱怨托勒密行星运动体系在数学上过于复杂而说的，不过也可能不是他说的。

[22] 在如今的天体动力学领域，类似于托勒密本轮理论这种把一系列无穷多个运动叠加而成的有限运动被称为“准周期”运动，意为“几乎为周期性的”运动。

[23] O. Gingerich, *The Book That Nobody Read*, Walker, New York (2004) 这本书集中描述了哥白尼的《天体运行论》这本书及其影响。作者研究了哥白尼这本书已知现存的所有版本，以确定多少人读了它、给它做了注释，以及都是哪些人。

[24] 其实，早在前 3 世纪，古希腊天文学家萨摩斯的阿利斯塔克斯就已经提出类似的观点了。阿基米德（前 287–前 212）描述了他的工作：“但萨摩斯的阿利斯塔克斯写了一本书，提出了某些假说，认为宇宙比我们如今认为的大很多。他的假说认为恒星和太阳是静止不动的，地球沿着圆形轨道绕着太阳运动，太阳位于轨道的中心。”

[25] G. B. Riccioli, *Almagestum Novum*, Bologna (1651).

第 2 章

[1] 这类思想通常被称为人择原理，由物理学家布兰登·卡特（Brandon Carter）于 1973 年在波兰克拉科夫举行的哥白尼诞辰 500 周年纪念活动上首次引入。对人择原理最广泛的讨论可见 J. D. Barrow and F. J. Tipler, *The Anthropic Cosmological Principle*, Oxford UP, Oxford

(1986). 最近的一些应用可见 J. D. Barrow, *The Constants of Nature*, Jonathan Cape, London (2003).

[2] 在一个容许多种多样不同结果出现的理论中，出现我们如今观察到的这个结果的概率是相当低的。然而，这也不能成为我们摒弃这类理论的理由，因为只有在这种出现概率极低的宇宙中观察者才得以存在。有一类宇宙学理论由很多本质上随机的元素组成，因此对宇宙各方面的描述就会产生多种可能的结果，在分析这类理论的预测结果时，人择方面的考虑就至关重要。而任何形式的量子宇宙学理论中都不可避免地包含这类随机元素。

[3] 物理学家保罗・狄拉克就坚定地相信这一点。

[4] 这种情况下的牛顿方程中包含一个额外的项，被称为科里奥利力，它产生了所谓的科里奥利效应，即在旋转的坐标系下观察，物体的运动从表面上看仿佛带上了一个加速度，产生了偏移。这一效应由加斯帕尔-古斯塔夫・科里奥利（Gaspard-Gustave Coriolis）在 1835 年首次描述。同年，科里奥利写下了牛顿力学背景下对台球运动过程的权威性分析:《台球中旋转、摩擦和碰撞的数学理论》。

[5] 英语中表示银河系的词 galaxy 来自希腊语 galaxias。

[6] 他有一篇未发表的手稿（题为“对宇宙理论的再次思考，或唯一的思考”）直到 20 世纪 60 年代才被发现，他在这篇手稿中撤销了此前富有远见的观念，转而认为宇宙由无数个同心的恒星球壳层层叠叠地构成，它们围绕着神居住的中心。神的惩罚体现在把不同的灵魂在层与层之间移来移去，有的层受限制大一些，有的层受限制小一些。这一模型的灵感来自炼金术士对火以及太阳创生过程中神的作用的观念，Simon Schaffer, *J. Hist. Astronomy* 9, 180–200 (1978) 中对此有详细讨论。当时的炼金术士认为，是火的循环让整个宇宙凝聚在一起，这种活力之火通过彗星传遍整个宇宙，并赋予太阳光和热。

[7] 这场演讲的内容可以参考一本现代的亥姆霍兹演讲和文章集：*Science and Culture: Popular and Philosophical Essays*, ed. D. Cahan, University of Chicago Press, Chicago (1995), p. 18.

[8] 在 20 世纪中期及之前，“星云”（nebulae）一词描述的都是天文学家所观察到的来自遥远天体的一片模糊的光，它既可以指恒星，也可以指星系。比方说，埃德温・哈勃就用“星云”来代指星系。然

而，如今的天文学家所说的“星云”一般指的都是恒星周围充满尘埃和气体的区域，尘埃气体中原子与分子间的相互作用，以及中心恒星向外发出的辐射会让这片区域呈现出各种各样的颜色。星云有很多种，有行星星云（其实它们跟行星毫无关系）、发射星云和反射星云。这些天体的照片极为壮观，常常出现在天文学杂志和海报上。

[9] 不久，德国数学家约翰内斯·兰贝特（Johannes Lambert）就提出了一种类似的宇宙模型，该模型认为恒星聚集成群，恒星群又聚集成更大的群。不过，与康德的无穷大的旋转宇宙不同的是，兰贝特的宇宙虽然大，却是有限大、周期循环的，其一层层的恒星群像分形一样以重复的模式向外散开。

[10] 更技术性的描述可参考 Barrow and Tipler, *The Anthropic Cosmological Principle*, p. 620.

[11] 如果在一个自转的物体中，离中心距离为 r 处的部分旋转速度为 v，且半径 r 以内的物质密度为 $\rho(r)$，那么 v^2 就正比于 $\rho(r)r^2$。

[12] I. Kant, *Universal Natural History and Theory of the Heavens*, transl. W. Hastie, University of Michigan Press, Ann Arbor (1969), p. 149. 这一册也包含了 1751 年赖特工作的翻译，正是这一工作引起了康德对宇宙理论的注意。

[13] 摘录自 D. Danielson (ed.), *The Book of the Cosmos: A Helix Anthology*, Perseus, New York (2000), p. 271.

[14] 如果康德了解了基于自然选择的演化论，他的观点或许会更缓和。我们的感觉是一系列演化过程的结果，在演化中，与“现实”发生联系的功能被保留了下来，不管我们自身知不知道“现实”是什么。比方说，我们的眼睛的结构在演化中学会了对光的真实性质做出反应。我们能直接并准确地通过关于光的理论来理解眼睛的结构，这一点本身就说明了我们关于光的理论捕捉到了光对视觉而言的本质。详见 J. D. Barrow, *The Artful Universe Expanded*, Oxford University Press, Oxford (2005), pp. 30–33.

[15] 当时，天王星两颗卫星的逆行还未为人所知，这是由威廉·赫歇尔在 1798 年发现的。

[16] A. Clerke, *The System of the Stars*, Longmans, Green, London (1890), quoted in Edward Harrison, *Cosmology,* 2nd edn, Cambridge University

Press, Cambridge (2000), p. 77.

[17] Alun Armstrong (as 'Brian Lane') in *New Tricks*, BBC1, 4 April 2008.

[18] A. R. Wallace, *Man's Place in the Universe*, Chapman and Hall, London (1903). Page references are to the 4th edn of 1912.

[19] 开尔文爵士原名威廉·汤姆孙（William Thomson），他于1892年被授予爵位，成为开尔文男爵一世。他被葬于威斯敏斯特大教堂。

[20] 他认为，如果宇宙中有100亿颗恒星，那总速度就太大了。假设一个引力系统的总质量为M，半径为R，平均运动速度为v，这三个量之间大致有这样一个关系：$v^2 \approx 2GM/R$，其中G为牛顿引力常数。

[21] Wallace, *Man's Place in the Universe*, p. 248.

[22] Ibid., pp. 255 and 261.

[23] Ibid., p. 256.

[24] Ibid., pp. 256–257.

[25] 让他尤为震惊的一个事实，是通过观察木星卫星被木星遮住的现象所测出的光速，与在地球上测量到的光速完全一致。他据此得出结论："这些发现让我们坚信，整个物质宇宙本质上是一体的，这不仅体现在物理和化学定律的作用上，也体现在形态和结构的力学关系上。"同上。p. 154.

[26] Ibid., pp. 154–155.

[27] W. K. Clifford, *Lectures and Essays*, vol. 1, Macmillan, London (1879), p. 221.

[28] S. Brush, *The Kind of Motion We Call Heat*, vols 1 & 2, N. Holland, Amsterdam (1976).

[29] 热力学第一定律是能量守恒。

[30] J. Vogt, *Die Kraft*, Haupt & Tischler, Leipzig (1878), and H. Kragh, *Matter and Spirit in the Universe: Scientific and Religious Preludes to Modern Cosmology*, Imperial College Press, London (2004).

[31] 这一动机也出现在更近的历史时期，如 S. Jaki's *Science and Creation*, Scottish Academic Press, Edinburgh (1974).

[32] W. Jevons, *The Principles of Science*, 2nd edn (1877).

[33] 要注意到，一个永远不断增长的量（如熵）一开始并不一定取值为零。

[34] L. Boltzmann, *Nature* 51, 413 (1895). 进一步讨论可见 Barrow and

Tipler, *The Anthropic Cosmological Principle*, pp. 173–8.

[35] S. T. Preston, 'On the Possibility of Explaining the Continuance of Life in the Universe Consistent with the Tendency to Temperature-Equilibrium', *Nature* 19, 462 (1879).

[36] 一个例子可见 W. Muir, 'Mr Preston on general temperature-equilibrium', *Nature* 20, 6 (1894).

[37]《再见，我的爱》由费利斯和鲍德洛·布赖恩特创作，由埃弗里兄弟在 1957 年录制。

[38] 负曲率的曲面在日常生活中很常见，如蔬菜叶、花瓣和珊瑚，因为负曲率曲面可以增加表面积，有利于更高效地吸收营养。

[39] 1786年，约翰内斯·朗贝尔首次考虑了负曲率曲面的概念。1816年，高斯计划进行一系列测绘实验，以检验地球曲面的几何特性。1829年，尼古拉·罗巴切夫斯基写了一本题为"几何原理的书"，他在这本书中证明，如果假设欧几里得著名的"第五公设"（两条平行线永不相交）是错的，但其他几何公理仍成立，就会产生全新的几何系统。匈牙利数学家亚诺什·博尧伊也提出了类似的想法。后来，伯恩哈德·黎曼把这个课题发展成对弯曲空间（也被称为"黎曼空间"）的一般描述。他在自己的博士论文中首次展示了这一描述，而论文的审阅者之一就是高斯。

[40] 其他人也曾想过用弯曲的几何结构来测量宇宙空间是不是更合适。西蒙·纽科姆曾经讨论过用有限球形空间来描述宇宙的好处，见 'The Philosophy of Hyperspace', *Bull. Amer. Math. Soc.* (2) 4, 187 (1898). 想了解更多早期研究者对非欧几何和天文学的兴趣，可参阅 D. M. Y. Somerville, *Bibliography of Non-Euclidean Geometry*, University of St Andrews and Harrisons & Sons, London (1911).

[41] P. H. Harman, *Energy, Force and Matter*, Cambridge University Press, Cambridge (1982).

[42] 麦克斯韦和泰特曾在爱丁堡皇家学会共事，两人终其一生都在数学和物理学领域互相争夺荣誉和奖项。泰特被认为是最年轻的"牧马人毕业生"（senior wrangler，特指在剑桥大学数学课程中取得顶尖成绩的大四本科生），当时他年仅 20 岁。两年后，麦克斯韦也取得了同样的成绩。泰特在数学领域最知名的成就是开创了纽结理论，而麦克斯韦被认为是有史以来仅次于牛顿和爱因斯坦的最伟大的物

理学家。

[43] 实际上，这样的空间正是四维球的三维表面。

[44] 在实际操作中，宇宙中存在的各种物质会让光变得模糊，以至于完全无法观察到。

[45] 他证明，人们观察到的斯塔克效应可以用量子理论来解释，并找到了爱因斯坦广义相对论最重要的精确解，这个解可以描述像太阳这样的球状天体的引力场，后来被证明也可以描述非旋转的黑洞产生的引力场。如今，世界上任何一所大学教授的每一门关于引力或是天文学的课程中，“史瓦西解”都是核心内容。

第 3 章

[1] R. W. Clark, *Einstein: The Life and Times*, World Pub. Co., New York (1971), pp. 385–386.

[2] J. Straw, letter to Lord Goldsmith, quoted on BBC website, http:// www.bbc.co.uk, on 26 January 2010.

[3] J. Eisenstaedt, *The Curious History of Relativity*, Princeton University Press, Princeton (2006), pp. 123–124.

[4] 我们已经在地球这类自转的天体周围观测到了这种拖曳效应。质量和运动不仅会影响空间的形状，也会影响时间流逝的速度。在强引力场中（也就是空间大幅弯曲的地方），钟嘀嗒走动的速度会比远处引力较弱、空间接近平直的地方更慢。这类效应也早就被实验证实了。

[5] 当代对这一思想最深刻的评论来自埃里克·克雷奇曼（Erich Kretschmann），他解释说，应用张量语言来描述别的理论，也可以得到爱因斯坦称为“广义协变性”的这种“民主性”，见 E. Kretschmann, *Annalen der Physik* 53, 575 (1917). 下面这篇文章中可以找到关于克雷奇曼的论文和爱因斯坦对此的回应的有益的讨论：R. Rynasiewicz, ‘Kretschmann’s Analysis of Covariance and Relativity Principles’, in H. Goenner, J. Renn, J. Ritter and T. Sauer (eds), *The Expanding Worlds of General Relativity*, Birkhäuser, Boston (1999), pp. 431–462.

[6] J. Church, *A Corpse in the Koryo*, Thomas Dunne, New York (2006), p. 266.

[7] 量子力学给所有有质量的物体都赋予了一种波动的特性，其波长反

比于物体的质量。也就是说，质量越小的粒子波长越长。如果粒子的波长大于粒子本身的直径，那么该粒子的行为就完全是量子的。但如果物体质量很大（比如像你我这样的人），其量子波长远小于物体本身的尺寸，这样的物体在移动速度较为缓慢时就完全遵守牛顿定律。

［8］ N. Coward, *Design for Living*, Act 3, Scene 1 (1933).

［9］ 为了解决这个问题，有人曾提出对牛顿定律进行一些细微的调整，或者认为太阳的形状不是完美的球形。

［10］ A. Einstein, *Collected Papers of Albert Einstein*, vol. 6, p. 21, original remark made in 1915.

［11］ 或者我们也可以说，表面上的每一点都是该表面的中心。

［12］ 如果你要问，什么样的引力定律可以保证球体外部的引力效应等效于球体的所有质量都集中在中心点所产生的引力效应，那么正比于 $1/r^2$ 和 r 的引力定律都满足要求。因此，满足这一要求的引力定律的一般形式可以写成两者的线性组合，即 $-A/r^2 + Br$，A、B 为常数。当 $r^3 = A/B$ 时总引力为零，其让天体产生的加速度也为零。爱因斯坦的数学理论要更复杂一些，但在引力较弱时会产生这种效应。常数 B 就是所谓的宇宙学常数乘光速的平方。

［13］ 时间 $t = 2\pi R/c$，其中 R 为空间半径，c 为光速。

［14］ 光沿着宇宙走一圈所需要的时间（单位为小时）为 $2/\sqrt{\rho}$，ρ 为宇宙平均密度（单位为克每立方厘米）。爱因斯坦宇宙的直径可以由其质量 M、光速 c 和牛顿引力常数 G 推导出来：$R = 2GM/\pi c^2$。可以注意到，这个表达式跟史瓦西黑洞的半径 $R = 2GM/c^2$ 差了一个 π，这个 π 来自静止宇宙的非欧球面几何特征。这意味着宇宙的体积是 $2\pi R^3$，而非 $4\pi R^3/3$。

［15］ 爱因斯坦与德西特之间的通信内容丰富，令人神往。要想概览一下他们通信的内容，可参阅 M. Janssen 的这篇文章：https://netfiles.umn.edu/xythoswfs/webui/_xy-15267477_1-t_ycAqaW0A，这篇文章对通信内容做了一些评注。

［16］ 他把自己的解称为“解 B”，以和爱因斯坦自己的静态宇宙解（他称为“解 A”）区分开。

［17］ A. Eden, *The Search for Christian Doppler*, Springer, New York (1992). 这本书里有多普勒开创性的论文《关于双星及天空中其他

恒星的光的颜色问题》的英文翻译。声音的频率依赖于声源运动速度，这一点已在1845年由荷兰物理学家克里斯托福鲁斯·白贝罗（Christophorus Buys Ballot）通过实验证实——他请了一群音乐家组成的小乐队在从乌得勒支到阿姆斯特丹的火车上演奏了一个经过校准的音。

[18] 在各种各样的文献中，弗里德曼名字有多种拼法：Friedmann、Friedman、Fridman，等等。本书采用最常见的拼法Friedmann，但要注意，他自己发表在德语期刊《物理学杂志》的两篇论文的署名就不一样，1922年第一篇论文的署名是A. Friedman，1924年第二篇论文的署名则是A. Friedmann。他出生记录和他的书封面上的俄语名转写成英语则是Aleksandr Aleksandrovich Fridman。

[19] 他因为预测炸弹弹道方面的工作被授予勋章。在研究弹道时，他曾在突袭期间登上飞机，以评估自己做出的预测准确与否。

[20] 乔治·伽莫夫在《我的世界线》（*My World Line*）一书中提到弗里德曼死于气球飞行事故，但没有证据能证实这一点。当时的伽莫夫还是圣彼得堡的一名学生，他希望成为弗里德曼的研究生，但弗里德曼的猝然去世使伽莫夫的梦想未能实现。想了解弗里德曼的一生，可参阅E. Tropp, V. Frenkel and A. D. Chernin, *Alexander A. Friedmann: The Man Who Made the Universe Expand*, Cambridge University Press, Cambridge (1993).

[21] 从现代人的角度看，100亿年这个数字相当精确了（如今我们知道宇宙年龄是137亿年），但我们不清楚为什么弗里德曼选择了这个数字来举例，或许他只是偶然猜得比较准。他自己说这些数字“只是为了直观展示计算”。

[22] H. Nussbaumer and L. Bieri, *Discovering the Expanding Universe*, Cambridge University Press Cambridge (2009), quoted on p. 90. 弗里德曼这本书的德语版现在仍然能够找到。

[23] 在这本书里，弗里德曼提出了一个很深刻的观点。他指出，尽管正曲率的球状空间会带来一个体积有限的宇宙，但这句话反过来则是不对的：负曲率的开放宇宙的体积有可能是无穷大的，但并不非得是无穷大的。它的体积依赖于一个爱因斯坦场方程无法控制的因素：空间的拓扑性质。我们在第11章会进一步讨论这方面的内容。弗里德曼在方程里也加入了爱因斯坦的宇宙学常数。

[24] 弗里德曼的两篇论文（《关于空间的曲率》和《关于恒负曲率空间宇宙的可能性》）的英语翻译，以及爱因斯坦发表的两篇回应，可见于 J. Bernstein and G. Feinberg, *Cosmological Constants*, University of Columbia Press, New York (1989), pp. 49–67，及期刊 *General Relativity and Gravitation* 31, 1991–2000 and 31, 2001–8 (1999).

[25] V. A. Fock, *Soviet Physics Uspekhi* 6, 414 (1964), quoted in H. Kragh, *Cosmology and Controversy,* Princeton University Press, Princeton (1996), p. 27.

[26] G. Lemaître, *The Primeval Atom: An Essay on Cosmogony*, transl. B. H. and S. A. Korff, Van Nostrand, New York (1950).

[27] 圣埃德蒙馆原本是剑桥大学中天主教徒居住的地方，后来成为圣埃德蒙学院。

[28] G. Lemaître, 'Un univers homogène de masse constante et de rayon croissant rendant compte de la vitesse radiale des nébuleuses extragalactiques' ('A Homogeneous Universe of Constant Mass and Growing Radius Accounting for the Radial Velocity of Extragalactic Nebulae'), *Annales de la Société Scientifique de Bruxelles, série A* 47, 49 (1927).

[29] 我在萨塞克斯大学的已故同事威廉·麦克雷爵士（Sir William McCrea）与宇宙学的早期先驱们都相熟，他曾告诉我，他一直认为在科学方面，勒梅特是这些人中能力最强的（爱因斯坦除外），他总是能用最简单的方法得到关键的结果。

[30] 这项对哈勃常数的计算得到的结果是 575 千米每秒每百万秒差距，但在 1931 年发表的该论文的英语翻译版中并没有包括这项计算。

[31] 哈勃 1930 年写给德西特的信，引自 Nussbaumer and Bieri, *Discovering the Expanding Universe*, pp. 130–131.

[32] A. S. Eddington, 'On the Instability of Einstein's Spherical World', *Mon. Not. R. Astron. Soc*. 90, 668 (1930). 这篇论文发表时，爱因斯坦正在剑桥访问爱丁顿，因此我们可以假定爱因斯坦直接从爱丁顿本人那里听到了这项工作。

[33] G. Lemaître, *Mon. Not. R. Astron. Soc*. 91, 483 (1931).

[34] 爱因斯坦在放弃静态宇宙的概念后就放弃了宇宙学常数，后来把引入宇宙学常数称为自己“一生中最大的错误”。然而，爱丁顿、德

西特和勒梅特等其他宇宙学家都认为宇宙学常数是宇宙学的核心成分。勒梅特后来证明，即使我们把宇宙学常数逐出场方程，不把它看作一种新的引力，它仍然会体现为宇宙中的一种真空能。爱丁顿认为宇宙学常数是把引力理论与描述质子、电子等粒子的量子理论联系起来的好方法，并称这是爱因斯坦理论中最重要的部分。最近，宇宙学常数已经不再只是理论上的可能性，而是成了被我们实实在在观测到的事实，第 11 章中有详述。

[35] 你可以近似认为宇宙一开始是完全静止的，直到有限的一段时间之前才开始膨胀。爱丁顿-勒梅特宇宙是闭合的，但它已经膨胀了有限的一段时间，并且会一直膨胀下去。

[36] A. S. Eddington, *The Expanding Universe*, Cambridge University Press, Cambridge, p. 56.

[37] 对这个问题的一部分讨论可见 O. Godart and M. Heller, *Pont. Acad. delle Scienze, Commentarii* 3, 1–12 (1929, cited by H. Kragh, *Cosmology and Controversy*) 以及 O. Godart and M. Heller, *Cosmology of Lemaître*, Pachart Publ., Tucson (1985). Odon Godart 是勒梅特的科研助理，而 Heller 和勒梅特一样，既是天主教神父又是数学宇宙学家。讽刺的是，虽然勒梅特本人从来没有兴趣以自己的宇宙学思想为基础构建出任何形式的自然神学，或是用它为宗教信仰辩护，却有其他人这么做了。1951 年，教皇庇护十二世在勒梅特任院长的梵蒂冈科学院做了一场著名的演讲（演讲词并不是勒梅特写的），他把勒梅特关于宇宙从某个开端开始膨胀的科学理论当成超然于人类之上的神“从无到有地创造世界”这一古老信条的当代证明。在生命的最后几年，勒梅特努力尝试减弱教皇这番话的影响，但似乎没有成功。

[38] E. R. Harrison, *Mon. Not. R. Astron. Soc*. 137, 69 (1967).

[39] 关于两人合作的这篇论文，爱因斯坦和德西特的评论截然相反，引人发笑。这两条评论是两人各自在不同的情况下说的，前者是爱因斯坦在跟爱丁顿的讨论中说的，后者则是德西特 1936 年在剑桥的一场讲座里说的，被收入爱丁顿的这篇文章中：‘Forty Years of Astronomy’ in *Background to Modern Science*, Cambridge University Press, Cambridge (1940).

[40] A. Einstein and W. de Sitter, *Proc. Nat. Acad. Sciences* 18, 213 (1932).

[41] 距离随着时间的 2/3 次方变化，$R \propto t^{2/3}$。

[42] 这个临界速度被称为地球的逃逸速度，由$\sqrt{2GM/R}$给出，M和R分别为地球的质量和半径。

[43] 这句关于牛顿引力定律的谚语首次出现在纸质出版物上是在 F. A. Pottle, *The Stretchers: The Story of a Hospital Unit on the Western Front*, Yale University Press, New Haven (1929) 中，但它可能至少 50 年之前就在民间口口相传了。

[44] R. Tolman, *Relativity, Thermodynamics and Cosmology*, Clarendon Press, Oxford (1934), p. 444.

[45] J. D. Barrow and M. Dąbrowski, ‘Oscillating Universes’, *Mon. Not. R. Astr. Soc.*, 275, 850 (1995).

[46] 在宇宙足够大的时候，宇宙学常数就主导了引力相互吸引的那一部分。不断增长的熵让每个周期的宇宙变得越来越大，直到最后宇宙学常数控制了膨胀行为。这种情况发生之后，膨胀就永远不会停止，哪怕宇宙仍然是闭合的，它仍会一直膨胀下去，就像勒梅特的宇宙一样。

[47] G. Lemaître, ‘The Expanding Universe’, *Ann. de la Soc. Scientifique de Bruxelles, série A* 53, 51 (1933). English translation by M. A. H. MacCallum in *Gen. Rel. Gravitation* 29, 641 (1997).

[48] R. Tolman, *Proc. Natl. Acad. Sci. USA* 20, 169 (1934).

[49] 在这种极端的情况下，我们称宇宙在原始时间点上的空间剖面为“类时的”（timelike）。在类时的宇宙中，一部分空间可能会与另一部分空间存在因果关系。如果这种现象不可能发生，我们就称该原始剖面为“类空的”（spacelike）。

[50] E. Hubble, ‘Problems of Nebular Research’, *Scientific Monthly* 51, 391-408 (November 1940); quotation is from p. 407 and from a public lecture, cited in H. Kragh, *Matter and Spirit in the Universe: Scientific and Religious Preludes to Modern Cosmology*, Imperial College Press, London (2004), p. 153.

[51] E. A. Milne, *Z. f. Astrophysik* 6, 29 (1933), reprinted in *Gen. Rel. Gravitation* 32, 1939 (2000); W. H. McCrea and E. A. Milne, *Quart. J. Math. Oxford* 5, 73 (1934), reprinted in *Gen. Rel. Gravitation* 32, 1949 (2000).

[52] 在t时刻的膨胀规模为$R = ct$。

［53］ 物质和辐射产生的效应随时间衰减的速度比负曲率的效应要快，最终宇宙会变成接近米尔恩的宇宙。比方说，如果在宇宙中加入黑体辐射，它的大小就会以 $R^2 = t - kt^2$ 的关系增加，k 为曲率。如果 k 是负的，那么在 t 很大时，R 近似正比于 t，因此宇宙膨胀方式接近米尔恩的宇宙。在 t 较小时，R 近似正比于$\sqrt{t}$。考虑到闭合宇宙的曲率为正（设 $k = +1$），$R(t)$ 的图像就类似一个半圆形，初始态为 $t = 0$，在 $t = 1/2$ 处达到最大值，在 $t = 1$ 时达到最终态。

［54］ E. A. Milne, *Modern Cosmology and the Christian Idea of God*, Clarendon, Oxford (1952). 早先在他的这本书 *Relativity, Gravitation and World Structure*, Clarendon, Oxford (1935), p. 138 上也有一段讨论了这一课题。他的观点比我们预期的更为微妙，因为他的宇宙模型并不以热寂为结局，且他认为关于宇宙年龄、起源、膨胀和大小的问题都取决于我们采用的计时系统，因此宇宙并没有任何独立于特定观察者的属性。比方说，有些观察者可能会认为引力常数 G 是随时间变化的，其他人则不这么认为。米尔恩的方法与观测并不紧密相关，它只是利用宇宙时间和空间上的均匀性原理推导出了宇宙模型，而非像勒梅特那样把理论和观测结合起来。

［55］ 米尔恩去世时年龄不算大，仅仅 54 岁。他是 1950 年参加皇家天文学会在都柏林的一场会议的时候因心脏病发作而去世的。

［56］ 在米尔恩心目中，自然定律是不容置疑的真理，就好像欧几里得空间中三角形内角和必然为 180°一样。

第 4 章

［1］ G. K. Chesterton, *Orthodoxy*, London (1908).

［2］ 假设物质在无限大的宇宙中均匀分布。你可以指定一个任意值作为你受到的引力大小，并任意指定一个方向。现在，你可以单独隔出一个球状区域中的物质，只要你位于这个区域的表面，球心位于你所指定的方向，且隔出的物质产生的总引力等于你指定的引力值。这样一来，根据牛顿定律，你不可能感受到这个球状区域之外的物质对你的引力，只能感受到区域内的球状物体对你的引力。这样一来，你就“证明”了自己受到的引力可以取任何值和任何方向。这个悖论被称为引力悖论。

［3］ E. E. Fournier d’Albe, *Two New Worlds: The Infra World. The Supra

World, Longmans, Green & Co., London, (1907). 他在另一本更为艰深的书里也介绍了这一想法：*The Electron Theory* (1906).

[4] E. A. Poe, *Eureka -A Prose Poem*, Putnam, New York (1848). 对爱伦・坡"其他宇宙"的讨论可见 E. R. Van Slooten, *Nature* 323, 198 (1986) and A. Cappi, *Quart. J. Roy. Astron. Soc.* 35, 177 (1994).

[5] C. Charlier, 'How an Infinite World May Be Built Up', *Arkiv f. Matematik och Fysik* 16, no. 22 (1922).

[6] 这个问题被称为奥伯斯佯谬，首次注意到它的人是埃德蒙・哈雷。

[7] J. D. Norton, in *The Expanding Worlds of General Relativity*, Birkhäuser, Boston (1999), pp. 306–308 对该问题做了不错的回顾。

[8] 塞莱蒂这个人的生平很难考证，因为他出于某种原因改过姓：原本他叫弗朗茨・约瑟夫・雅伊特勒斯（Franz Josef Jeiteles），但 1918 年改成了塞莱蒂，见 T. Jung, *Acta Historica Astronomiae* 27, 125 (2005). 可以注意到，他的新姓刚好是旧姓倒过来拼写，或许他改姓是因为原姓的"-eles"后缀表明他是犹太人，而当时奥地利的反犹情绪十分高涨。

[9] F. Selety, *Annalen der Physik* 68, 281 (1922).

[10] 只有在宇宙大小为无限大的极限情况下，才能得到平均密度为 0 的结果。在这种情况下，密度随着距离增加而下降得足够快，以至于如果选取的范围足够大，平均密度可以小于任何你指定的值。

[11] 随机移动的速度 v 与尺度 r 处的密度 $\rho(r)$ 的关系为 $v^2 \approx GM/r \propto G\rho(r)r^2$。如果物质密度 $\rho(r)$ 以 $\rho(r) \propto r^{-2}$ 或者更快的速度衰减的话，速度就不会随着距离 r 的增加而增加。塞莱蒂倾向于取 $\rho(r) \propto r^{-2}$ 的特殊情况。

[12] A. Einstein, *Annalen der Physik* 69, 436 (1922), with a reply from F. Selety in *Annalen der Physik* 72, 58 (1923).

[13] 爱因斯坦当时认为没有证据表明银河系之外还存在其他星系，但这一观点已经过时了。

[14] 最后一篇为 F. Selety, *Annalen der Physik* 73, 291 (1924).

[15] G. de Vaucoleurs, *Science* 167, 1203 (2000); J. R. Wertz, *Astrophys. J*. 164, 229 (1971); W. Bonnor, *Mon. Not. R. Astron. Soc.* 159, 261 (1972); C. Dyer, *Mon. Not. R. Astron. Soc.* 189, 189 (1979).

[16] 见 F. S. Labini, 'Characterising the Large-Scale Inhomogeneity of the

Galaxy Distribution', http:// arxiv.org/abs/0910.3833.

[17] 见他本人的主页：http://graphics.stanford.edu/~dk/ google_name_origin.html.

[18] 直角坐标系 x、y、z 三个方向上的距离随着时间膨胀的关系由以下三个式子给出：

$$R_x = t^p,\ R_y = t^q,\ R_z = t^r$$

而爱因斯坦场方程要求 p、q、r 满足以下限制条件：

$$p + q + r = 1，且\ p^2 + q^2 + r^2 = 1$$

这就意味着 p、q、r 被限制在由这两个不等式决定的三个非重叠的范围内：

$$-1/3 \leqslant p \leqslant 0 \leqslant 1/3 \leqslant q \leqslant 2/3 \leqslant r \leqslant 1$$

体积 $R_xR_yR_z = t^{p+q+r} = t$，因此体积随时间推移而增加，但 p 是负的，因此卡斯纳的宇宙在 x 方向上会收缩，而在 y 方向和 z 方向上会膨胀。

[19] 如果你强迫卡斯纳的宇宙在不同方向上膨胀速率一致，p、q、r 就需要相等，但这就违反了上述公式。实际上，我们可以选择让 $p = q = 0$，$r = 1$，这就是狭义相对论的平直时空，也即闵可夫斯基时空，只是用的坐标不一样。这个解是符合要求的，但它代表的宇宙并不会膨胀。

[20] 这类宇宙是由奥托·黑克曼（Otto Heckmann）和昂格勒贝·许金（Englebert Schücking）在 1959 年首次发现的（*Handbuch der Physik*, vol. 53, Springer, Heidelberg, 1959, pp. 489–519），其三个方向上的距离分别为：

$R_x = tp\,(t + \mathrm{T})^{2/3} - p$, $R_y = tq\,(t + \mathrm{T})^{2/3} - q$, and $R_z = tr\,(t + \mathrm{T})^{2/3} - r$

其中 T 是一个常数，可以取任何值。粗略来讲，我们可以把它看成各向异性的卡斯纳膨胀开始变得接近各向同性的时间点。我们可以看到，当 $t << \mathrm{T}$ 时，膨胀接近于卡斯纳的宇宙，而当 $t >> \mathrm{T}$ 时，它就更接近爱因斯坦—德西特宇宙，$R_x = R_y = R_z = t^{2/3}$。加入宇宙学常数后，$R_x = [\sinh(\mathrm{A}t)]p\,([\sinh(\mathrm{A}t) + \mathrm{A}t\cosh(\mathrm{A}t)]^{2/3} - p$，T 和 $\mathrm{A} = (3\mathrm{L})^{1/2}/2$ 为常数。R_y 和 R_z 的表达式可通过分别把 p 替换成 q 和 r 得到。在 t 接近于 0 的情况下这个宇宙就会变成卡斯纳的宇宙，但在 t 很大的时候我们就会得到德西特的宇宙，$R_x = R_y = R_z = \exp[t\,(\mathrm{L}/3)^{1/2}]$。

[21] 这句话是狄拉克对罗伯特·奥本海默的评价，引自 G. Farmelo, *The*

Strangest Man, Faber, London (2009), p. 121.

[22] G. Farmelo, *The Strangest Man*, Faber, London (2009).

[23] Quoted in Farmelo, *The Strangest Man*, p. 220.

[24] P. A. M. Dirac, *Nature* 139, 323 (1937) and *Proc. Roy. Soc. A* 165, 199 (1938): “大自然中出现的任何两个很大的无量纲常量，一定以某种简单的数学关系联系在一起，它们的系数是大致相等的。”或许是爱丁顿在解释物理学常数方面的尝试，吸引了狄拉克对解释与宇宙结构和物理学定律息息相关的神秘数字的兴趣。

[25] “两个大数必定相等”的这一猜想并不是狄拉克原创的，爱丁顿等人此前也写下过这类关系。但爱丁顿并没有区分宇宙中所有的粒子数（这可能是无穷大的）和可观测宇宙中的粒子数。可观测宇宙指的是以我们为中心的一个球体内部的宇宙，其半径等于光速乘以宇宙目前的年龄。

[26] $N \propto t^2$ 的这一结果让狄拉克紧接着得出了一个明显错误的结论 [P. A. M. Dirac, *Proc. Roy. Soc. A* 333, 403 (1973)]：这个结果意味着质子必须源源不断地从宇宙中创生。但实际上，这个结果只表明在宇宙年龄不断增长的过程中，我们在可观测宇宙的范围内能看到的质子越来越多。

[27] 当然，这个假说可以告诉我们为什么 N_1、N_2 和 $\sqrt{N}$ 这几个以不同方式构造出来的数会大小相似，但它无法告诉我们为什么这几个数的大小现在都约为 10^{40}。

[28] 太阳的光度正比于 G^7，而地球围绕太阳公转的轨道半径正比于 G^{-1}，因此地球表面的平均温度正比于 $G^{9/4} \propto t^{-9/4}$。

[29] E. Teller, *Phys. Rev.* 73, 801 (1948). 特勒是匈牙利人，“二战”前移居美国。他是一位卓越的物理学家，在氢弹的研发工作中厥功甚伟。在洛斯阿拉莫斯参与曼哈顿计划时，他与斯坦·乌拉姆（Stan Ulam）提出了引爆原子弹的方式（苏联的安德烈·萨哈罗夫和英国的约翰·沃德也独立提出了同样的方式）。后来，特勒在对罗伯特·奥本海默的审判中扮演了有争议性的角色，在冷战中也成为提倡采取强硬手段的著名鹰派人物。他是斯坦利·库布里克 1964 年的黑色喜剧电影《奇爱博士》主角奇爱博士（由彼得·塞勒斯扮演）的原型之一。电影对这个角色的描绘令人难忘，但特勒对此十分恼火。

[30] 改变 e 的值并不会影响地球绕太阳公转的轨道半径，太阳的光度正比于 e^{-6}。因此，地球表面的平均温度正比于 $t^{-3/4}$，这样一来，海洋里的水早就被蒸干了，地球生命也就不可能存在了。

[31] J. Cornwell, *Hitler's Scientists*, Viking, London (2003), pp. 186–190.

[32] 这一点首次由罗伯特·迪克在 1957 年指出，见 *Reviews of Modern Physics* 29, 363-76 和 *Nature*。它标志着宇宙学领域人择论证的兴起，这类论证的发展过程详见 *Reviews of Modern Physics* 29, 363–376。

[33] J. D. Barrow, *The Constants of Nature*, Cape, London (2003), p. 111.

[34] W. K. Clifford (1876), 'On the Space Theory of Matter,' in *The World of Mathematics*, Simon and Schuster, New York (1956), p. 568.

[35] 这位罗森就是著名的 EPR 佯谬里的 R。EPR 佯谬即爱因斯坦—波多尔斯基—罗森佯谬，是三人在 1935 年发表的一篇论文（*Physical Review* 47, 777）中提出的。

[36] D. Kennefick, 'Who's Afraid of the Referee? Einstein and Gravitational Waves', http://dafix.uark.edu/~danielk/Physics/Referee.pdf, and *Physics Today* 58 (9), 43–48 (2005).

[37] A. Einstein and N. Rosen, *J. Franklin Inst.* 223, 43–54 (1937). 后来，人们发现，爱因斯坦方程的这个形式的解早在 1925 年就被数学家汉斯·布林克曼（Hans Brinkmann）发现了，见 H. W. Brinkmann, *Math. Ann.* 18, 119 (1925). 如今这类解被称为 pp 波。

[38] R. Feynman, *Surely You're Joking, Mr Feynman!*, Norton, New York (1985). “几缪纽”指的是爱因斯坦张量（又称度规张量，一种形式为大写的 $G_{\mu\nu}$，另一种形式为小写的 $g_{\mu\nu}$），它出现在爱因斯坦方程中，任何讨论广义相对论的人都免不了要把它挂在嘴上。

第 5 章

[1] R. Goldstein, *Incompleteness: The Proof and Paradox of Kurt Gödel*, W. W. Norton, New York (2005).

[2] 1 + 100 = 101，2 + 99 = 101，以此类推，从 1 加到 100 就相当于 50 个 101 相加，因此总和为 50 × 101 = 5050。通过同样的推理过程可以得到从 1 加到 N 的总和是 $N(N + 1)/2$。有个很有名的故事说，卡尔·弗里德里希·高斯 9 岁时，他的小学老师给全班出了这道题，想让所有同学埋头计算很长时间，这样他们就不会吵闹了，没料到

小高斯一下子就算出了结果。

[3] 有趣的是，施特劳斯一直保留着这段时间与爱因斯坦在科学方面的通信（包括 33 封信和 15 篇手稿）。后来，2006 年，他的家人在奥林匹亚举行的伦敦古董书展上把这些文件以 150 万美元的价格拍卖了，见 R. Goldstein, *Incompleteness: The Proof and Paradox of Kurt Gödel*, W. W. Norton, New York (2005).

[4] R. Goldstein, *Incompleteness: The Proof and Paradox of Kurt Gödel*, W. W. Norton, New York (2005). 第二篇论文包含了对第一篇论文的修正和补充讨论。施特劳斯后来又与爱因斯坦共同发表了两篇论文，分别是在 1946 年和 1949 年，内容是尝试进一步推广广义相对论，创造出一个新的统一场论。在那之后，施特劳斯发表的所有论文都是数论领域的了。

[5] 这句话来自马克斯给贝弗利山修士俱乐部发送的电报内容，引自 *Groucho and Me*, Da Capo Press, New York (1959), p. 321.

[6] 引自《空屋》，A. 柯南・道尔，《福尔摩斯归来记》（1903）。这是柯南・道尔让福尔摩斯在莱辛巴赫瀑布边与莫里亚蒂双双坠入深渊后再次出现的首个故事。

[7] 弗拉基米尔・福克（Vladimir Fock）是那段时期苏联首屈一指的科学家之一，他在学生时期曾上过弗里德曼的课，后来还尝试在不友好的政治环境下支持引力方面的研究。对他的经历的介绍详见 G. Gorelik, 'Vladimir Fock: Philosophy of Gravity and Gravity of Philosophy', in *The Attraction of Gravitation*, Birkhäuser, Boston (1993), pp. 308-331.

[8] 不幸的是，他在同一年遭遇了一场严重的车祸，连续六个星期不省人事，且再也没能恢复之前敏锐的思维能力，虽然他活到了 1968 年才去世。朗道对整个物理学领域的各种细节都非常熟悉，并且能在任何一个分支做出贡献。

[9] 总共只有 43 个学生通过了这个资格考试，获得了与朗道一起做研究的机会，且利夫希茨是其中通过考试最快的。

[10] 他努力避免引起不必要的注意。1938-1939 年，他在莫斯科和哈尔科夫担任了一系列默默无闻的职位，甚至有三个月流亡克里米亚，没有任何工作。

[11] E. M. Lifshitz, *J. Phys. (USSR)* 10, 116 (1946).

［12］　密度不均匀处的行为就好像是平坦的无限大宇宙中嵌入的闭合、致密的弗里德曼宇宙。因为包含的物质更致密，因此它们膨胀得更慢，因而闭合宇宙和平坦背景的密度差异会越来越大。

［13］　引自弗里曼·戴森，见 J. D. Barrow, P. C. W. Davies and C. L. Harper (eds), *Science and Ultimate Reality*, Cambridge University Press, Cambridge (2004), p. 83.

［14］　E. Schrödinger, 'The Proper Vibrations of the Expanding Universe', *Physica* 6, 899-912 (1939). 后来，他又开始研究电子的狄拉克方程，见 *Proc. Roy. Irish Acad. A* 46, 25–47 (1940). 他自己写的两本书很好地概括了这方面的研究，见 *Spacetime Structure*, Cambridge University Press, Cambridge (1950) 和 *Expanding Universes*, Cambridge University Press, Cambridge (1957).

［15］　薛定谔提出的薛定谔方程首次描述了波函数，但他自己从未接受对波函数的标准诠释。他坚持认为，波函数代表的是某种电荷密度，而非像玻恩的概率诠释所说，代表了测量得到一个特定结果的概率。

［16］　S. W. Hawking, 'Black Hole Explosions?', *Nature* 248, 30 (1974).

［17］　引自 1971 年 10 月他写给母亲的信。

［18］　他得了妄想症，认为周围的人都要给他下毒，因此几乎不吃任何常见的食物。1978 年他去世的时候体重只有 80 磅，可以说实际上是饿死的。他的妻子阿黛尔为他做饭，帮他试吃食物，并且照顾他，而在妻子于 1970 年去世后，他的状况大大恶化了。

［19］　爱因斯坦方程的一个早期解就描述了一个由无压强材料组成的旋转圆柱体，这个解同样允许穿越到圆柱体之外的时间旅行，因为旋转造成了时空的严重扭曲。这个解首先由卓越的匈牙利数学物理学家科尔内留斯·兰措什（Cornelius Lanczos，他在 1928—1929 年期间担任爱因斯坦的助手）在 1924 年发现（*Z. f. Physik* 21, 73），然后又被荷兰数学家威廉·范斯托库姆（Willem van Stockum）重新发现（*Proc. Roy. Soc. Edinburgh A* 57, 135）。范斯托库姆的父亲是文森特·凡·高的表哥，范斯托库姆本人也经历了跌宕起伏的一生。他原本是爱丁堡大学的一名研究生，于 1939 年去往高等研究院，希望跟随爱因斯坦学习。然而，不久战争爆发，他放弃了科研理想，加入盟军，以对抗希特勒。他首先加入加拿大空军，受训成为一名

轰炸机飞行员，后来在 1944 年又加入流亡中的荷兰空军。他成为参与英国皇家空军轰炸机编队的唯一一名荷兰军官，多次驾驶汉德利-佩奇哈利法克斯轰炸机在欧洲上空飞过。他参加了诺曼底登陆日对德国火炮发射基地的空袭，但 1944 年 6 月 10 日，他的飞机在参加一场 400 架飞机组成的空袭中被防空炮火击中，他与全机人员一道壮烈牺牲，时年仅 34 岁。更多细节可见 Erwin van Loo 的纪念文章：'Willem Jacob Van Stockum: A Scientist in Uniform', June 2004, English translation online at http://www.lorentz.leidenuniv.nl/ history/stockum/VliegendeHollander.html.

[20] 见广播访谈节目的文字稿，http://www.abc.net.au/rn/ scienceshow/stories/2006/1807626.htm.

[21] K. Gödel, *Reviews of Modern Physics* 21, 447 (1949).

[22] M. MacBeath, 'Who was Dr Who's Father?' *Synthese* 51, 397–430 (1982); G. Nerlich, 'Can Time be Finite?' *Pacific Phil. Quart.* 62, 227–239 (1981).

[23] 与此相反，去往未来的时间旅行完全没有问题，在物理学实验中也经常能观测到。在相对论的所谓"孪生子佯谬"中就出现了这种现象：一对双胞胎中的哥哥坐上高速的星际飞船离开地球又回来，回来时看到自己比留在家里的弟弟更年轻了，实际上就是坐了飞船的哥哥来到了留在地球上的弟弟的未来。

[24] 美国哲学家戴维・马拉门特（David Malament）在讨论外祖母悖论时曾反驳了这类观点："有人说时间旅行……压根儿就是荒唐的，会导致逻辑矛盾。他们会这样论证，说一个人可以回到过去，并改写历史，让 P 与非 P 两个条件在时空中的某个点处同时成立。比方说，我可以回到过去，杀死襁褓中的自己，但这样我就不可能长大并成为我了。我想说的是，这种论证从未说服我……问题在于，这类论证并不能得出人们以为的那个结论。如果我回到过去，杀死婴儿时期的自己，确实就产生了某种矛盾，但这只能表明，如果我尝试回到过去并杀死那时的自己，一定会有某种原因让我失败，比如在最后一刻被绊倒了或者怎么样。通常的论证并不能证明时间旅行是不可能，只能证明如果时间旅行是可能的，旅行者不可能做出某些行为。"见 *Proc. Phil. Science Assoc.* 2, 91 (1984). 另一位逆着潮流坚持时间旅行并非不可能的著名哲学家是已故的戴维・路易斯

（David Lewis）。1976 年，他在综述‘The Paradoxes of Time Travel’, *Amer. Phil. Quart.* 13, 15 (1976) 中说道：“我坚持认为，时间旅行是可能的。时间旅行的悖论只是怪事而已，并不是证明时间旅行不可能的理由，它们只能证明这样一件没人会质疑的事：假如在某个世界中时间旅行成为可能，这个世界在根本上肯定比我们认为自己所在的世界要奇怪得多。”

[25] 这一极限是由 Roman Juszkiewicz、David Sonoda 和我本人在 1985 年得到的，见‘Universal Rotation: How Large Can It Be?’, *Mon. Not. Roy. Astr. Soc.* 213, 917 (1985).

第 6 章

[1] F. Hoyle, *The Nature of the Universe*, Blackwell, Oxford (1950), pp. 9–10, based on lectures broadcast on BBC radio in 1949.

[2] A. S. Eddington, *The Nature of the Physical World*, Cambridge University Press, Cambridge (1928), p. 85.

[3] R. J. Pumphrey and T. Gold, *Nature* 160, 124 (1947); R. J. Pumphrey and T. Gold, *Proc. Roy. Soc. B* 135, 462 (1948); and T. Gold, *Proc. Roy. Soc. B* 135, 492 (1948).

[4] “类星体”这个术语是丘宏义（Hong-Yee Chiu）在《今日物理学》杂志的 1964 年 5 月号上首次提到的。他写道：“目前为止，我们通常用‘类恒星射电源’（quasi-stellar radio sources）这个过于冗长的名字来描述这些天体。由于我们对这些天体的本质一无所知，很难找出一个短的、合适的名字来形象地描述它们的本质特性。为了方便起见，在这篇文章接下来的部分，我都用‘类星体’（quasar）一词来称呼它们。”

[5] H. Bondi and T. Gold, ‘The Steady-State Theory of the Homogeneous Expanding Universe’, *Mon. Not. Roy. Astron. Soc.* 108, 252 (1948).

[6] 德西特宇宙的标度因子是 $a = \exp(H_0 t)$，其中 H_0 是宇宙膨胀的常数速率。

[7] F. Hoyle, ‘A New Model for the Expanding Universe’, *Mon. Not. Roy. Astron. Soc.* 108, 372 (1948).

[8] 20 世纪 80 年代，德西特宇宙成为暴胀宇宙理论的基础，物理学家们重新发现了德西特空间的这一稳定特性，将它重塑为宇宙无毛

定理。

[9] http://www.aip.org/history/cosmology/ideas/ryle-vs-hoyle.htm.

[10] 要想更详细地了解大爆炸宇宙模型和稳恒态宇宙模型之间的竞争，以及天文学观测在决定谁对谁错中所起的作用，可参考 H. Kragh, *Cosmology and Controversy: The Historical Development of Two Theories of the Universe*, Princeton University Press, Princeton, NJ (1996), chapters 4–7.

[11] 当然，当时在英国也有一些权威科学家反对科学界如此沉迷于争辩宇宙学原理。其中最直言不讳的就是赫伯特·丁格尔（Herbert Dingle），他曾是皇家天文学会的会长，也是爱因斯坦狭义相对论的激烈反对者。他催促沉迷“宇宙学狂热”的人们，承认事实，不要口口声声说什么“完美农业学原理”。有一篇综述介绍了这段时期的宇宙学争论：‘Cosmology: Methodological Debates in the 1930s and 1940s’, *Stanford Encyclopedia of Philosophy*, online at http://www.seop.leeds.ac.uk/entries/cosmology-30s/.

[12] 讽刺的是，虽然重子数体现了带有重子荷的粒子与反粒子的数量差异，但物理学家不再认为重子数是大自然的守恒量。如果大自然的四种相互作用力真正被统一到一个“万物理论”中去，重子数守恒就会阻止夸克与轻子（如电子）合而为一。

[13] A. Einstein, *The Meaning of Relativity*, Routledge, London (2003), p. 132.

[14] Letter to H. Rood, quoted in H. J. Rood, ‘The Remarkable Extragalactic Research of Erik Holmberg’, *Publ. Astro. Soc. Pacific* 99, 943 (1987).

[15] 首次注意到这种平方衰减定律与空间维度的关系的是哲学家伊曼纽尔·康德。他指出，牛顿的平方反比引力定律是空间维度为三维的结果。如果空间有 n 维，那么这类力就会随着距离 r 以 $1/r^{n-1}$ 的形式衰减。

[16] 如今我们知道，星系之间的相遇甚至相撞在宇宙历史上是很常见并且在塑造我们今天见到的宇宙中大小各异的各类星系的过程中也起了重要的作用的。霍姆伯格并不知晓此事，但他猜测星系之间会发生近距离相遇，并留下可观测的效应。

[17] 霍姆伯格假设星系是扁平（二维）的，从而简化了情况。他还假设所有星系之间的相互作用也发生在同一个二维平面上（也就是他模型中的桌面）。

[18] E. Holmberg, *Astrophys. J.* 94, 385 (1941). See also Rood, ‘The Remarkable Extragalactic Research of Erik Holmberg’, p. 921.

[19] 这方面的发展让天文学数据的表达和分析都变得更可视化了。图片与图像在天文学中扮演的角色越来越重要，个人计算机的发展也是其驱动力之一。关于天文学图像以及整个科学领域图像发展史的详细讨论，参见 J. D. Barrow, *Cosmic Imagery: Key Images in the History of Science*, Bodley Head, London (2008).

[20] K. Waterhouse, *The Passing of the Third-Floor Buck*, Michael Joseph, London (1974).

[21] 邦迪和利特尔顿并不知道爱因斯坦 1924 年的提议，即这类电荷不平衡或许能解释太阳与地球之间的磁场。不过，1925 年，A. Picard 和 E. Kessler 进行的实验表明，即使电荷不平衡存在，也不超过 10^{-20}e，远不足以支持爱因斯坦提出的这种可能性。爱因斯坦随即打消了这个念头。

[22] A. M. Hillas and T. E. Cranshaw, *Nature* 184, 892 (1959).

[23] J. G King, *Phys. Rev. Lett.* 5, 562 (1960).

[24] I. A. L. 戴蒙德这位作家和电影制作人经常说自己的姓名首字母代表的是“校际代数联盟”（Interscholastic Algebra League），可能会让数学家们一笑了之。戴蒙德出生于罗马尼亚的多姆尼奇（但他的姓是来到美国之后才改的），他高中时数学很好，在 1936—1937 年曾经赢了好几块美国数学奥林匹克竞赛的金牌。他去哥伦比亚上了大学，但大学期间，他写的剧本和制作的学生时事讽刺剧被好莱坞看上了，好莱坞给他提供了一份合约，他就此放弃了读研究生的打算。

[25] 我强烈建议你读一读他的自传：*My World Line: An Informal Autobiography*, Viking, New York (1970)，遗憾的是他这本自传因他于 1968 年 8 月突然离世而未能完成。

[26] 伟大的苏联宇宙学家雅各布·泽利多维奇（Yakob Zeldovich，见 Remo Ruffini 为他撰写的回忆录 http://arxiv.org/abs/0911.4825, p. 2）曾说，伽莫夫没有回苏联让其他苏联物理学家都很怨恨他，因为在他出逃之后，很长一段时间苏联都不允许任何一位物理学家出国。

[27] G. Gamow, *Physical Review* 74, 505-506 (1948).

[28] R. A. Alpher and R. Herman, *Nature* 162, 774 (1948).

[29] 这封信复制自 A. A. Penzias, in F. Reines (ed.), *Cosmology, Fusion, and Other Matters*, Colorado Associated University Press, Boulder, pp. 29–47 (1972)，经彭齐亚斯授权使用。

[30] R. H. Dicke, *A Scientific Autobiography* (1975), unpublished, held by the National Academy of Sciences.

[31] R. A. Alpher and R. Herman, *Physics Today*, 24 August 1988; R. A. Alpher and R. Herman, *Genesis of the Big Bang*, Oxford University Press, Oxford (2001).

[32] F. Hoyle and R. J. Tayler, *Nature* 203, 1108 (1964).

第 7 章

[1] 该评论出现在 1932 年于伦敦举行的英国科学促进会会议上，引自 M. Tabor, *Chaos and Integrability in Nonlinear Dynamics*, Wiley, New York (1989), p. 187. 也有人称维尔纳・海森堡去世前说过一句类似的话。

[2] 如果宇宙在不同的地方拥有不同的性质，那它们就只能用偏微分方程来描述，而非常微分方程。这会大大增加人类和计算机处理主要问题的难度。

[3] 这个问题与理解纳维耶–斯托克斯方程的解有关，而纳维耶–斯托克斯方程正是主宰流体流动的方程，它们是牛顿著名的第二运动定律应用在流体运动上的版本。关于千禧数学难题的完整描述，见克莱数学研究所的网站页面：http://www.claymath.org/millennium/.

[4] C. F. Von Weizsäcker, *Z. f. Astrophysik* 22, 319 (1943).

[5] C. F. Von Weizsäcker, *Naturwissenschaften* 35, 188 (1948).

[6] C. F. Von Weizsäcker, *Astrophys. J.* 114, 165 (1951).

[7] 关于海森堡 1941 年 9 月在哥本哈根与玻尔见面时到底有没有提到建造原子弹的可能性，有很多分析和猜测，迈克尔・弗雷恩的话剧《哥本哈根》正是以此为主题。历史方面的综述见历史学家 David C. Cassidy 所写的这篇文章：‘A Historical Perspective on Copenhagen’, in *Physics Today*, July 2000, pp. 28-32. 也可参阅他写的海森堡传记：*Uncertainty: The Life and Science of Werner Heisenberg*, W. H. Freeman, New York (1992). 似乎正是在海森堡在德国政府文化宣传办公室的支持下访问哥本哈根的同时，海森堡与冯・魏茨泽克一起讨论了太

阳系的湍流起源。

[8] G. Gamow, *Phys. Rev.* 86, 231 (1952).

[9] 角动量守恒，意味着如果一团湍流物质质量为 M、半径为 r、旋转速度为 v，那么 Mvr 就应该是常数。对普通物质而言 M 是常数，那么 v 就应该正比于 $1/r$。在宇宙早期阶段，能量大多以辐射的形式呈现，那么由于红移 M 正比于 $1/r$，v 就应该是常数。这条简单的原理也给出了均匀膨胀宇宙的自转扰动行为，这一现象由利夫希茨在 1946 年首次从广义相对论中发现。

[10] 这被称为惯性区。

[11] 能量流动的速度正比于 v^2/t，其中 $v = Lt$，v 是旋转速度，t 是时间，L 是旋涡的直径。这样一来，消去 t 以后，我们就得到 v^3 正比于 L。这被称为柯尔莫哥洛夫谱。

[12] 我在牛津的博士论文课题的一部分就是阐明这一问题，见 J. D. Barrow, 'The Synthesis of Light Elements in Turbulent Cosmologies', *Mon. Not. Roy. Astron. Soc.* 178, 625 (1977).

[13] J. Binney, 'Is the Flattening of Elliptical Galaxies Necessarily Due to Rotation?', *Mon. Not. Roy. Astron. Soc.* 177, 19 (1976).

[14] G. Lemaître, *The Primeval Atom,* Van Nostrand, New York (1950).

[15] A. Taub, 'Empty Spacetimes Admitting a Three-Parameter Group of Motions', *Annals of Mathematics* 53, 472 (1951).

[16] L. Bianchi, *Memorie di Matematica e di Fisica della Societa Italiana delle Scienze, Serie Terza* 11, 267 (1898). 由 Robert Jantzen 翻译的英文版见 http://www34.homepage.villanova.edu/robert. jantzen/bianchi/#papers.

[17] 这是物理学家首次系统性地使用群论，并通过当时其他宇宙学家数学推导出的不同宇宙的对称特性和风格（及难度）差异来给宇宙分类。

[18] R. B. Partridge and D. T. Wilkinson, *Phys. Rev. Lett.* 18, 557 (1967).

[19] 'Tous chemins vont à Rome': Jean de la Fontaine, 'Le Juge arbitre, fable XII, 28, 4' (1693), in Marc Fumaroli (ed.), *La Fontaine: Fables*, 2 vols, Imprimerie Nationale, Paris (1985), 亦可通过以下网址获得：http://www.jdlf.com/lesfables/ livrexii/lejugearbitrelhospitalieretlesolitaire.

[20] C. W. Misner, 'Neutrino Viscosity and the Isotropy of Primordial Blackbody Radiation', *Phys. Rev. Lett.* 19, 533 (1967).

[21] 当然，这些宇宙学家也并非像戈尔德这样毫无意见。他们只是要么认为这个问题太难，不适合放在现在考虑，要么认为还有其他某些尚未发现的物理学原理保证了宇宙的初始条件是高度对称的。戈尔德一直是稳恒态宇宙的强力支持者，哪怕微波背景辐射被发现之后也依然如此。他知道，在稳恒态宇宙模型中，宇宙现在的均匀性和各向同性，是连续创生过程不可避免的结果。弗雷德·霍伊尔已经与自己的研究生贾扬特·纳利卡尔一同成功证明，在稳恒态膨胀中，任何不对称性都会迅速消失，让宇宙恢复到均匀状态。主要问题则在于，这种均匀性过于强大，以至于反倒让人难以理解恒星和星系的诞生了。

[22] J. D. Barrow and R. A. Matzner, ‘The Homogeneity and Isotropy of the Universe’, *Mon. Not. Roy. Astron. Soc.* 181, 719 (1977).

[23] http://blog.djmastercourse.com/harmonic-mixing-mixing-in-key/.

[24] C. W. Misner, ‘Mixmaster Universe’, *Phys. Rev. Lett.* 22, 1071 (1969).

[25] J. D. Barrow, *Phys. Rev. Lett.* 46, 963 (1981).

[26] 当时由阳光家用电器有限公司（Sunbeam Products）制造，该公司现已成为贾登公司（Jarden）的子公司。

[27] 混沌之所以会存在，是因为如果你比较两个特别相似的搅拌器宇宙，在几次振荡之后它们就会迅速变得大为不同。值得一提的是，这种由确定性的过程导致的混沌与无理数膨胀成无休无止的分形的过程联系在一起：V. A. Belinskii, E. M. Lifshitz and I. M. Khalatnikov, *Sov. Phys. Usp.* 13, 745 (1971).

[28] 如果一个数列中有无穷多个数，每个数的大小都是它前一个数的一半，这个数列中所有数的总和就是第一个数的两倍，即 1/2+1/4+1/8+1/16+…=1。

[29] C. W. Misner, *Phys. Rev.* 186, 1328 (1969).

[30] 由 Falconer Madan 引用，见 *Oxford outside the Guide-Books*, B. Blackwell, Oxford (1923).

[31] J. D. Barrow, P. G. Ferreira and J. Silk, *Phys. Rev. Lett.* 78, 3610 (1997).

[32] C. Will, *Was Einstein Right?*, Basic Books, New York (1993).

[33] C. Brans and R. H. Dicke, *Physical Review* 124, 925 (1961). 1955 年，帕斯夸尔·约当也提出了一个类似的理论，但他的理论只出现在一本名为《引力与宇宙》的德语教科书 [*Schwerkraft und Weltall*,

Vieweg, Braunschweig (1955)] 里，并没有引起大多数人的注意，或许这是因为约当在“二战”时的行为而被人鄙弃。霍伊尔在 BBC 广播访谈中和之后由广播访谈内容形成的书 [*The Nature of the Universe*, Blackwell, Oxford (1950)] 对约当的想法也不屑一顾。

[34] J. D. Barrow, ‘Time-Varying G’, *Mon. Not. Roy. Astron. Soc.* 282, 1397 (1996).

[35] J. D. Barrow and J. K. Webb, ‘Inconstant Constants’, *Scientific American*, June 2005, pp. 56-63. 更完整的故事见 J. D. Barrow, *The Constants of Nature*, Jonathan Cape, London (2002).

[36] 这是一个由电子电荷 e、光速 c 以及普朗克常数 h 组合而成的无量纲常数，即 $2\pi e^2/hc$，物理学家通过实验得出了它的很精确的值，大约为 1/137。它主宰着原子和分子结构的方方面面。

[37] J. D. Bekenstein, *Phys. Rev.* 25, 1527 (1982).

[38] H. Sandvik, J. D. Barrow and J. Magueijo, *Phys. Rev. Lett.* 88, 031302 (2002). 也可参阅这本书：J. Magueijo, *Faster Than Light*, Penguin Books, London (2003).

[39]《牛津童谣词典》（*Oxford Dictionary of Nursery Rhymes*）认为这首歌来自一份 1770—1780 间的手稿。

[40] “反物质”这个术语出现得更早，它是由物理学家阿瑟·舒斯特（Arthur Schuster）在一篇推测性的文章里首先提出的：“Potential Matter: A Holiday Dream”, *Nature* 58, 367 (1898)。这篇文章讨论了一种向宇宙中倾倒能量的原子。不过，它与狄拉克 1928 年提出的严格的定义几乎毫无关系。

[41] G. Steigman, *Ann. Rev. Astron. Astrophys.* 14, 339 (1983).

[42] 这条定律被称为重子数守恒。重子数反映了粒子与反粒子（如质子和反质子）数量的差异。物理学家假定这一差异在大自然中是不变的，哪怕粒子和反粒子各自的总数是会变化的。

[43] Y. B. Zeldovich, *Advances Astron. Astrophys.* 3, 241 (1965), and H. Y. Chiu, *Phys. Rev. Lett.* 17, 712 (1966).

第 8 章

[1] A. Einstein, *Sitz. Preuss. Akad. der Wiss. (Berlin)*, pp. 235–237 (1931).

[2] H. Robertson, *Science* 76, 221–226 (1932).

[3] W. de Sitter, *Mon. Not. R. Astron. Soc.* 93, 628–634 (1933).

[4] G. Lemaître, *Publ. Lab d'Astronomie et de Géodésie de l'Université de Louvain 9*, 171–205 (1932).

[5] 实际上，卡斯纳的宇宙并没有经历密度无穷大的事件，因为他的宇宙并不包含物质，只是膨胀速率和引力潮汐力为无穷大。如果往卡斯纳的宇宙中加入物质，那么它也会经历密度无穷大的瞬间，就同包含零压力物质的黑克曼-许金宇宙一样。

[6] 如今对宇宙膨胀年龄的最精确估计是（137 ± 1）亿年。①

[7] E. M. Lifshitz and I. M. Khalatnikov, *Sov. Phys. JETP* 12, 108–113 (1961), 558–563 (1961), and *Advances in Physics* 12, 185–249 (1963); E. Lifshitz, V. V. Sudakov and I. M. Khalatnikov, *Sov. Phys. JETP* 13, 1298–1303 (1961).

[8] 利夫希茨等人（错误地）认为，各向同性膨胀的宇宙包含奇点，但各向同的宇宙并不代表一般的情况，因此一般的宇宙并不包含奇点。

[9] C. W. Misner, *J. Math. Phys.* 4, 924–937 (1963).

[10] A. Raychaudhuri, *Physical Review* 98, 1123–1126 (1955), *Physical Review* 106, 172–173 (1957). 瑞查德符里的第一篇论文早在1953年4月就提交给了期刊，但期刊拖延了很长时间，直到1955年2月才发表了这篇文章。

[11] A. Komar, *Physical Review* 104, 544 (1956).

[12] R. Penrose, *Phys. Rev. Lett.* 14, 57 (1965).

[13] 这项工作在这本书里有描述：G. F. R. Ellis and S.W. Hawking, *The Large Scale Structure of Space-Time*, Cambridge University Press, Cambridge (1973).

[14] S. W. Hawking and R. Penrose, *Proc. Roy. Soc. London A* 314, 529 (1970).

[15] 比如，可以把第二条限定时间旅行无法实现的假设换成另一种类型的假设。

[16] 用数学上的说法，我们可以称这五条假设是宇宙过去存在奇点的充分条件，而非必要条件。

[17] 即当引力势达到接近光速平方（c^2）的值时。有趣的是，爱因斯坦

① 本书英文版写于2011年。根据2018年对欧洲空间局普朗克卫星数据的分析结果，对宇宙年龄的最新估计是（137.87 ± 0.20）亿年。——译者注

的理论似乎自身就施加了一条限制：最大的力不能超过 $c^4/4G$，大约为 3.25×10^{43} 牛顿，或者 10^{39} 吨物体的重力。

[18] 要了解普朗克时间这一概念是怎么来的，可参阅 *The Constants of Nature*, Cape, London (2002), 第 2 章和第 3 章。

[19] Revelation 3: 16–17.

[20] 在微波背景辐射被发现之前，有人对宇宙尚未被热辐射主宰时期的“冷”宇宙产生了兴趣。苏联科学家雅各布·泽尔多维奇和哈佛的美国科学家戴维·莱泽（David Layzer）短暂探索过这类模型，见 Yakob Zeldovich, *Advances in Astronomy and Astrophys*. 3, 241 (1965) 和 David Layzer, *Ann. Rev. Astron. Astrophys*. 2, 241 (1964)。在了解了 1965 年彭齐亚斯和威尔逊的新观测结果后，泽尔多维奇迅速抛弃了冷模型，但莱泽直到 1984 年仍然坚持宇宙初期可能是冷的，背景辐射可以从热化后的星光导出，见 D. Layzer, *Constructing the Universe*, W. H. Freeman, San Francisco (1984), chapter 8.

[21] M. J. Rees, *Phys. Rev. Lett.* 28, 1669 (1972); Y. B. Zeldovich, *Mon. Not. Roy. Astron. Soc.* 160, 1P (1972); J. D. Barrow, *Nature* 267, 117 (1977); B. J. Carr and M. J. Rees, *Astron. Astrophys.* 61, 705 (1977).

[22] 这是在评论克雷斯顿·克拉克（Creston Clarke）扮演的李尔王时说的。

[23] R. Alpher, J. Folin and R. Herman, *Physical Review* 92, 1347 (1953).

[24] 物理学家喜欢这样的理论：你计算得越深入，得到的答案越精确，也就是说得到的答案与最终答案的差距就越小。然而，这类计算完全相反——这必定表明，进行这类计算所用的理论一定大有问题。

[25] 口口相传的传统中世纪民谣，其来源不可考，混合了基督教、异教和天文学的各种来源。

[26] H. Georgi and S. Glashow, *Phys. Rev. Lett.* 32, 438 (1974).

第 9 章

[1] 在乔吉和格拉肖的最简单的理论中，最常见的质子衰变路径是质子衰变出一个正电子和一个电中性的 π 介子，π 介子再迅速衰变成两个高能光子。正电子带着 460 MeV 的能量，两个光子各带有 240 MeV。两个光子出射方向之间的夹角约为 40°，在它们的反方向形成了一个能量级联。

[2] M. R. Krishnaswamy *et al., Phys. Lett. B* 115, 349 (1982).

[3] K. Hagiwara *et al., Phys. Rev. D* 66, 010001 (2002).

[4] 这方面的实验结果令人极其失望。1996年，日本超级神冈探测器开始运行，这是一个巨大的地下探测器，包含45 000吨水。它的设计目的是寻找质子衰变，并发现新的中微子相互作用。超级神冈探测器成功发现了中微子相互作用，使发现者获得了诺贝尔物理学奖，然而，它一直未能发现质子衰变的证据。令人感到悲哀的是，2001年12月，一场灾害毁坏了这座探测器。一场意外事故让用来记录衰变信号的光电倍增管发生了内爆，一个光电倍增管内爆产生的冲击波会粉碎邻近的倍增管，造成了多米诺骨牌效应，最终导致6000个光电倍增管被毁坏，每个光电倍增管都需要2000美元来修复。直到2006年，日本科学家才完全修复了探测器，如今它已在继续工作。

[5] 1966年，苏联著名的核武器物理学家德烈·萨哈罗夫在一篇有远见的论文中清晰地指出，要让宇宙物质-反物质的量产生一个差别，需要这三个条件。见 *JETP Lett.* 5, 24 (1967).

[6] S. W. Weinberg, *Phys. Rev. Lett.* 42, 850 (1979); J. D. Barrow, *Mon. Not. R. Astron. Soc.* 192, 1P (1980); J. Fry, K. Olive and M. S. Turner, *Phys. Rev. D* 22, 2953 (1980).

[7] 宇宙中超过90%的原子是氢原子，氢原子的原子核只包含一个质子。因此，我们可以比较准确地说，质子的数量接近于如今宇宙中所有原子的数量。

[8] R. Browning, 'The Lost Leader', *The Poetical Works of Robert Browning*, ed. G. W. Cooke, Houghton Mifflin, New York (1899), p. 405.

[9] Y. B. Zeldovich and Yu. Khlopov, *Phys. Lett. B* 79, 239 (1978); J. Preskill, *Phys. Rev. Lett.* 43, 1365 (1979).

[10] 引人注目的是，狄拉克在一项优雅（以他一贯的风格）的工作中证明，哪怕只存在一个磁单极子，它的存在就能解释为什么所有的电荷量都是一个单位电荷量的乘积：P. Dirac, *Proc. Roy. Soc. A* 133, 60 (1931).

[11] 实验物理学中最奇异的一件事，或许就是1982年2月14日，斯坦福大学物理系的探测器似乎探测到了一个磁单极子，后来被称为“情人节磁单极子”。这个结果从未得到解释，也没有被其他研究组

重复出来。物理学界强烈怀疑这个结果只是实验者布拉斯·卡布雷拉（Bras Cabrera）开的一个复杂的玩笑，因为如果存在一个磁单极子，就意味着磁单极子广泛存在，那么必定会有其他观测者观测到磁单极子。

[12] 一篇当代的回顾可见：J. D. Barrow, 'Cosmology and Elementary Particles', *Fundamentals of Cosmic Physics* 8, 83 (1983).

[13] *Troilus and Cressida* I, iii, 345.

[14] 因为他们感兴趣的是极早期的宇宙，在这种情况下空间曲率和宇宙学常数都不重要了，可以假设它们为 0。

[15] 阿兰·古斯在自己的书里介绍了自己的理论，见 A. Guth, *The Inflationary Universe*, Addison-Wesley, Reading, Mass (1997).

[16] 标量指的是只有大小、没有方向的量，如质量和温度，其大小可以随时间变化。矢量则既有大小，又有方向，如速度。

[17] 真空态本身之所以像宇宙学常数，是因为它是唯一对所有观察者都产生相同作用的斥力，不管观察者的运动状态如何。这对局域的最小能量真空态来说是必需的，否则只要让另一个物体相对于它移动，就能产生更低的能级了，它就不可能是真空了。

[18] 在不包括暴胀的宇宙学理论中，宇宙的膨胀速度会更慢，因此也就不可能让我们现在看到的整个可观测宇宙来自一个小得足以让光信号遍布全区的区域。因此，这个小区域的不同部分会自顾自地膨胀，形成今天的可观测宇宙，导致今天的宇宙的各处在密度、温度和膨胀速度方面有相当大的差异。具体而言，我们如今的可观测宇宙直径约为 10^{27} 厘米。如果没有暴胀的话，假设膨胀前整个宇宙的直径只有 1 厘米，那么那时的宇宙就比现在热 10^{27} 倍，当时的宇宙年龄只有 10^{-35} 秒。在这么短的时间里，光只能走 3×10^{-25} 厘米，这比当时宇宙的直径（1 厘米）小多了。因此，只有暴胀的过程才能让宇宙从直径只有 3×10^{-25} 厘米的区域膨胀到如今的可观测宇宙大小。

[19] *Macbeth* I, iii, 58.

[20] 对这场研讨会的总结见 J. D. Barrow and M. S. Turner, 'The Inflationary Universe-Birth, Death, and Transfiguration', *Nature* 298, 801 (1982). 这篇发表于《自然》的长文章一定打破了某个纪录，因为它是以手写稿的形式提交的，而且仅仅五天之后就发表了。这场研讨会上报

告的进展发表在 The proceedings of the workshop were published as G. Gibbons, S. W. Hawking and S. T. C. Siklos (eds), *The Very Early Universe*, Cambridge University Press, Cambridge (1983).

[21] 这一观点首次出现在 E. R. Harrison, *Phys. Rev.* (1969) 中，随后 Ya. Zeldovich, *Mon. Not R. Astron. Soc.* (1972) 中也使用了这一点。

[22] 最新的 WMAP 技术论文可参见这个网站：http://map.gsfc.nasa.gov/m_mm/pub_papers/threeyear.html.

[23] 它可能并没有看起来那么统计学显著，也或许是可观测宇宙边缘处大的涨落的抑制造成的。

[24] 我们所在的“泡泡”的暴胀程度很可能远远超过了把我们可见区域抹到均匀所需要的程度——不然的话，这就是一个非常奇怪且反哥白尼的巧合了。这意味着，在遥远的未来，所有恒星都死亡后，我们可能会遇上邻近的另一个泡泡，它的初始条件和我们所在的宇宙大为不同，甚至物理学定律也不一样。

[25] J. D. Barrow, ‘Cosmology: A Matter of All or Nothing’, *Astronomy and Geophysics* 43, 4.9–4.15 (2002).

[26] 引自 John Naughton, *The Observer*, Business and Media Section, 18 March 2009.

[27] 引自 *Sunday Times*, 4 May 2008, p. 15，这句话是他从保守党议会前座被开除时说的。

[28] 更确切地说，这些不同的可能性描述了该理论可能包含的“真空态”。每个空间都包含特有的属性，这些属性定义了其中演化出来的宇宙中的物理学定律。真空态确定了以后，在这个态对应的宇宙中，大自然的很多基本的层面就只有一种可能性了。在弦论中，这种真空态的数量极多。

[29] E. Calabi, *Proceedings of the International Congress of Mathematicians, Amsterdam*, vol. 2, Erven P. Noordhoff/North Holland Publishing, Amsterdam (1954), pp. 206–207; S. T. Yau, *Communications on Pure and Applied Mathematics* 31, 339 (1978). See also B. Greene, *The Fabric of the Universe*, Random House, New York (2004).

[30] F. Denef and M. Douglas, *Annals of Physics* 322, 1096–1142 (2007).

[31] F. Gmeiner, R. Blumenhagen, G. Honecker, D. Lust and T. Weigand, ‘One in a Billion: MSSM-like D-brane Statistics’, arXiv:hep-th/0510170.

第 10 章

[1] 最大的难点在于，如何得到不依赖于观察者自身运动的答案。爱因斯坦的相对论指出，不存在绝对的同时性，也不存在依赖于观察者运动状态的概念。在整个宇宙中，在我眼里同时发生的两件事在你眼里不一定同时发生。因此，尝试估算同一时间不同地方发生的事情也会遇到同样的问题。有人尝试计算出一个“泡泡”可能产生的所有历史，来回避这个问题，但这又产生了一个新的问题：通过这种方式计算出的结果依赖于起始计算的区域。物理学家发现了一个有前景的新方法，它会把多元宇宙的数学描述投影到一个更高维度的“屏幕”上，这样就可以轻易“读取”出变成暴胀宇宙的“泡泡”的大小。令人惊讶的是，这两种方法之间似乎有着紧密的关联，刚好补上了彼此的缺点。

[2] 计算一个宇宙（或者整个多元宇宙）中不同结果的概率分布的普遍问题被称作“测量问题”。之所以说是普遍问题，是因为对宇宙的大多数根本属性而言，我们都无法解决这一问题。

[3] M. Druon, *The Memoirs of Zeus*, Charles Scribner's and Sons, New York (1964).

[4] 膨胀接近临界速率的状态持续的时间长短，取决于暴胀持续了多长时间。

[5] P. A. M. Dirac, 'Reply to R. H. Dicke', *Nature* 192, 441 (1961). In 1980, I received a short handwritten note from Dirac on this subject in which he used exactly the same words that he wrote first in 1938.

[6] G, Farmelo, *The Strangest Man*, Faber & Faber, London (2009), p.221.

[7] J. D. Barrow, 'Life, the Universe, but not quite Everything', *Physics World*, Dec., pp. 31–35 (1999).

[8] M. J. Rees, *Comments on Astronomy and Astrophys.* 4, 182 (1972); M. Livio, *Astrophy. J.* 511, 429 (1999).

[9] 要想详细了解关于该思想在1986年前的内容和发展史，可参阅J. D. Barrow and F. J. Tipler, *The Anthropic Cosmological Principle*, Oxford University Press, Oxford (1986)。想了解近年来关于大自然常数方面的思想，可参阅J. D. Barrow, *The Constants of Nature*, Jonathan Cape, London (2002).

［10］“人择的”（anthropic）这一形容词是由英国神学家 F. R. 坦南特（F. R. Tennant）在其分为两卷的重磅著作中首次引入的，见 *Philosophical Theology*, vol. 2, Cambridge University Press, Cambridge, p. 79（出版于 1930 年）。坦南特讨论了宇宙的设计，以及他认为什么样的设计论适用于宇宙尺度。他认为世界可以用所谓的“人择类别”来理解，后者让如今的这个世界从一系列的可能性中被选择了出来。根据坦南特的描述，人择类别思想可以与智慧生命的演化相一致。关于坦南特的工作，更详细的讨论可见 J. D. Barrow and F. J. Tipler, *The Anthropic Cosmological Principle*, Oxford University Press, Oxford (1986), section 3.9.

［11］B. Carter, ‘Large Number Coincidences and the Anthropic Principle in Cosmology’, in M.S. Longair (ed.), *Confrontation of Cosmological Theories with Observational Data*, IAU Symposium, Reidel, Dordrecht (1974), p. 132. 卡特在这里使用的“人择原理”这个说法是现代天文学史上第一次，不过此前哲学家已经用过这个说法了。

［12］三角形是可以由支杆组成的唯一稳定的二维凸多边形，所以电线的架线塔总是由鸟巢状的多个三角形组成，栏杆上经常也会打上斜条。想更多地了解这类现象，可参阅 J. D. Barrow, *100 Essential Things You Didn't Know You Didn't Know*, Bodley Head, London (2009), chapter 1.

［13］关于这种一致性更详细的叙述，见 J. D. Barrow, *The Constants of Nature*, Jonathan Cape, London (2002), chapter 3.

［14］H. Mankell, *Chronicler of the Winds*, Harvill & Secker, London (2006), p. 25.

［15］B. Russell, *Logic and Knowledge*, ed. R. C. Marsh, Allen and Unwin, London (1956).

［16］在伏尔泰的小说《老实人》中，邦葛罗斯博士这个人物存在的目的就是嘲笑莱布尼茨提出的“我们处于所有可能的世界中最好的那个世界”的观点。显然，我们既不知道“其他的世界”是什么样的，也不知道什么才叫“最好”的世界。然而，1746 年，法国数学家皮埃尔·莫佩尔蒂（Pierre Maupertuis）反驳了以上观点。虽然莫佩尔蒂也不喜欢自然神学家用这些模糊的概念来佐证上帝已经为我们安排好了一切，但他提出了一种非常清晰的方法来界定什么是最好的世界。莫佩尔蒂首次证明，运动物体的路径可以通过两种方式

来确定。其一是牛顿运动定律：确定了物体的初始位置和速度，然后解方程，就能得到物体未来的路径。而除了牛顿定律之外还有另一种方法：想象物体在一个固定的起始点和终点之间可以在时空中采取一切能够采取的路径，最后它实际采取的路径，是使一个名叫“作用量”（与物体的质量、速度和运动距离有关）的物理量取最小值的路径。事实表明，使作用量最小的路径恰好就是牛顿定律决定的路径。从“最小作用量原理”可以导出牛顿运动定律（还可以导出爱因斯坦的相对论）。莫佩尔蒂认为，作用量非最小的其他路径，就是批评莱布尼茨观点的人所寻找的“其他世界”，而“最好”的世界，就是大自然最不可能产生的世界。19 世纪，一些法国时事评论员甚至把新发现的化石与那些作用量未达最小，从而生命灭绝了的世界联系起来，更多细节见 *The Anthropic Cosmological Principle*, section 3.4，在莫佩尔蒂在自己 1750 年出版的书 *Essai de cosmologie* 中也有呈现。要想了解现代哲学家对可能世界的哲学讨论，可以参阅戴维·路易斯（David Lewis）关于模态实在论的著作。路易斯认为，所有可能的世界都与实际的世界一样真实，因为它们与实际的世界是同一类东西，无法被还原成更基本的实体，但它们在因果性上被互相隔离了开来。见 D. Lewis, *Convention: A Philosophical Study*, Harvard University Press, Cambridge, Mass (1969), and D. Lewis, *Counterfactuals*, Harvard University Press, Cambridge, Mass (1973, rev. edn 1986).

[17] A. Guth, in *An Einstein Centenary*, eds S. W. Hawking and W. Israel, Cambridge University Press, Cambridge (1987).

[18] E. R. Harrison, ‘The Natural Selection of Universes Containing Intelligent Life’, *Quart. J. Roy. Astron. Soc.* 36, 193 (1995).

[19] 哈里森把这篇论文的标题定为“宇宙的自然选择”，不过他提出的过程更像是宇宙的受迫繁育。

[20] D. Adams, *The Original Hitchhiker Radio Scripts*, ed. G. Perkins, Pan Books, London (1985). 这篇首先在 1979 年 12 月 24 日以‘Fit the Seventh’为题在 BBC 广播 4 台播出。

[21] L. Smolin, *Class. Quantum Gravity* 9, 173 (1992); L. Smolin, *The Life of the Cosmos*, Oxford University Press, Oxford (1996).

[22] 可参考 J. A. Wheeler, ‘From Relativity to Mutability’, in J. Mehra (ed.),

The Physicist's Conception of Nature, Reidel, Boston (1973), pp. 239 ff. ，及 C. Misner, K. Thorne and J. A. Wheeler, *Gravitation*, W. H. Freeman, San Francisco (1973) 的最后一章，p. 1214.

[23] 要注意，这里所说的“繁殖”只是推测性的，与永恒暴胀宇宙中的“繁殖”不同，后者是一个确定性物理过程的结果。

[24] 更确切地说，雅各布·贝肯斯坦和斯蒂芬·霍金发现的黑洞的引力熵正比于 GM^2，因此，如果我们忽略 G 的变化，就可以说引力熵随着 M 的增加而增加。但如果 G 也会变化，在 M 减小的时候，G 的增加可以弥补 M 的减小，从而让引力熵仍然增加。因此，假定常数不再为常数而是会变动必然会导致黑洞数目最大化，是不自然的。

[25] R. Hanson, ‘How to Live in a Simulation’, *Journal of Evolution and Technology* 7 (2001), http://www.transhumanist.com.

[26] J. D. Barrow, *Pi in the Sky: Counting, Thinking and Being*, Oxford University Press, Oxford (1992), chapter 6.

[27] N. Bostrom, ‘Are You Living in a Computer Simulation?’, http:// www.simulation-argument.com.

[28] 然而，这又是我们之前提到的惹人厌的概率测量问题的一个变体。博斯特伦暗示，所有不同的世界，不管是真的还是假的，出现概率差不多都相等，或者至少出现概率差距不会特别大。但这或许不是事实。

[29] P. C. W. Davies, ‘A Brief History of the Multiverse’, *The New York Times*, 12 April 2003.

[30] L. Susskind, *The Cosmic Landscape: String Theory and the Illusion of Cosmic Design*, Little Brown, New York (2005); A. Vilenkin, *Many Worlds in One: The Search for Other Universes*, Hill and Wang, New York (2006).

[31] J. K. Webb, M. Murphy, V. Flambaum, V. Dzuba, J. D. Barrow, C. Churchill, J. Prochaska and A. Wolfe, ‘Further Evidence for Cosmological Evolution of the Fine Structure Constant’, *Phys. Rev. Lett.* 87, 091301 (2001).

[32] S. Wolfram, *A New Kind of Science,* Wolfram Inc., Champaign, Ill. (2002).

[33] K. Popper, *Brit. J. Phil. Sci.* 1, 117 and 173 (1950).

[34] D. MacKay, *The Clockwork Image*, IVP, London (1974), p.110.

[35] J. D. Barrow, *Impossibility*, Oxford University Press, Oxford (1998), chapter 8.

[36] 赫伯特·西蒙有一段著名的论证反驳了这一观点，见这篇多次被引用的文章：'Bandwagon and Underdog Effects in Election Predictions', *Public Opinion Quarterly* 18, Fall, 245 (1954)，也被收入 S. Brams, *Paradoxes in Politics*, Free Press, New York (1976), pp. 70–77. 但西蒙的论证是错误的，他错在把布劳威尔不动点定理用在了离散变量而非连续变量的情况下，详细解释见 K. Aubert, 'Spurious Mathematical Modelling', *The Mathematical Intelligencer* 6, 59 (1984), for a detailed explanation.

[37] J. D. Barrow, *The Constants of Nature: From Alpha to Omega*, Jonathan Cape, London (2002).

[38] 1961 年，英特尔的联合创始人戈登·摩尔注意到，每过两年，每平方英寸的集成电路上能容纳的晶体管数目就会翻一番，同时其成本减半。这一趋势以相当高的精度持续至今，精准地预测了技术进步。而对任何掌握了微电子技术的文明而言，或许也有类似的定律。摩尔定律对计算机工业的重要性在于，它鼓励了软件和硬件公司的同步发展。

[39] 关于这类论证和休谟观点（正是休谟的观点启发了康德的重要工作）的延伸讨论，见 Barrow and Tipler, *The Anthropic Cosmological Principle*, chapter 2.

[40] D. Hume, *Dialogues Concerning Natural Religion* (1779), in Thomas Hill Green and Thomas Hodge Grose (eds), *David Hume: The Philosophical Works*, vol. 2, London, 1886, pp. 412–416.

[41] 这些问题与雷·库兹韦尔在书中讨论的问题也有紧密关联，涉及虚拟现实与人工智能形式中精神与审美素质的表现。见 Ray Kurzweil's book *The Age of Spiritual Machines*, Viking, New York (1999).

[42] Hanson, 'How to Live in a Simulation'.

[43] J. L. Borges, *The Library of Babel*, D. Godine, Jaffrey, NH, (2000; first publ. in Spanish, 1941).

[44] J. D. Barrow, *The Infinite Book: A Short Guide to the Boundless, Timeless and Endless*, Jonathan Cape, London (2005).

[45] 这种无穷大的宇宙一定包含了极端的随机性，以容许内部无穷无尽

的复制悖论。一个宇宙的体积为无穷大，却只包含一个物质原子，这是没有用的。

[46] F. Nietzsche, *Complete Works,* vol IX, Foulis, Edinburgh (1913), p. 430.

[47] “永恒循环”的想法，早在圣奥古斯丁提出这一观点的很久以前就出现了。罗得岛的欧德谟斯早在公元前350年就在著作中把它归为毕达哥拉斯学派的思想：“如果有人相信毕达哥拉斯的追随者，认为同一个人会多次经历同样的事情，那我就还会再一次坐在这里跟你谈话，手里拿着教鞭，而周围的一切都与现在相同。”见G. S. Kirk and J. E. Raven, *The Pre-Socratic Philosophers*, Cambridge University Press, New York (1957), Eudemus Frag. 272.

[48] 对于这个两难境地，有人给出了创造性的回答，如C. S. 路易斯（C. S. Lewis）的科幻三部曲 *Out of the Silent Planet* (1938)、*Perelandra* (1943) 和 *That Hideous Strength* (1945)，它们探索了这样一种可能性：地球是宇宙中一个道德“弃儿”，其他有人居住的世界并不需要救赎。

[49] G. Ellis and G. B. Brundrit, *Quart. Journal Roy. Astron. Soc.* 20, 37–41 (1979).

[50] P. C.W. Davies, *Nature* 273, 336 (1978).

[51] Barrow and Tipler, *The Anthropic Cosmological Principle*, chapter 9.5.

[52] 理查德·费曼对约翰·惠勒指出这一点时，惠勒评论说，也许这是因为，本来整个宇宙就只有一个电子。

[53] 对该计划一份近期的总结见P. C. W. Davies, *The Eerie Silence: Are We Alone in the Universe*, Allen Lane, London (2010).

[54] I型文明（我们就属于这一类）能利用整个行星的能量，约为10^{17}瓦功率。II型文明能利用恒星的能量，约为10^{26}瓦。III型文明能利用整个星系的能量，约为10^{37}瓦。因此，一个文明的类型数可以大致由这个公式给出：类型数 = $[\log_{10}(P) - 6]/10$，其中P是它可以利用的功率大小（单位为瓦）。这条公式由卡尔·萨根提出，见 *Cosmic Connection: An Extraterrestrial Perspective*, ed. J. Agel, Cambridge University Press, Cambridge (1973).

[55] J. D. Barrow, *Impossibility*, Oxford University Press, Oxford (1998), pp. 129–131.

[56] 写作Γ型文明、IIΓ型文明，等等。见Barrow, *Impossibility*, pp. 133–138.

[57] 见 Barrow and Tipler, *The Anthropic Cosmological Principle*, section 3.8.

[58] L. Boltzmann, *Nature* 51, 413 (1895).

[59] S. P. Tolver, *Nature* 19, 462 (1879), and *Philosophical Mag*. 10(5), 338 (1880).

[60] 对这一观点的另一表述，见 R. Feynman, *The Character of Physical Law*, MIT Press, Cambridge, Mass (1965).

[61] R. Penrose, *The Road to Reality*, Jonathan Cape, London (2004).

[62] 彭罗斯的论证利用了这一事实，即黑洞的量子熵很大，与其引力场相关。想象我们的宇宙通过把物质重新组合成一系列很大的黑洞，从而进入熵极大的状态，是有可能的。大的黑洞贡献了很大的熵，其正比于它们的表面积。在宇宙膨胀了 t 时间后，它们的半径不可能大于光速乘以 t，因此它们的面积和熵正比于 t^2。

[63] L. Dyson, M. Kleban and L. Susskind, *J. High Energy Phys.* 0210, 011 (2002); A. Linde, *J. of Cosmology and Astroparticle Phys.* 0701, 022 (2007); D. N. Page, *J. Korean Phys. Soc.* 49, 711 (2006).

第 11 章

[1] O. Stapleton, *Last and First Men*, Penguin Books, Harmondsworth (1972; first publ. 1930), p. 379.

[2] *Business Life*, British Airways magazine, October 2007, p. 62.

[3] 有趣的是，决定宇宙早期阶段能量形式的最重要因素——“标量场”是不能旋转的。因此，它们的存在迫使宇宙处于零旋转、零角动量的状态。

[4] E. Tryon, ‘Is the Universe a Vacuum Fluctuation?’, *Nature* 396, 246 (1973).

[5] 见 G. Gamow, *My World Line*, Viking, New York (1970), p. 150.

[6] 真空涨落的寿命 Δt 及其能量 ΔE 满足 $\Delta t \times \Delta E \approx h$，这里的 h 是普朗克常数。

[7] 空间的拓扑结构会受到一些一般的限制，但并不会限定到独一无二的拓扑形状。比方说，如果空间的拓扑性质是连接起来的，并且是有限的，那所有曲率为负的比安基和陶布宇宙都只能各向同性地膨胀，因为各向异性的膨胀是不被允许的，见 J. D. Barrow and H. Kodama, *Class. Quantum Gravity*, 18, 1753 (2001), and *Int. J. Mod.*

Phys. D 10, 785 (2001).

[8] G. F. R. Ellis, *Gen. Rel. and Gravitation* 2, 7 (1971).

[9] 负曲率的宇宙共有多少种可能性，这个问题在数学上尚未被解决，但平直宇宙的全名单已经有了。

[10] D. D. Sokolov and V. F Shvartsman, *Sov. Phys. JETP* 39, 196 (1974).

[11] J. R. Gott, *Mon. Not. R. Astron. Soc.* 193, 153 (1980).

[12] 1 秒差距等于 3.26 光年，约为 19 万亿英里，或 31 万亿千米。

[13] Ya. B. Zeldovich and A. A. Starobinsky, *Sov. Astron. Lett.* 10, 135 (1984).

[14] 后来，物理学家发现，在暴胀图景中是有可能构造出无穷大的开放宇宙的，实际上，这类宇宙可能有无穷多种：A. Linde, *Phys. Rev. D* 58, 083514 (1998), and S. W. Hawking and N. T. Turok, *Phys. Lett. B* 425, 25 (1998).

[15] J.-P. Luminet, *The Wraparound Universe*, A. K. Peters, Wellesley, Mass (2008), and J. Levin, *How the Universe Got Its Spots*, Weidenfeld and Nicholson, London (2002).

[16] 想了解更多关于普朗克时间这一时间单位（得名于在 1899 年定义它的物理学家马克斯·普朗克），可参阅 J. D. Barrow, *The Constants of Nature*, Jonathan Cape, London (2002). 普朗克时间由以下三个量定义：引力常数 G、真空中的光速 c，以及普朗克常数 h，其表达式是 $t_q = (Gh/c^5)^{1/2}$，这是唯一能把这三个常量组合成一个量纲为时间的量的办法。

[17] B. S. DeWitt, *Phys. Rev.* 160, 1113 (1967); J. A. Wheeler, ‘Superspace and the Nature of Quantum Geometrodynamics’, in C. D. DeWitt and J. W. Wheeler (eds), *Battelle Rencontres: 1967 Lectures in Mathematics and Physics*, Benjamin, New York (1968), p. 242.

[18] J. Hartle and S. W. Hawking, *Phys. Rev. D* 28, 2960 (1983).

[19] S. W. Hawking, in H. A. Bruck, G. V. Coyne and M. S. Longair (eds), *Astrophysical Cosmology*, Pontifical Academy, Vatican (1982).

[20] 一开始，霍金等人认为这种类型的宇宙需要空间是有限的，但不久，霍金和剑桥大学的尼尔·图罗克（Neil Turok）就意识到，它很有可能也适用于无穷大的空间。

[21] 这个过程有时也被称为从无到有的量子“隧穿”。量子力学允许系统发生牛顿力学不允许的状态变迁，这种过程被称为量子隧穿。之

所以叫“隧穿”，是因为在量子理论中，哪怕你没有足够的能量爬过一座山峰，到达另一侧，你也有可能挖一条隧道钻过去。

[22] 对两种初始条件差异的描述一度不那么清晰，因为维连金在一开始做报告展示这一想法的时候犯了一个计算错误，导致他的初始条件给出了和哈特尔与霍金一样的预期结果。不久，有几个人发现了这一错误，1984 年，维连金自己更正了这一错误：*Nucl. Phys. B* 252, 141 (1985). 维连金被人对该方面进展的评论见 A. Vilenkin, *Many Worlds in One*, Hill and Wang, New York (2006). 在那之后，两种方案的真正差异就清晰可见了。

[23] A. Vilenkin, *Phys. Lett. B* 117, 25 (1982).

[24] J. D. Barrow, in B. Carter and J. Hartle (eds), *Gravitation in Astrophysics*, Plenum, NATO Physics series B, vol. 156, p. 240.

[25] J. R. Gott and L.-X. Li, ‘Can the Universe Create itself ?’, *Phys. Rev. D* 58, 023501 (1998).

[26] Letter to the Editor, *The Independent* newspaper, 8 July 2004, p. 28.

[27] J. D. Barrow and M. Dąbrowski, *Mon. Not. Roy. Astron. Soc.* 275, 850 (1995).

[28] J. Khoury, B. Ovrut, P. Steinhardt and N. Turok, *Phys. Rev. D* 64, 123522 (2001). 更通俗一些的表述见 P. J. Steinhardt and N. Turok, *Endless Universe: Beyond the Big Bang*, Doubleday, New York (2007).

[29] 之所以采用“膜”与“膜世界”这系列术语，是因为这类理论把二维的膜推广到了更高维度。与膜相关的术语无穷无尽，简直有些好笑：膜上的宇宙、p 维膜世界被称为 p 膜（我们所讨论的是 $p = 3$ 的情况），等等。我猜想，把某些部分从空间中除去或许可以被称为“膜手术”。

[30] 这个模型避免了辐射熵在一次次的周期循环间积累的情况，因为在每个周期中宇宙都要经历加速膨胀的过程，这个过程会稀释熵，其程度远超随之而来的收缩积累熵的程度。

[31] 一开始研究者认为这些黑洞会快速消失，但考虑碰撞粒子的作用以后这个结论被推翻了：J. D. Barrow and K. Yamamoto, *Phys. Rev. D* 82, 063516 (2010).

[32] M. P. Salem, ‘Bands in the Sky from Anisotropic Bubble Collisions’, http://arxiv.org/P S _cache/arxiv/pdf/1005/1005.5311v1.pdf.

[33] D. Thomas, *Selected Poems*, ed. W. Davies, J. M. Dent & Sons, London (1974), p. 131. 这首诗是为诗人的父亲而作的，当时诗人的父亲正处于临终之时，眼睛也看不见了。

[34] A. Albrecht and J. Magueijo, *Phys. Rev. D* 59, 043516 (1999); J. D. Barrow, *Phys. Rev. D* 59, 043515 (1998). 若昂・马盖若在自己的书中介绍了该工作的来龙去脉：João Magueijo, *Faster Than Light: The Story of a Scientific Speculation,* Penguin Books, London (2003).

[35] 暴胀让密度项下降得比控制曲率的量更为缓慢，使得空间曲率可以忽略，从而解决了平直性问题。而改变光速则是从相反方向达到这个目标的：它让曲率和宇宙学常数项下降得比密度项更快，这样一来，宇宙在膨胀到很大体积之后就会变得更为平坦了。

[36] J. D. Barrow and J. Magueijo, *Phys. Lett. B* 447, 246 (1999).

[37] J. Magueijo and J. Noller, *Phys. Rev. D* 81, 043509 (2010).

[38] 关于这方面研究的详细介绍，可以参阅我之前写的这本书：J. D. Barrow, *The Constants of Nature: From Alpha to Omega*, Jonathan Cape, London (2002).

[39] J. D. Barrow and J. K. Webb, 'Inconstant Constants' , *Scientific American*, 55-63, June 2005.

第 12 章

[1] 引自 C. Brownlee, 'Hubble's Guide to the Expanding Universe', National Academy of Sciences Classics, online at http://www.pnas. org/misc/classics2.shtml.

[2] C. Green, *The Human Evasion*, Hamish Hamilton, London (1969), p. 12.

[3] 这场会议的纪要可参阅 *Critical Dialogues in Cosmology*, ed. N. Turok, World Scientific, Singapore (1997).

[4] M. Davis, G. Efstathiou, C. Frenk and S. D. M. White, *Astrophys. J.* 292, 371 (1985).

[5] A. Riess *et al.*, *Astron. J.* 116, 1009 (1998), and S. Perlmutter *et al., Astrophys. J.,* 517, 565 (1999).

[6] 把这些超新星当成标准烛光是由戴维・阿内特（David Arnett）于 1979 年首次提出的，但他提出以后的很长一段时间里，人们都觉得这种方法难以用在实际研究中。

[7] 这种压力来自量子力学中把两个或以上的电子放进同一个态里会遇到的阻力，被称为电子简并压。形成的白矮星态由原子组成，电子极其紧密地挤在一起。

[8] 从这一批数据中得出的最精确估计是（0.721 ± 0.015）和（0.279 ± 0.015），置信度为 68%（如果宇宙是平直的）。①

[9] 这只是压强和能量密度之间可能取的最简单的关系。还有很多更复杂的可能性，科学家们已经详细探索过了。

[10] G. Lemaître, *Proc. Nat. Acad. Sci.* 20, 12 (1934).

[11] 等式 $a(t)=a_0 \sinh^{\frac{2}{3}}(t\sqrt{3\Lambda}/2)$ 描述了图 3.10 中的曲线，其中 a_0 是膨胀半径 $a(t)$ 在如今的取值，t 是从膨胀开始以来过的时间。

[12] 这个巧合由爱丁顿在关于爱因斯坦静态宇宙不稳定性的论文中首次提出，见 *Mon. Not. Roy. Astron. Soc.* 90, 677 (1930)。他评论说，我们应该认识到自己“极其幸运”，遇上了宇宙的这个时间点，“刚刚好可以观察到天空中这一有趣而又转瞬即逝的特征”。

[13] A. S. Eddington, *The Expanding Universe*, Cambridge University Press, Cambridge (1933), pp. 85–86. 爱丁顿把这个加速膨胀的宇宙中不同的部分称为“气泡”，并且把它们定义为“没有任何因果影响能够到达的不同区域”。在爱丁顿这本书的相应章节的开头，爱丁顿引用了弗兰西斯 · 培根的名诗《人的一生》（*The Life of Man*）：“世界是个气泡，而人的一生 / 比它持续的时间还短”。这似乎就是爱丁顿采用“气泡”一词的原因。

[14] J. D. Barrow and F. J. Tipler, *The Anthropic Cosmological Principle*, Oxford University Press, Oxford (1986), section 6.9.

[15] S. M. Carroll, V. Duvvuri, M. Trodden and M. S. Turner, *Phys. Rev. D* 70, 043528 (2004).

[16] 我们可以在一个简单的条件下证明推广爱因斯坦的理论就会得到德西特的加速宇宙解，这个简单条件是由 J. D. 巴罗和 A. 奥特威尔发现的，见 J. D. Barrow and A. Ottewill, *J. Phys. A* 16, 2757 (1983). 实际上，大多数尝试推广爱因斯坦理论以产生加速膨胀宇宙的理论都可以被视为爱因斯坦理论加上其他形式物质以后的版本［J. D.

① 根据 2018 年对普朗克卫星数据的分析结果，这两个比例分别为（0.6889 ± 0.0056）和（0.3111 ± 0.0056）（置信度为 68%）。——译者注

Barrow and S. Cotsakis, *Phys. Lett. B* 214, 515 (1988) 中证明了这一点］。有趣的是，这些物质种类都相同，都是为了产生宇宙历史早期的暴胀现象。

［17］ M. Caspar, Kepler, transl. C. D. Hellman, Dover, New York (1993); O. Gingerich, *The Eye of Heaven: Ptolemy, Copernicus, Kepler*, Springer, New York (1997).

［18］ J. D. Barrow and D. J. Shaw, A New Solution of the Cosmological Constant Problems (2010), arXiv gr-qc/0073086; D. J. Shaw and J. D. Barrow, A Testable Solution of the Cosmological Constant and Coincidence Problems (2010), arXiv gr-qc/10104262.

［19］ 这一预测中之所以要包含宇宙的年龄，是因为宇宙学常数的值关系到与我们有因果联系的宇宙部分，而后者正是与我们距离小于 ct_u 的宇宙部分。

［20］ 这个量是如今以曲率引力效应形式存在的宇宙能量密度的比例，其值为 $\Omega_k = -k/a^2H^2$。它类似于图 12.5 里的点，分别表示了来自物质的能量密度和来自宇宙学常数的能量密度所占的比例。我们可以注意到预测结果是 $\Omega_k = -0.0056$，为负值，这意味着 $k > 0$。

出版后记

人类第一次对头顶这片星空感到好奇的时候，就踏上了“发现宇宙”这条路。古人们夜观天象，通过计算、猜测、想象，得出了他们对宇宙的理解，人类的宇宙观渐渐有了雏形。

开天辟地一般，爱因斯坦方程为“发现宇宙”理清了思路，从此人们有了发现宇宙、解释宇宙的有力工具，人类的宇宙观渐渐走向成熟。

市场上有很多讲述暗物质、暗能量、宇宙开端、宇宙暴胀、宇宙的终结等等的科普书，但《发现宇宙》不同于这些较为专一的主题，它更详细生动地描述了一个个已被我们发现的宇宙，以及这背后的发现史。这是一段艰辛也动人的历史，大概人类生来就想去证明自身的存在是有意义的——总要知道这整个世界的终极真相，我们才能知道人类的存在有什么意义吧？

于是人类一直都在问：我们究竟在一个怎样的世界里？为什么是我们？浩瀚宇宙中是否有其他文明与我们遥遥相望？有人不满足于疑问，选择踏上这条路寻找真相，一代又一代的人前仆后继，真相也许渐渐露出面目，但也许我们走的是离真相更远的方向。谁知道呢?《发现宇宙》给不了我们终极答案，但这一路如何跌宕起伏，爱因斯坦方程究竟意味着什么，宇宙居然可以有这么多可能性，相信每个读者读来都会有自己的感触。

整本书的大开大合，字里行间古典的幽默感和哲学思辨的味道，让人不得不猜想，巴罗先生在创作这本书的时候，肯定享受着更深刻的精神愉悦——但不要怀疑这本书的专业性，关于宇宙，没几个人能比约翰·D. 巴罗更专业。

让我们一起踏上这段发现宇宙之旅，从爱因斯坦的方程式中解出宇宙的一万种可能。

服务热线：133-6631-2326　188-1142-1266

服务信箱：reader@hinabook.com

后浪出版公司

2020 年 12 月

图书在版编目（CIP）数据

发现宇宙 /（英）约翰 · D. 巴罗著；丁家琦译. --
北京：北京联合出版公司，2020.12（2024.2 重印）
ISBN 978-7-5596-4585-2

Ⅰ. ①发… Ⅱ. ①约… ②丁… Ⅲ. ①宇宙学—普及读物 Ⅳ. ① P159-49

中国版本图书馆 CIP 数据核字 (2020) 第 182524 号

发现宇宙

著　　者：［英］约翰 · D. 巴罗
译　　者：丁家琦
出 品 人：赵红仕
选题策划：后浪出版公司
出版统筹：吴兴元
编辑统筹：费艳夏
特约编辑：李倩男
责任编辑：高霁月
营销推广：ONEBOOK
装帧制造：墨白空间

北京联合出版公司出版
（北京市西城区德外大街 83 号楼 9 层　100088）
后浪出版咨询（北京）有限责任公司发行
北京盛通印刷股份有限公司印刷　新华书店经销
字数 275 千字　889 毫米 × 1194 毫米　1/32　12.25 印张　插页 8
2020 年 12 月第 1 版　2024 年 2 月第 2 次印刷
ISBN 978-7-5596-4585-2
定价：68.00 元

后浪出版咨询(北京)有限责任公司　
投诉信箱：editor@hinabook.com　fawu@hinabook.com